高等职业教育精品工程规划教材

模拟电子技术应用

黄 荻 李仲秋 鄢 立 编著

電子工業出版社
Publishing House of Electronics Industry
北京 • BEIJING

内容简介

本教材是一本基于工作过程模式编写的项目化课程教材，主要内容由电子元器件的识别与测试、直流稳压电源的分析与制作、助听器电路的分析与仿真等五个项目组成。通过这些项目整合了直流电源电路、基本放大电路、集成运算放大电路、功率放大电路、振荡电路、电子CAD技术等基本知识和电子元器件的识别与测试、基本电子测量仪器仪表的操作、典型单元电子电路的分析、电子产品的读图、简单电子产品的设计、安装、调试、测量等基本技能。每个项目又分成两到三个具体任务，学生可以在完成工作任务的实践过程中进行学习，以提高学习的目的性和学习的兴趣。

本书可作为高职高专电子类专业学生的理实一体化课程教材、教学辅导书，也可以作为电子设计与制作爱好者的自学用书，或者作为从事电子技术工作的工程技术人员的参考用书。

图书在版编目（CIP）数据

模拟电子技术应用/黄荻，李仲秋，鄢立编著. —北京：电子工业出版社，2012.1
高等职业教育精品工程规划教材

ISBN 978-7-121-15087-6

Ⅰ. ①模… Ⅱ. ①黄… ②李… ③鄢… Ⅲ. ①模拟电路—电子技术—高等职业教育—教材 Ⅳ. ①TN710

中国版本图书馆CIP数据核字（2011）第234422号

责任编辑：郭乃明
印　　刷：涿州市京南印刷厂
装　　订：涿州市桃园装订有限公司
出版发行：电子工业出版社
　　　　　北京市海淀区万寿路173信箱　邮编　100036
开　　本：787×1 092　1/16　印张：12.75　字数：330千字
印　　次：2012年1月第1次印刷
印　　数：3 000册　　定价：22.00元

凡所购买电子工业出版社图书有缺损问题，请向购买书店调换。若书店售缺，请与本社发行部联系，联系及邮购电话：（010）88254888。

质量投诉请发邮件至 zlts@phei.com.cn，盗版侵权举报请发邮件至 dbqq@phei.com.cn。

服务热线：（010）88258888。

前　言

高等职业教育的人才培养质量与社会需求之间的矛盾在全国高职教育界引发了一场全面深入的教育教学改革。行动导向的课程教学体系和与之相适应的项目化课程教学模式以其鲜明的职业特色和丰硕的教学成果，展现了它在我国现行高职教育中无可企及的优势，现已成为我国高职教育的主流模式。

模拟电子技术在电子信息类专业课程体系中属于专业学习领域的核心课程，它承上启下，对于培养学生的电路读图分析、工具与仪表的使用、电路的安装、调试和故障排除、资料的获取与阅读等职业能力起着极为重要的作用。

为了适应教育改革的新形势，提高教学质量，长沙航空职业技术学院航空电子电气工程系组织教师团队在这一重要课程上进行了连续多年的项目化教学改革试点，力图既保持课程在知识体系上的完整性，又与生产实践过程相结合，更利于学生职业能力的培养。在多年教改实践的基础上，我们编写了《模拟电子技术应用》一书。

本书内容的组织与安排围绕五个项目来展开，项目载体是实用的电子元器件、典型的单元电路或简单的电子产品。这些项目载体都是从主流的电子产品或典型的工作过程中精选而来的，设计这些项目载体时努力使其具备尽可能密切的行业相关性和尽可能广泛的知识相关性。通过这五个项目，将传统的模拟电子技术的相关知识技能重新进行了编排和有序化，以职业技能训练为主线，理论知识以“必需、够用”为度。作为必要知识和技能的延伸，本书还编写了十处“知识拓展”，分散在五个项目中，以供感兴趣者阅读，拓宽知识面。

本书强调“能力本位”，以培养电子信息类专业学生职业岗位所需要的知识、能力、素质为目标。全书共安排了13个具体的工作任务作为引导，通过认真阅读每一个工作任务后的实施指导，学生可以获得完成工作任务的基本方法或思路，随后就在完成工作任务的行动中加以应用，使理论与实践在工作过程中融合，力图实现“教、学、做一体化”的以学生为主体的教学模式。

将教材编写到尽量符合读者的需求，是每一个编者写作的初衷。但作为一本项目化教学教材，有很多教学理念尚在摸索探讨的阶段，本教材的内容与组织可能存在一些不当之处，加之作者水平有限，也难免出现一些疏忽和纰漏，在此恳请各位读者批评指正。以使我们不断提高和完善。

本书由黄获、李仲秋、鄢立编著。其中，黄获编写了项目一、项目二和项目五，并负责全书的统稿；鄢立编写了项目三；李仲秋编写了项目四。

长沙航空职业技术学院朱国军教授为本书审稿并提出了宝贵的修改意见，在此表示衷心感谢。

编　者

2011年9月

目　录

项目一　电子元件的识别与测试

项目内容

本项目旨在通过三个工作任务，由浅入深地认识常见电子元器件：从观察简单电子产品的电路板开始，认识常见电子元器件的外形和电路符号；再运用万用表、晶体管特性图示仪等测量仪器对元器件的特性和参数进行测试；最后通过查找电子元器件手册，深入理解常见电子元器件的特性和参数。

本项目分为三个任务：

1. 从外形识别元器件的种类和参数
2. 常见电子元件的测试
3. 元器件手册的查阅与理解

任务1　从外形识别元器件的种类和参数

学习目标

1. 熟悉常用电子元器件的外形特征。
2. 掌握常用电子元器件的电路符号。
3. 能直读部分电子元器件的特性参数。

工作任务

1. 拆解一种简单的电子产品（建议选用废旧的充电器、收音机、电子镇流器等小型电子产品），观察电路板上各种元器件，识别其类型。

2. 观察电路板上印制的元件图形符号及文字符号，了解它们在电路图中的表示形式。

3. 直读出电阻、电容等常见元件的型号、参数和二极管、三极管等半导体元件的型号。

4. 列出该电子产品的元件清单。

实施指导

1.1.1 元器件外形与符号

电子元器件是构成电子电路的基本单位，识别常见的电子元器件并熟悉它们的性能和参数是分析和设计电路的基础。从外形目视区分器件的类型是识别元器件的第一步，要达到熟练区分元器件的水平，并无其他捷径，唯一的办法是由“见多”到“识广”，多看电路实物，多看图对比，多交流请教，自然就熟悉了。

图 1-1-1 展示了一些常见电子元器件的外形，以供对比。

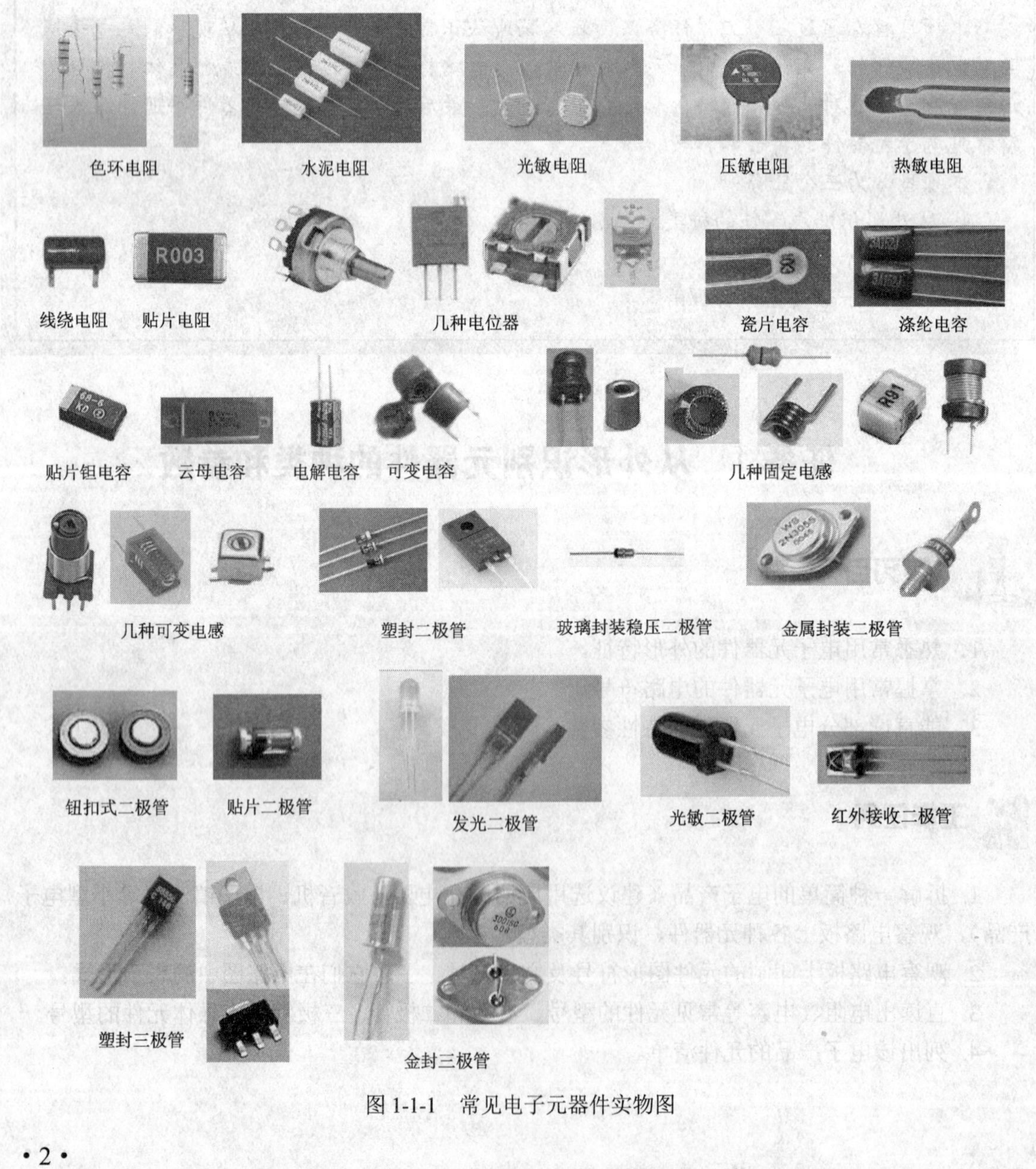

图 1-1-1　常见电子元器件实物图

在印制电路板上，通常还印有各元器件的图形和字符标号。这里的图形是用来描述元件的封装形式的，关注的是元器件的外形和引脚，在电路图中并不使用这些图形，而是另有一套相应的图形符号。一块规范的电路板上的字符标号应当与电路图相一致，在电路图上，各种的元件使用不同的文字符号来表示。绘制电路图的时候，为了使其具有规范性和可读性，元器件的图形符号和文字符号应当按照相关的国家标准或行业标准来绘制。熟悉元器件在电路中的符号是读懂电路图的基础。

图 1-1-2 是常见电子元器件的图形符号，符合我国现行国家标准《GB/T 4728—2005 电气简图用图形符号》

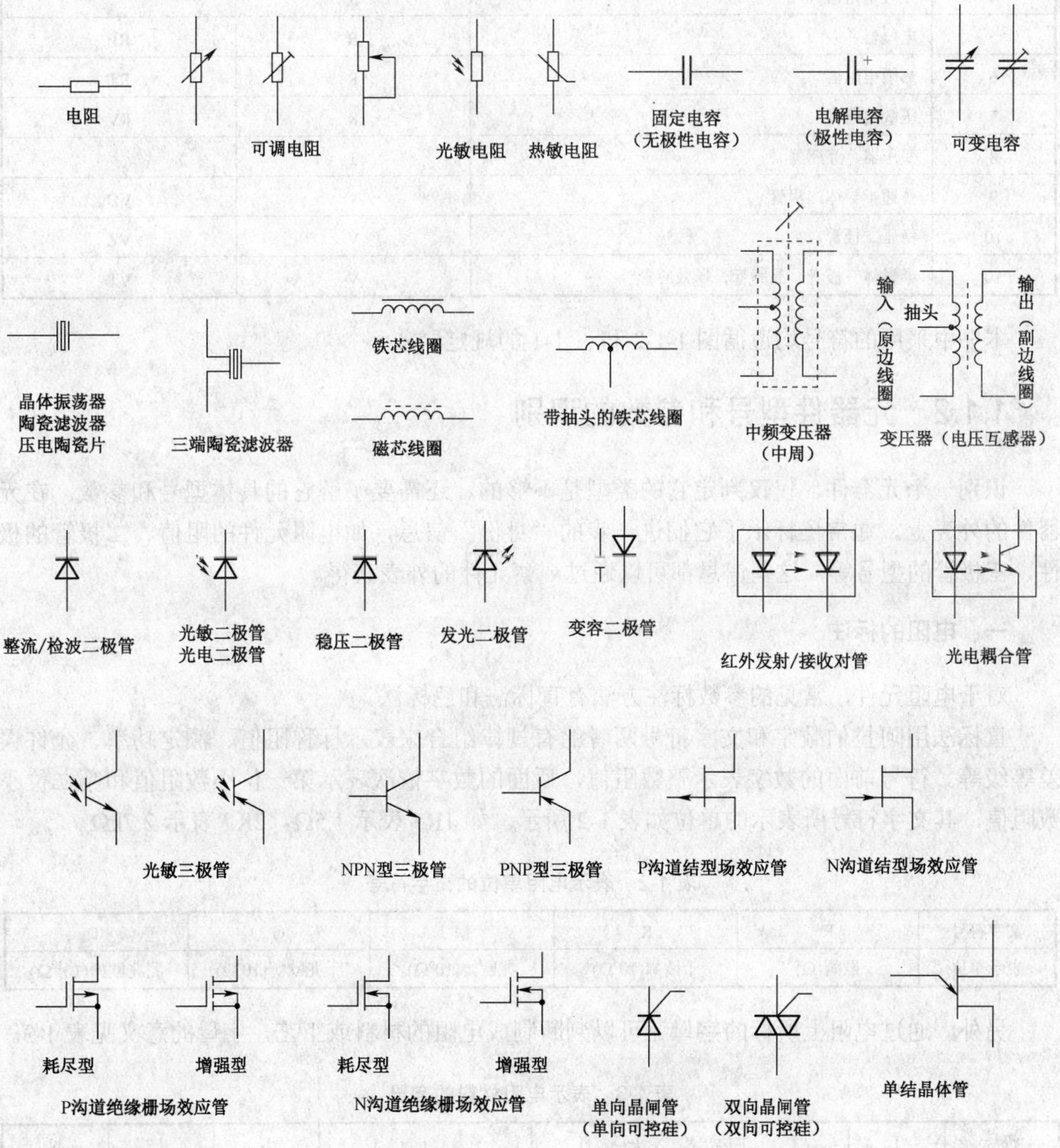

图 1-1-2　常见电子元器件图形符号

表 1-1 列出了常见的电子元器件的文字符号。

表 1-1 常见电子元器件的文字符号

序号	元器件类型	基本文字符号	
		单字母	双字母
1	各类放大器	A	
2	电容器	C	
3	电感器、电抗器	L	
4	一般电阻器	R	
5	电位器	R	RP
6	热敏电阻器	R	RT
7	压敏电阻器	R	RV
8	变压器、互感器	T	
9	普通半导体二极管	V	VD
10	稳压二极管	V	VZ
10	半导体三极管、晶闸管、场效应管	V	VT

本书中采用的符号均遵循图 1-1-2 和表 1-1 的规定。

1.1.2 元器件型号和参数的识别

识别一个元器件，仅仅判定它的类型是不够的，还需要了解它的具体型号和参数。在元器件的外壳上，通常还标示了它们进一步的“身份”信息，如电阻元件的阻值、二极管的极性，三极管的型号等，这些信息都可以通过观察元件的外表获得。

一、电阻的标注

对于电阻元件，常见的参数标注方法有直标法和色标法。

直标法用阿拉伯数字和文字符号两者的有规律组合来表示标称阻值、额定功率、允许误差等级等。符号前面的数字表示整数阻值，后面的数字依次表示第一位小数阻值和第二位小数阻值，其文字符号所表示的单位如表 1-2 所示。如 1R5 表示 1.5Ω，2K7 表示 2.7kΩ。

表 1-2 表示电阻单位的文字符号

文字符号	R	K	M	G	T
表示单位	欧姆(Ω)	千欧姆(10^3Ω)	兆欧姆(10^6Ω)	千兆欧姆(10^9Ω)	兆兆欧姆(10^{12}Ω)

另外，通过电阻上所标的字母还可以判断制成电阻的材料或工艺，字母的意义见表 1-3。

表 1-3 表示电阻材料的字母

符号	T	J	X	H	Y	C	S	I	N
材料/工艺	碳膜	金属膜	线绕	合成膜	氧化膜	沉积膜	有机实芯	玻璃釉膜	无机实芯

以下是一个直标电阻的实例：

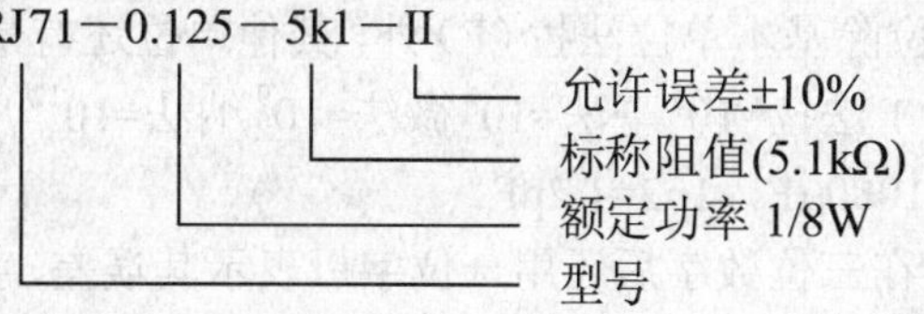

此标号的电阻是精密金属膜电阻器，额定功率为 1/8W，标称阻值为 5.1kΩ，允许误差为±10%。

色标法通过在电阻表面印上多个色环来标称阻值，多用在小功率的碳膜和金属膜电阻上。色环电阻的电阻值表示方法见图 1-1-3。电阻按图中方式放置后，按照从下至上的顺序，前两至三环表示电阻值的有效数字，接下来的一环表示乘以十的几次方，再接下来的一环，也就是四环或五环电阻的最后一环，表示电阻的精度，即误差范围，六环电阻此后还有一环用来表示温度系数（注意：通常末两环间的间距比其他相邻环之间的间距要大，可以据此判断读环的顺序）。

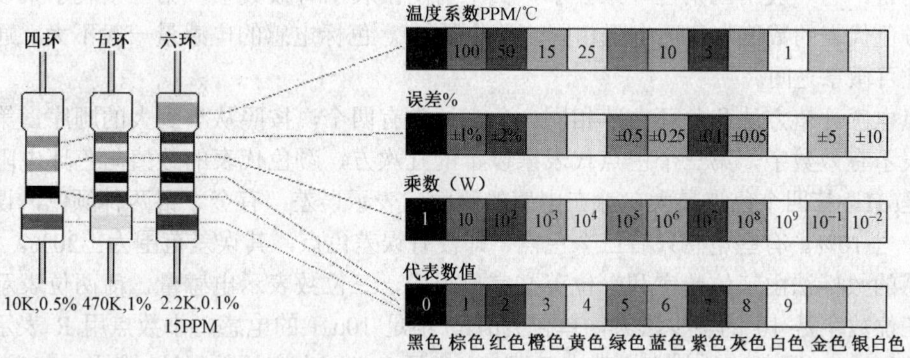

图 1-1-3 色环电阻标志方法

二、电容的标注

电容值的标注方法可分直标法、色标法和数标法。

体积比较大的电容，多采用直标法。标注的内容有标称容量、额定电压和允许偏差。如某电解电容上可以看到如下标注：10μF/16V。应当指出的是，电容的额定电压是指在规定温度下，能保持连续工作而不被击穿的电压。电解电容的额定电压比较小，通常会在元件上标出，随着额定电压的增加，电解电容的价格也会升高。非电解电容的额定电压一般为几百伏，比实际电子电路的电源电压高很多，很多情况下都不标注。

此外，电解电容是有极性的，为避免在连接电路时将其正负极性接错，厂家通常在电容外壳靠近负极引脚一侧标出“–”号。此外，新的电解电容正极引脚长于负极，这也是一种极性标识方式。

色标法是从顶端向引线方向，用不同的颜色表示不同的数字，一般采用三环标注，第一、二种环表示电容量，第三环表示有效数字后零的个数，单位为 pF。颜色代表的数值与色环电阻相同。

数标法一般用三位数字表示容量大小，前两位表示有效数字，第三位数字是 10 的多少次方，单位为 pF。如：102 表示 10×10^2pF=1000pF，203 表示 20×10^3pF=0.02μF。数标法中还有一种字母表示法，电容的单位除基本单位法拉（F）外，其他单位还有毫法（mF）、微法（μF）、纳法（nF）、皮法（pF）。其中 1 法拉=10^3 毫法=10^6 微法=10^9 纳法=10^{12} 皮法。借用数量级的字母，可将电容标志如下：1m=1000μF，1p2=1.2pF。

有些用数标法标注的电容在三位数字后还用一位字母表示其误差，字母意义为：F（±1%），G（±2%），J（±5%），K（±10%），L（±15%），M（±20%）。

三、电感线圈的标注

电感线圈的电感量也可以从线圈外表读出，常见的标注方法也分为直标法，色标法和数标法。

采用直标法的电感上的数字即是标称的电感量，单位是微亨（μH），或者毫亨（mH），1μH=10^{-6}H，1mH=10^{-3}H。

电感的色标法有色环标称和色点标称两种，色环电感的外观好象一个小功率电阻，和电阻不同的是，它一般用三条色环来表示，其中前两条表示有效数字，第三条表示乘以十的几次方，颜色代表的数值与色环电阻相同，单位是μH。色标电感的电感量一般不大，通常在几微亨到几百微亨之间。

色点电感计值方法和色环电感相同，色点通常有四个，按照从小到大的顺序，第一、二个色点表示有效数字，第三个色点代表乘以十的几次方，颜色代表的数值与色环电阻相同，单位也是μH。第四个色点最大，涂在电感的侧面，表示误差，有金、银两种颜色，误差分别为±5%，±10%。有些电感只有三个色点，即没有误差色点，其误差范围为±20%。

电感的数标法由三位数字和一位英文字母组成，三位数表示电感量，前两位表示有效数字，第三位数字是 10 的多少次方，单位为μH。不足 10μH 的电感，小数点用 R 表示，比如 5.6μH 标为 5R6。最后一位英文字母表示误差，字母意义同电容的数标法。例如：标称为 220K 的电感，其电感值为 22μH，误差为±10%。

四、半导体器件的标注

除前文所述的三种无源元件外，其他如半导体二极管、三极管和各种集成器件，都不能直接从外表读出其参数。但它们的封装上也标注出了极性、型号等信息。例如：

通常普通二极管的极性会被标明在外壳上，标注方法有两种：符号法和色标法。

图 1-1-4 所示为符号法，将二极管的电路符号印在外壳上，带有三角箭头的一端为正极，另一端为负极。

图 1-1-4　二极管上的符号标记

色标法是指在二极管的外壳上标有一个白色或银色的色环，带色环的一端为负极。有的二极管上标有一个白色或红色的色点，一般标有色点的一端为正极。

发光二极管的正负极也可以从外形判断：新的发光二极管两根引脚长度不等，管脚引线较长者为正极，较短者为负极。对于已经剪过引脚的管子或贴片元件，可以仔细观察透明塑料管壳内的两个电极，较粗大者为负极，较细小者为正极。

对于半导体器件，运用观察的方法，除了可以获知一些元件的极性，还可以得到一个重要的信息，就是元器件的具体型号，它通常被印刷在元件的外壳上，例如 1N4007，3DG6，2SD850 等。知道元器件的型号，就能通过查阅元器件手册获知其详细的特性参数。

1.1.3　元器件清单

元器件清单是设计开发电子产品必须生成的文件之一，它应当包含元件名称、型号规格、标号、数量等内容。此处标号指元件在电路板或电路图上的字符标志。

例如：图 1-1-5 是一块串联型稳压电源电路板，记录下元器件清单如表 1-4。

图 1-1-5　串联型稳压电源电路板

表 1-4　串联型稳压电源元件清单

序　号	元器件名称	型号（规格）	标　号	数　量
1	变压器	双 9V/3W	T_1	1
2	整流二极管	1N4007	D_1、D_2、D_3、D_4	4
3	发光二极管	Φ3.0mm，红色	D_5	1
4	1/4W 电阻	22kΩ	R_1	1
5	1/4W 电阻	1 kΩ	R_2 、R_3	2
6	1/4W 电阻	300Ω	R_4	1
7	1/4W 电阻	510Ω	R_5	1
8	电解电容	1000μF	C_1	1
9	电解电容	10μF	C_2	1
10	电解电容	470μF	C_3	1
11	三极管	9014	Q_1、Q_3	2
12	三极管	9013	Q_2	1
13	稳压二极管	2CW11	D_6	1
14	电位器	塑柄卧式，22k	R_L	1

任务 2　常见电子元器件的测试

学习目标

1. 理解二极管、三极管等半导体器件的工作原理。
2. 掌握二极管、三极管等半导体器件的特性。
3. 掌握常见电子元器件的测试方法。
4. 熟悉万用表、晶体管特性图示仪等仪器仪表的使用。

工作任务

1. 使用万用表测量一只二极管（如 1N4001）的正向电阻与反向电阻，比较其阻值，总结判断二极管引脚及性能的方法。

2. 用晶体管特性图示仪测量一只普通二极管（如 1N4001）和一只稳压二极管的伏安特性，记录特性曲线及死区电压、正向电压、反向击穿电压。

3. 用晶体管特性图示仪测量一只稳压二极管（如 2CW110）的伏安特性，记录特性曲线及稳压值。

4. 用万用表判断一只三极管（如 8550）的管型和引脚。

5. 用晶体管特性图示仪测量一只三极管（如 8550）的伏安特性，记录特性曲线并计算其电流放大倍数。

实施指导

1.2.1　普通二极管工作特性与测试

一、二极管的单向导电性

二极管是一种典型的半导体器件，其核心就是一个 PN 结，因此它体现出来的重要特性就是 PN 结的单向导电性。从半导体的 P 区接出的电极为二极管的正极，也称阳极；从半导体的 N 区接出的电极为二极管的负极，也称阴极。二极管的正极接高电位端，负极接低电位端的电路接入方式称为正向偏置，简称正偏，此时二极管对外电路呈现较小的电阻，有较大的电流流过，这时称二极管导通；反之，二极管的正极接低电位端，负极接高电位端的电路接入方式称为反向偏置，简称反偏，此时二极管对外电路呈现很大的电阻，流过的电流很小，这时称二极管截止。

有关半导体与 PN 结的知识参见知识拓展 1。

二、用万用表测试二极管的好坏和极性

用万用表可以对二极管的好坏和极性进行简单的判别。测试方法如下。

将万用表选至欧姆挡的 R×100 或 R×1k，用红黑表笔分别接触二极管的两只管脚，测量其阻值，然后对调表笔，再测量一次阻值。对于一只完好的二极管，两次测量万用表指针的偏转应当相差甚远，电阻小的一次应低于几 kΩ，电阻大的一次约为几百 kΩ，几乎可以视为开路。测量电阻小的那一次万用表黑表笔所接的是二极管的正极；红表笔所接的是二极管的负极。

在上述测量中，如果两次测量指针偏转均很小，阻值很大，则该二极管内部断线；若两次测量指针偏转均很大，即阻值均很小，则该二极管内部短路或被击穿。若两次测量时阻值有差异但差异不大，说明该二极管能用但性能不太好。

三、用晶体管特性图示仪测试二极管的伏安特性

晶体管特性图示仪是一种专用示波器，它能直接观察各种晶体管特性曲线及曲性簇。以下以 XJ4810 型晶体管特性图示仪为例介绍这种仪器的使用。

XJ4810 型晶体管特性图示仪实物如图 1-2-1 所示。

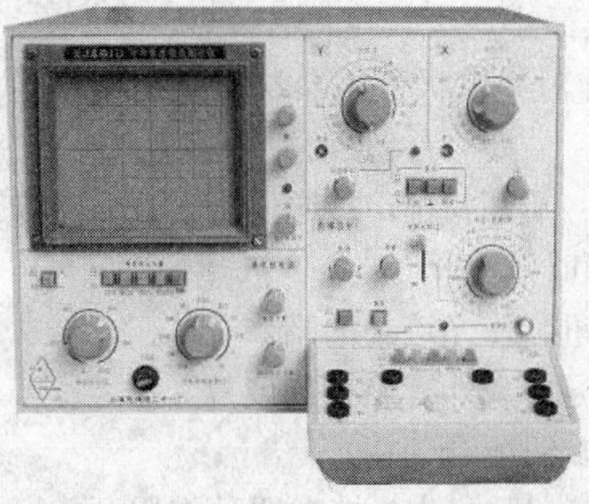

图 1-2-1　XJ4810 型晶体管特性图示仪实物

XJ4810 型晶体管特性图示仪面板功能如图 1-2-2 所示标注，图中各部件标注代码的功能如下。

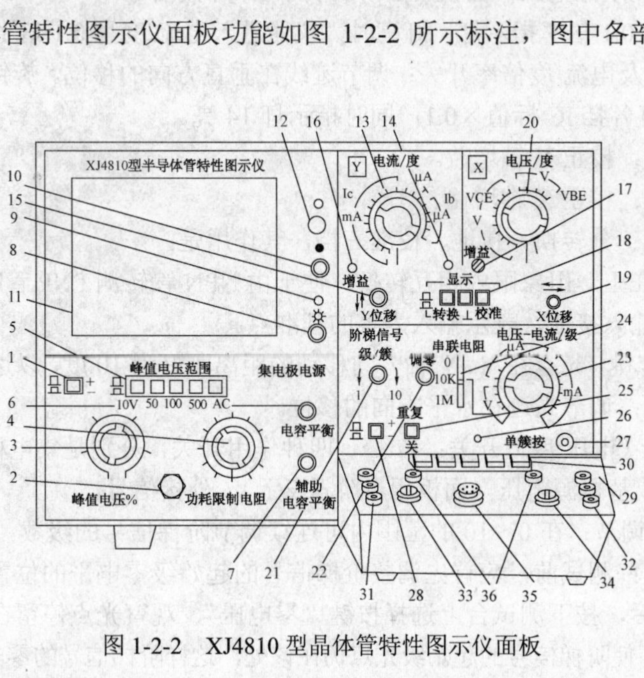

图 1-2-2　XJ4810 型晶体管特性图示仪面板

（1）集电极电源极性按钮，按钮弹出时极性为正，按下时极性为负。

（2）集电极峰值电压保险丝：1.5A。

（3）峰值电压：峰值电压可在 0～10V、0～50V、0～100V、0～500V 之间连续可调，面板上的标称值是近似值，作为参考。

（4）功耗限制电阻：它串联在被测管的集电极电路中，限制电流以免功耗过大，亦可作为被测半导体管集电极的负载电阻。

（5）峰值电压范围：分 0～10V/5A、0～50V/1A、0～100V/0.5A、0～500V/0.1A 四挡。当由低挡改换高挡观察半导体管的特性时，须先将峰值电压调到零值，换挡后再按需要的电压逐渐增加，否则容易击穿被测晶体管。

AC 挡的设置专为二极管或其他元件的测试提供双向扫描，以便能同时显示器件正反向的特性曲线。

（6）电容平衡：由于集电极电流输出端对地存在各种杂散电容，都将形成电容性电流，因而在电流取样电阻上产生电压降，造成测量误差。为了尽量减小电容性电流，测试前应调节电容平衡，使容性电流减至最小。

（7）辅助电容平衡：可针对集电极变压器次级绕组对地电容的不对称，再次进行电容平衡调节。

（8）电源开关及辉度调节：旋钮拉出，接通仪器电源，旋转旋钮可以改变示波管光点亮度。

（9）电源指示：接通电源时灯亮。

（10）聚焦旋钮：调节旋钮可使光迹最清晰。

（11）荧光屏幕：示波管屏幕，外有坐标刻度片。

（12）辅助聚焦：与聚焦旋钮配合使用。

（13）Y 轴选择（电流/度）开关：22 挡，四种作用开关，分别是集电极电流 I_C、二极管漏电流 I_R、基极电流或源电压（面板用台阶⎍表示）、外接信号。

（14）电流/度×0.1 倍率指示灯：灯亮时，仪器进入电流/度呈 0.1 倍工作状态。

（15）垂直移位及电流/度倍率开关：调节迹线在垂直方向的移位。旋钮拉出，放大器增益扩大 10 倍，电流/度各挡 IC 标值×0.1，同时指示灯 14 亮。

（16）Y 轴增益：校正 Y 轴增益。

（17）X 轴增益：校正 X 轴增益。

（18）显示开关：分转换、接地、校准三挡，其作用是：

转换：使图像在Ⅰ、Ⅲ象限内相互转换，便于由 NPN 管转测 PNP 管时简化测试操作。

接地：放大器输入接地，表示输入为零的基准点。

校准：按下校准键，光点在 X、Y 轴方向移动的距离刚好为 10 度，以达到 10 度校正目的。

（19）X 轴移位：调节光迹在水平方向的移位。

（20）X 轴选择（电压/度）开关：17 挡，四种作用开关，分别是集电极电压 V_{CE}、基极电压 V_{BE}、基极电流或基极源电压（面板用台阶⎍表示）、外接信号。

（21）“级/簇”调节：在 0～10 的范围内可连续调节阶梯信号的级数。

（22）调零旋钮：测试前，应首先调整阶梯信号的起始级零电平的位置。当荧光屏上已观察到基极阶梯信号后，按下测试台上选择按键“零电压”，观察光点停留在荧光屏上的位置，复位后调节零旋钮，使阶梯信号的起始级光点仍在该处，这样阶梯信号的零电位即被准确校正。

（23）阶梯信号选择开关：当测试双极型晶体三极管的各种特性曲线时，调节注入被测管基极的阶梯信号（电流）的级差（单位为 mA 级或μA 级），当测试场效应管的各种特性曲线时，可以调节补测管栅极的阶梯信号（电压）的级差（单位为 V 级），本选择开关共 22 挡。

（24）串联电阻开关：当阶梯信号选择开关置于电压级的位置时，串联电阻将串联在被测管的输入电路中。

（25）重复－关按键：弹出为重复，阶梯信号重复出现；按下为关，阶梯信号处于待触发状态。

（26）阶梯信号待触发指示灯：重复按键按下时灯亮，阶梯信号进入待触发状态。

（27）单簇按键开关：单簇按键的作用是，当按键被按下时，根据阶梯信号选择开关预先设定的值，出现一次阶梯信号，随即回到等待触发位置，因此可利用它瞬间作用的特性来观察被测管的各种极限特性。

（28）极性按键：极性的选择取决于被测管的特性。

（29）测试台：其结构如图 1-2-3 所示。

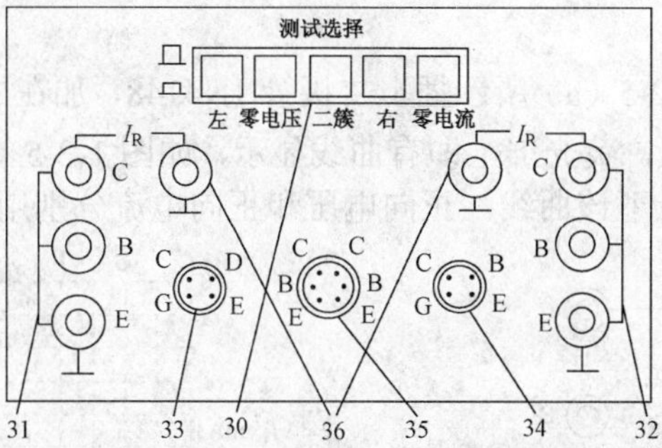

图 1-2-3 XJ4810 型半导体管特性图示仪测试台

（30）测试选择按键：

“左”、“右”、“二簇”：可以在测试时任选左右两个被测管的特性，当置于“二簇”时，即通过电子开关自动地交替显示左右二簇特性曲线，此时“级/簇”应置适当位置，以利于观察。二簇特性曲线比较时，请不要误按单簇按键。

“零电压”键：按下此键用于调整阶梯信号的起始级在零电平的位置，见 22 项。

“零电流”键：按下此键时被测管的基极处于开路状态，即能测量 I_{CEO} 特性。

（31）、（32）左右测试插孔：插上专用插座（随机附件），可测试 F1、F2 型管座的功率晶体管。

（33）、（34）、（35）晶体管测试插座。

（36）二极管反向漏电流专用插孔（接地端）。

在仪器右侧板上分布有图 1-2-4 所示的旋钮和端子。

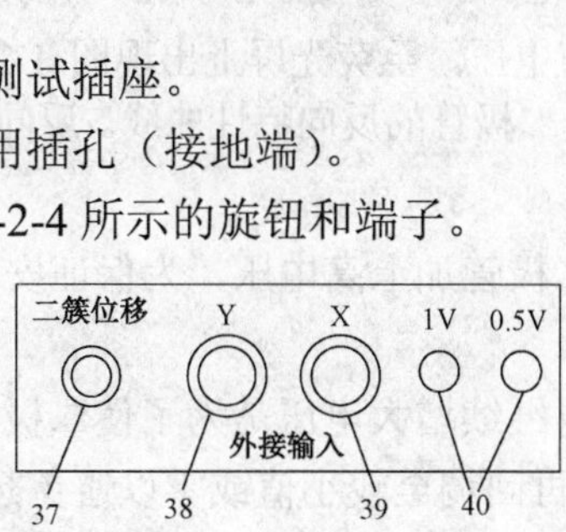

图 1-2-4 XJ4810 型半导体管特性图示仪右侧板

（37）二簇移位旋钮：在二簇显示时，可改变右簇曲线的位置，更方便于配对晶体管各种参数的比较。

（38）Y 轴信号输入：Y 轴选择开关置外接时，Y 轴信号由此插座输入。

（39）X 轴信号输入：X 轴选择开关置外接时，X 轴信号由此插座输入。

（40）校准信号输出端：1V、0.5V 校准信号由此二孔输出。

测试实例：用 XJ4801 晶体管特性图示仪测试二极管 1N4148。

测试步骤：

① 按下电源开关，指示灯亮，预热 15 分钟后，即可进行测试。

② 调节辉度、聚焦及辅助聚焦，使光点清晰。

③ 将峰值电压旋钮调至零，峰值电压范围选择 10V 挡、功耗电阻选择 250Ω，极性按钮选择为正。

④ 进行 10 度校正。

⑤ 选择 X 轴 0.1V/度，Y 轴 1mA/度。

⑥ 校准零电位。

⑦ 在测试台上如图 1-2-5（a）所示插上二极管 1N4148，加在二极管上的电压是正极高于负极。缓慢地增大峰值电压，荧光屏上即有曲线显示，如图 1-2-5（b）所示，这就是二极管的正向特性曲线，观察并记录下该曲线。正向电压和正向电流分别用 U_F 和 I_F 表示。

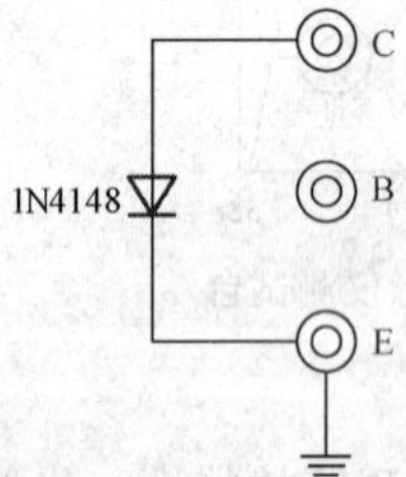

（a）二极管的插接位置

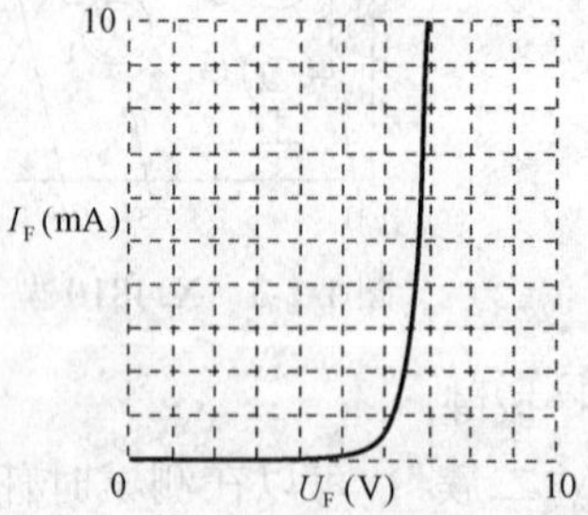

（b）测试曲线

图 1-2-5　二极管正向特性曲线的测量

⑧ 将峰值电压旋钮回调至零，取下二极管。

⑨ 将峰值电压范围选择为 500V 挡，功耗电阻选择为 100kΩ，极性按钮选择为正，X 轴 50V/度，Y 轴 1μA/度。将二极管 1N4148 如图 1-2-6（a）所示插在测试台上，此时二极管上的负极电位高于正极，缓慢增大峰值电压，至荧光屏上出现图 1-2-6（b）所示曲线，立刻停止增大峰值电压观察并记录曲线，这就是二极管的反向特性曲线。反向电压和电流分别用 U_R 和 I_R 表示。

注意事项：

① 测量反向曲线时，要给二极管加上高电压，为保证安全，一定要在二极管插上测试台前将峰值电压旋钮回调至零。

② 观察反向特性曲线时不再继续增大电压是为了使二极管发生击穿后不可恢复。应在短时间的观察后，将峰值电压旋钮再回调至较小值或零以避免热击穿。

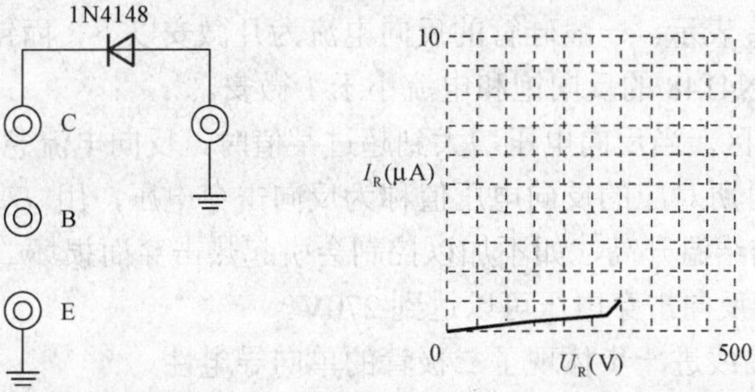

（a）**二极管的插接位置**　　（b）**测试曲线**

图 1-2-6　二极管反向特性曲线的测量

结果分析：

将测试的反向特性曲线旋转至第三象限后与正向特性曲线拼接在一起就是二极管完整的伏安特性曲线，如图 1-2-7 所示。注意，图 1-2-7 正负方向坐标单位长度的刻度是不同的。

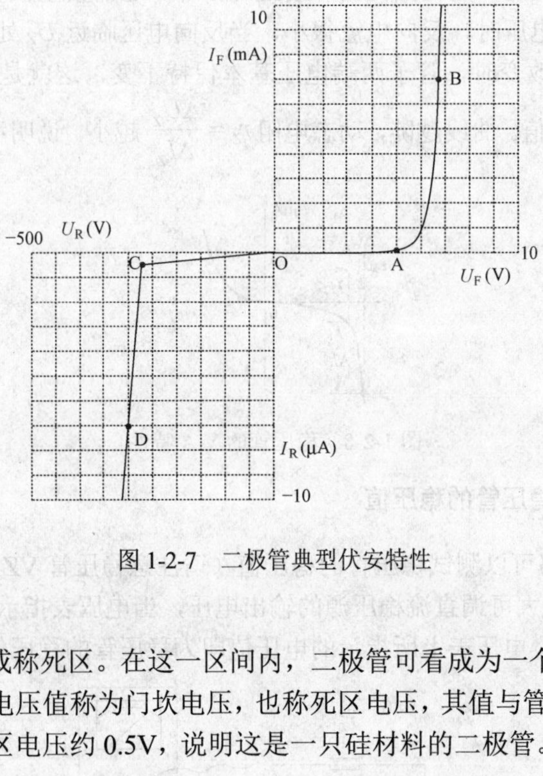

图 1-2-7　二极管典型伏安特性

① 正向特性

OA 段：不导电区或称死区。在这一区间内，二极管可看成为一个大电阻，正向电流几乎为零，A 点对应的正向电压值称为门坎电压，也称死区电压，其值与管子材料有关。由图 1-2-7 可以看出 1N4148 的死区电压约 0.5V，说明这是一只硅材料的二极管。如果是一只锗管，则死区电压约为 0.1V。

AB 段：正向导通区，当正向电压超过死区电压时，二极管呈现很小的电阻。电流随之迅速增大，二极管正向导通，这时二极管两端的电压值相对恒定几乎不随电流的增大而变化。这个电压称为正向压降（或管压降），其值也与材料有关，一般硅管约为 0.7V，锗管约为 0.3V。由图 1-2-7 可以看出 1N4148 的正向压降约为 0.7V。

② 反向特性

OC 段：反向截止区。当二极管两端施加反向电压时，二极管呈现很大的电阻，形成很小的反向饱和电流，用 I_R 表示，一般硅管的反向电流为几微安以下，而锗管达几十至几百微安。由图 1-2-7 可以看出 1N4148 的反向饱和电流小于 1 微安。

CD 段：反向击穿区。当反向电压增大到超过某值时，反向电流急剧增加，这种现象叫做反向击穿。反向击穿时所对应的反向电压值称为反向击穿电压，用 U_{BR} 表示，发生击穿后由于电流过大会使 PN 结结温升高，如不加以控制会引起热击穿而损坏二极管。由图 1-2-7 可以看出，这只 1N4148 的反向击穿电压可以达到 270V。

二极管伏安特性曲线进一步体现了二极管的单向导电性。

1.2.2 稳压二极管工作特性与测试

一、稳压管的工作特性

稳压管的正向特性与普通二极管相似，而反向特性击穿区更陡，几乎与纵轴平行，而且稳压管可以工作在击穿区的一定范围内而不会过热损坏。它的典型伏安特性如图 1-2-8 所示。即当反向电压小于击穿电压时，反向电流很小，当反向电压临近 U_Z 处时反向电流急剧增大，这时电流在很大范围内改变时，管子两端电压基本保持不变，这就是稳压管的稳压的作用，U_Z 就称为稳压管的稳压值。曲线越陡，动态电阻 $r_Z = \dfrac{\Delta U_Z}{\Delta I_Z}$ 越小，说明稳压管的稳压性能越好。

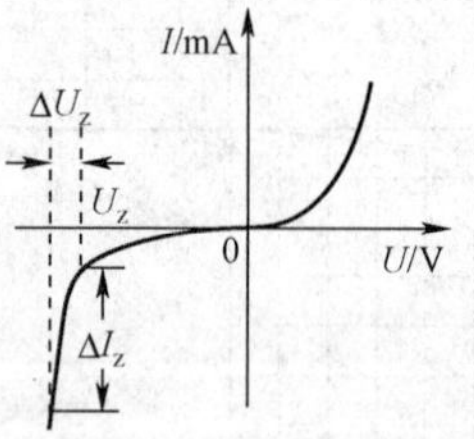

图 1-2-8　稳压管的 V-A 特性

二、用万用表测量稳压管的稳压值

按图 1-2-9 连接电路可以测试稳压管的稳压值（请注意稳压管 VZ 的符号与普通二极管的区别）。从零开始慢慢调大可调直流稳压源的输出电压，当电压表指示的电压值不再随可调稳压电源输出电压变化时，电压表上所指示的电压值即为稳压管的稳压值 U_Z。

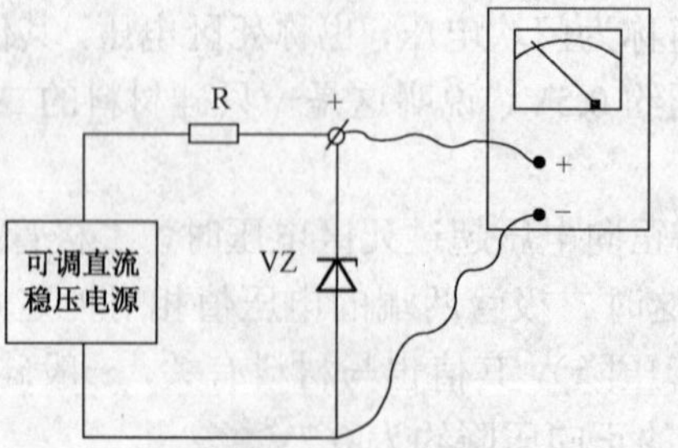

图 1-2-9　测量稳压管稳定电压的接线图

图中电阻 R 为限流电阻，如不加限流电阻，二极管击穿后电流增长过大，会由于 PN 结过热而引起热击穿将 PN 结烧毁。因此，稳压管在电路应用时必须串联限流电阻。

用晶体管特性图示仪也可以很方便地测量出稳压管的特性曲线与稳压值，方法也与测量普通二极管完全一样。

三、稳压二极管使用注意事项

稳压二极管在使用时应当注意：

① 稳压管用于稳压时必须接反向电压，这与普通二极管在工作方式上不同；

② 为保证稳压管正常工作，必须串接合适的限流电阻；

③ 几只稳压管可以串联使用，串联后的稳压值为各管稳压值之和。稳压管不能并联使用。因为每只稳压管稳压值不同，并联后会使电流分配不均匀，可能使某只稳压管因分流多、电流过大而损坏。

1.2.3　发光二极管的测试

发光二极管的功能是将电能转换为光能，具有功耗低，体积小，可靠性高，寿命长和反应快的优点，广泛应用于仪器仪表、计算机、汽车、电子玩具、通信、显示屏、景观照明、自动控制等领域。发光颜色和构成 PN 结的材料有关，通常有白、红、黄、绿、蓝和紫等颜色。近年来，高亮发光二极管更是越来越广泛地应用于节能光源。

发光二极管的伏安特性与普通二极管类似，但它的正向压降较大，并在正向压降达到一定值（多为 1.5~2.5V）时发光，工作电流一般为几毫安至几十毫安。

由于发光二极管与普通二极管一样具有单向导电性，所以也可以用万用表测试其极性。将万用表选至 R×1k 挡，用红黑表笔分别接触二极管的两只管脚，测量其阻值，正反各测一次，阻值较小的那次，黑表笔接触的为正极，红表笔接触的为负极。

发光二极管也可以用万用表加一节 1.5V 干电池同时判断其好坏与极性。具体测量方法如图 1-2-10 所示。将万用表置 R×10 或 R×100 挡，在万用表外部串接一节 1.5V 干电池。这种接法就相当于给万用表串接上了 1.5V 电源，使检测电压增加至 3V（发光二极管的开启电压约为 2V）。检测时，用万用表两表笔轮换接触发光二极管的两管脚。若管子性能良好，必定有一次能正常发光，此时，黑表笔所接的为正极，红表笔所接的为负极。

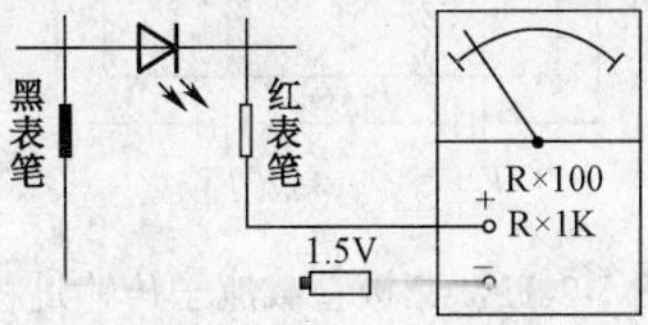

图 1-2-10　发光二极管检测电路

1.2.4　三极管的工作特性与测试

一、三极管结构与工作原理

三极管是一种具有电流放大能力的半导体器件。按照结构的不同，三极管可以分为两大类型，即 NPN 型和 PNP 型，图 1-2-11 为 NPN 型和 PNP 型管的结构示意图。

由图可看出，三极管分为三个区，分别称为发射区、基区和集电区。由三个区各自引出三个电极，对应地称为发射极 E、基极 B、集电极 C，有两个 PN 结：发射区与基区交界处的 PN 结称为发射结，集电区与基区交界处的 PN 结称为集电结。

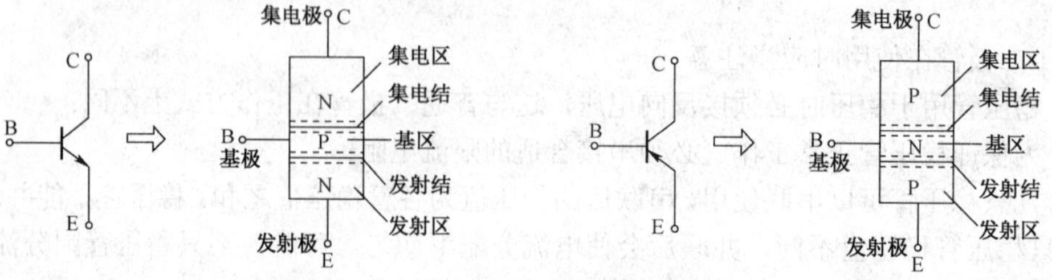

（a）NPN 三极管结构　　（b）PNP 三极管结构

图 1-2-11　三极管的结构

为使三极管具有电流放大作用，在制造工艺中要具备以下内部条件：

① 发射区高掺杂。其掺杂浓度要远大于基区掺杂浓度，能发射足够的载流子；

② 基区做得很薄且掺杂浓度低，以减小载流子在基区的复合机会；

③ 集电结结面积比发射结大，便于收集发射区发射来的载流子及散热。

为使三极管能正常放大信号，让发射区发射电子，集电区收集电子，三极管除在工艺制造上内部应满足的条件外，所加的工作电压必须具有的条件是发射结正向偏置，集电结反向偏置，下面以 NPN 型三极管为例进行讨论。

三极管内部载流子的传输过程如下：

① 发射区向基区发射电子

由于发射结正向偏置，使发射区的多数载流子电子不断通过发射结扩散到基区，形成发射极电流 I_E（如图 1-2-12 所示），I_E 的方向与电子流动方向相反，即流出三极管。基区的空穴也会向发射区扩散，但基区杂质浓度很低，空穴形成的电流很小，一般忽略不计。

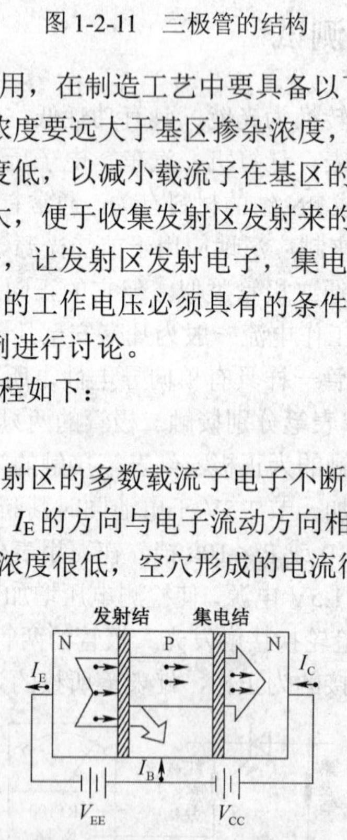

图 1-2-12　三极管载流子传输过程

② 电子在基区中扩散与复合

由于基区很薄且杂质浓度低，因此从发射区发射到基区的电子与基区内的空穴复合的机会小，只有极小部分与空穴复合，形成基极电流 I_B，而且 I_B 值很小。绝大部分电子都会扩散到集电结。

③ 集电区收集扩散的电子

集电结的反向偏置，阻碍集电区的多子电子和基区原有的多子空穴通过集电结，但它对从发射区扩散来到达集电结边缘的电子有很强的吸引力，可使电子全部通过集电结为集电区所收集，从而形成集电极电流 I_C，I_C 方向与电子移动方向相反，即流进三极管。

由此可知，扩散电子形成的电流（I_E）在基区中分配为 I_C 与 I_B，因此存在以下表达式：

$$I_E = I_C + I_B \tag{1-1}$$

又因为电流分配的比例取决于管子的掺杂浓度、几何结构等，故对于某一只三极管而言，I_C 与 I_B 的比例为一定值，即

$$I_C = \bar{\beta} I_B \tag{1-2}$$

$\bar{\beta}$ 为一常数，范围通常在几十至数百。式（1-2）所描述的 I_C 与 I_B 这两个电流的关系称为三极管的电流放大关系，三极管在电路中用做放大器件就是基于这个原理。$\bar{\beta}$ 因此被称为共发射极直流电流放大系数，它是三极管最重要的参数之一。

为衡量三极管的交流电流放大能力，又定义了共发射极交流电流放大系数 β

$$\beta = \frac{\Delta i_C}{\Delta i_B} \tag{1-3}$$

实践证明 β 与 $\bar{\beta}$ 的差别很小，应用时通常对两个参数不加区分。

二、用万用表检测三极管

1. 用万用表判别三极管的管型与电极

用万用表检测判别三极管的管型与电极的具体方法如下：

首先判定基极与管型。用万用表 R×100 或 R×1k 挡测量三个电极中每两个极之间的正、反向电阻值。当用第一根表笔接某一电极，而第二表笔先后接触另外两个电极均测得低阻值时，则第一根表笔所接的那个电极即为基极 B。这时，要注意万用表表笔的极性，如果红表笔接的是基极 B。黑表笔分别接在其他两极时，测得的阻值都较小，则可判定为 PNP 型管；如果黑表笔接的是基极 B，红表笔分别接触其他两极时，测得的阻值较小，则被测三极管为 NPN 型管。

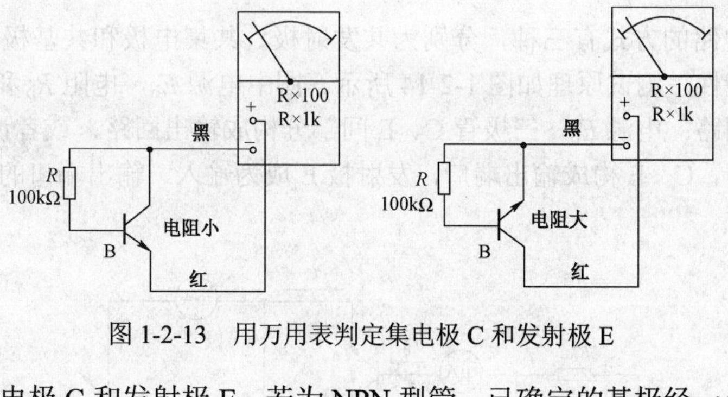

图 1-2-13　用万用表判定集电极 C 和发射极 E

接下来判定集电极 C 和发射极 E。若为 NPN 型管，已确定的基极经一个 100kΩ的电阻接黑表笔（万用表内部电池的正极），这相当于给基极注入很小的电流 I_B，然后，用万用表两根表笔分别接触两个未知电极，观察接上电阻时表针摆动的幅度大小。将两未知电极与万用表表笔的连接对调一次，观察接上电阻时表针摆动的幅度大小。根据三极管放大原理可知，表针摆动大（电阻小，电流大）的一次，说明 I_B 被放大，满足集电结反偏，发射结正偏的电流放大条件，黑表笔所接的为管子的集电极 C，另一个极为发射极 E。如图 1-2-13 所示。如果是

PNP 管，则应该掉换红黑表笔进行判断。

这种判断方法也可进一步简化，可以用手捏住基极 B 与表笔（不要使 B 极与棒相碰），以人体电阻代替 100kΩ电阻来判别管子的电极，这样就不必专门连接一个测试电路了。

2. 用万用表判断三极管质量

用万用表判断三极管质量的方法如下：

① 将万用表置于 R×100 或 R×1k 挡测量结电阻（B-E 间 B-C 间），其中，发射结和集电结的正向电阻值应当较小，约为几百欧到几千欧，反向电阻值应当很大，约为几百千欧至无穷大。应当注意不管是低阻还是高阻，硅材料的极间电阻要比锗材料的极间电阻大得多。

② 将万用表置于 R×100 或 R×1k 挡测量 C-E 间电阻，对于 PNP 管，黑表管接 E 极，红表笔接 C 极，对于 NPN 型，黑表笔接 C 极，红表笔接 E 极。要求测得的电阻越大越好。C-E 间的阻值越大，在基极开路时，流过 C-E 间的电流越小，这个电流就是管子的穿透电流，记为 I_{CEO}，其值越小，性能越稳定；反之，所测阻值越小，说明被测管的 I_{CEO} 越大，性能不稳定。一般说来，中、小功率硅管、锗材料低频管，其阻值应分别在几百千欧、几十千欧及十几千欧以上。如果阻值很小或测试时万用表指针来回晃动，则表明 I_{CEO} 很大，管子的性能不稳定，质量较差。

3. 用万用表测量三极管放大倍数β

测量三极管放大倍数β只在具有这一功能的万用表上才可以进行。具体方法如下：

指针式万用表（例如 MF47 型）先将量程开关拨到 ADJ 位置，把红、黑表笔短接，调整调零旋钮，使万用表指针指示为 300h_{FE}，然后将量程开关拨到 h_{FE} 位置，并使两短接的表笔分开，把已确定好管型和引脚的被测三极管插入测试插座，即可从 h_{FE} 刻度线上读出管子的放大倍数。

数字式万用表先将功能开关拨至 h_{FE} 挡，把已确定好管型和引脚的被测三极管插入测试插座后，直接读数即可。

三、三极管的特性与参数的测试

三极管接入电路的方式有三种，分别为共发射极、共集电极和共基极方式，这里测试的的特性指共射极特性。测试原理如图 1-2-14 所示。图中电源 E_b，电阻 R_b 和三极管的 B、E 间部分，构成输入回路；电源 E_c，三极管 C、E 间部分构成输出回路，或者说，三极管的 B、E 构成一对输入端口，C、E 构成输出端口，发射极 E 成为输入、输出端口的公共部分，因此称为共射极工作方式。

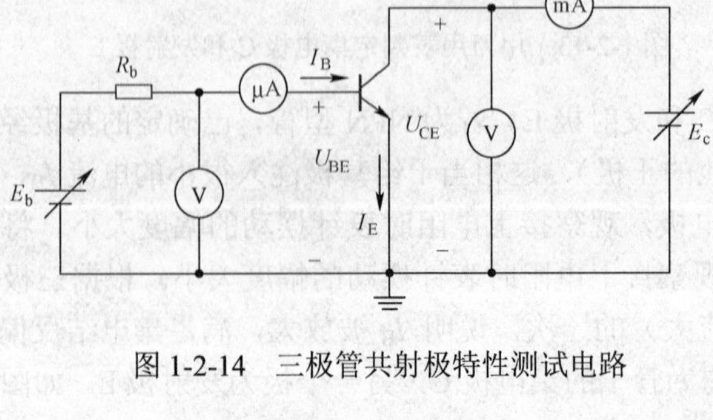

图 1-2-14　三极管共射极特性测试电路

当集电极与发射极间电压 U_{CE} 为常数时，基极电流 I_B 与发射结电压 U_{BE} 之间的关系曲线称为输入特性曲线。当基极电流 I_B 为常数时，集电极电流 I_C 与集电极、发射极间电压 U_{CE} 之间的关系曲线称为输出特性曲线。曲线的测试可以通过调节可变直流稳压电源 E_b 或 E_c，然后测量电流，再描点作图的方法来进行。也可以使用晶体管图示仪将曲线直接测试出来。

测试实例：用 XJ4801 晶体管特性图示仪测试三极管 9013。

测试步骤：

① 按下电源开关，指示灯亮，预热 15 分钟。

② 调节辉度、聚焦及辅助聚焦，使光点清晰。

③ 将峰值电压旋钮调至零，峰值电压范围选择 10V 挡、功耗电阻选择 250Ω，极性按钮选择为正。

④ 进行零电位校正。

⑤ 按图 1-2-15 插入三极管 9013。

⑥ 将 Y 轴选择开关拨至⎍ 以显示 I_B，X 轴选择开关拨至基极电压 0.1V/度以显示 U_{BE}，

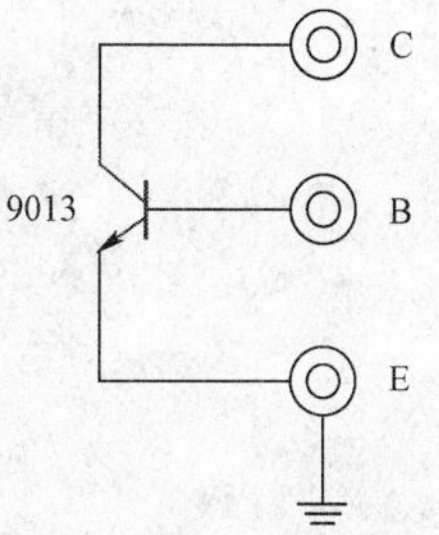

图 1-2-15　晶体管的插接位置

逐渐调整峰值电压旋钮（测量完成后调回零），即可得如图 1-2-16（a）所示的输入特性曲线。

⑦ 将 Y 轴选择开关拨至集电极电流 2mA/度以显示 I_C，X 轴选择开关拨至集电极电压 0.5V/度以显示 U_{CE}，阶梯信号选择拨至 10μA/级，阶梯级数选择 10，重复—关按钮弹出，极性选择正。峰值电压逐渐旋至最大，即可得如图 1-2-16（b）所示的输出特性曲线。

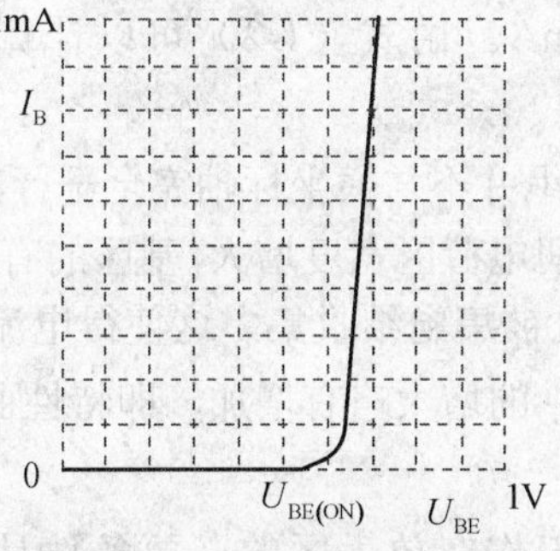

（a）输入特性曲线

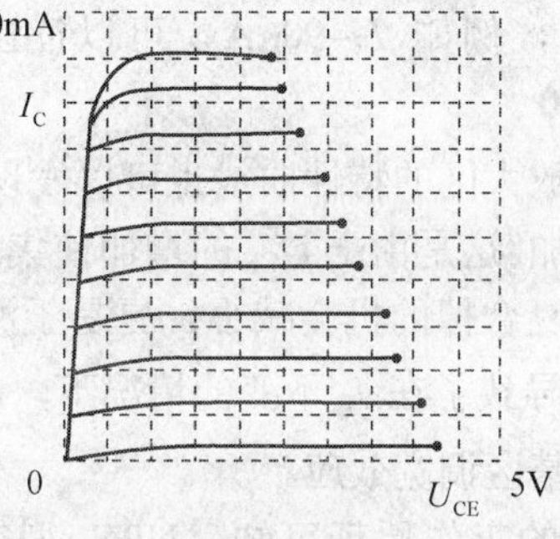

（b）输出特性曲线

图 1-2-16　三极管共发射极特性曲线

结果分析：

（1）输入特性

从图 1-2-16（a）可以看出，三极管的输入特性与二极管的正向特性极为相似，这是因为在三极管的基极与发射极之间存在一个 PN 结——发射结。当在 B、E 间加上正向的电压时，就相当于在发射结上加了正向电压，所以呈现出 PN 结的正向特性。在这条特性曲线上也存在一个与二极管类似的死区电压 $U_{BE(ON)}$。当 $U_{BE} < U_{BE(ON)}$ 时，不足以使发射结导通。硅管死区电压约为 0.5V，锗管约为 0.1V。当 B、E 间外加输入电压超过死区电压时，三极管才开始导通，此时，发射结的压降硅管为 0.7V，锗管为 0.3V。

应当指出，三极管的特性毕竟不同于二极管，电压 U_{CE} 的变化将给输入特性带来影响。

当 U_{CE} 增大时，输入特性曲线略向右移，但 $U_{CE} > 1V$ 后的曲线与 $U_{CE} = 1V$ 基本重合。

（2）输出特性与三极管工作区

三极管的输出特性曲线，可以分为三个部分：截止区、放大区和饱和区，这也就是三极管的三个工作区，如图 1-2-17 所示。

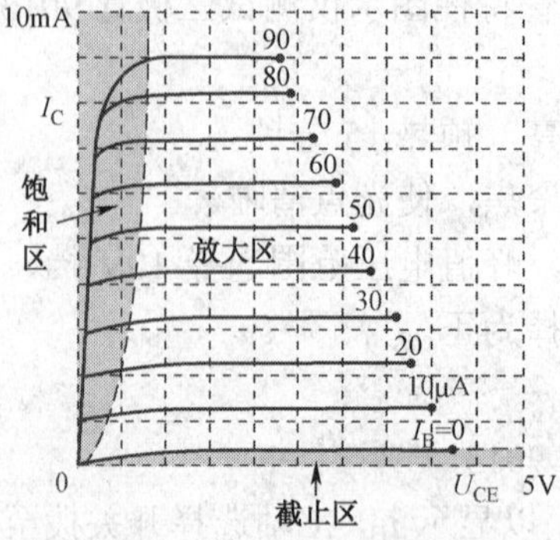

图 1-2-17　三极管的工作区

① 放大区

在这个区域内，当 I_B 等差变化时，输出特性是一组近似与横轴平行的等距离直线，即 I_C 也等差变化。这说明 I_C 受 I_B 控制，与 U_{CE} 无关，此时 I_C 满足（1-2）式描述的电流控制和放大关系，因此称为放大区。

利用输出特性曲线可以计算三极管的 $\bar{\beta}$ 值。以图 1-2-17 这一测量结果为例，任意选取曲线组中的一根，例如 I_B=90μA，可以读出 I_C=9mA。由式（1-2）可以计算得这只三极管 $\bar{\beta} = I_C / I_B = 100$。

仔细观察放大区的特性曲线也可以发现，曲线组并不与横坐标轴完全平行，而是 I_C 随 U_{CE} 的增大略有增加。这是由于 U_{CE} 的增加使集电结空间电荷区宽度增大，基区的有效宽度则缩减，载流子在基区复合掉的机会减小，更易于渡过基区被集电结收集，这使得电流放大倍数 $\bar{\beta}$ 增大。$\bar{\beta}$ 的增大导致了在 I_B 不变的情况下，I_C 随 U_{CE} 的增大略有增加，即特性曲线向上倾斜。这种现象称为基区调宽效应。

由三极管的工作原理可知，NPN 型三极管工作在放大区的必要条件是三个极的电位 $V_C > V_B > V_E$，PNP 型三极管工作在放大区的必要条件则是 $V_C < V_B < V_E$。此时发射结处正向偏置状态，集电结处于反向偏置状态。

② 截止区

指 I_B=0 对应的曲线以下的区域，处于此区域时，三极管发射结反向偏置或零偏（$U_{BE} < U_{BE(ON)}$），集电结也处于反向截止状态，发射区不具备电子发射能力，集电结也不能完成对电子的收集，这种情况相当于三极管内部各电极之间开路。当 I_B=0 时，有很小的电流由 C 流向 E，这个电流称为集电极—发射极反向饱和电流 I_{CEO}。由于 I_{CEO} 很小（小功率硅管在几微安以下，小功率锗管约几十微安），计算时一般忽略。但 I_{CEO} 随温度的增加而增大，被认为是判断管子温度稳定性的重要依据：I_{CEO} 越小，管子受温度影响越小，性能越稳定。

NPN 型三极管处于截止区的充分条件是：$V_B \leqslant V_E, V_B < V_C$，PNP 型三极管则为 $V_B \geqslant V_E, V_B > V_C$，即两个 PN 结都截止。

③ 饱和区

输出特性曲线从上升段到弯曲部分称为饱和区，在这个工作区内，I_C随U_{CE}迅速增大，这是由于U_{CE}很小（约1V以下）时，集电结的反向电压很小或正偏，对到达基区的电子吸引不够，随着U_{CE}的增大，吸引力增加，从基区到集电区的电子迅速增加。

另外饱和区内曲线组起始部分重合，这说明集电极电流I_C处于饱和状态而不受I_B控制，三极管失去电流放大作用。

需要三极管处于可靠的饱和状态时，通常使集电结和发射结均正向偏置，这时管子的集电极与发射极间呈现低电阻，相当于开关闭合。对于NPN型管，工作于饱和区的条件是$V_B > V_E, V_B > V_C$，PNP型管则为$V_B < V_E, V_B < V_C$。由于三极管的两个PN结在物理结构上并不完全对称，饱和时C、E间存在较小的电压U_{CES}，这个电压称为饱和压降。对于小功率硅管，其值$U_{CES}\approx 0.3V$，对锗管$U_{CES}\approx 0.1V$。

从以上三极管的特性可以看出三极管常见的两种用途：一种是当它工作于放大区时，可以实现信号的控制与放大；另一种是通过改变B的电位，使三极管在截止区和饱和区之间切换，C、E两点间则在开路与短路间切换，这就形成了一只受B点电位控制的电子开关。

知识拓展1——半导体基础理论

一、什么是半导体

按导电能力的强弱，物质可分为导体、绝缘体和半导体三类。具有良好导电性能的物质称为导体，如铜、铁、铝等金属。导电能力很差或不导电的物质称为绝缘体，如橡胶、塑料、陶瓷等。导电能力介于导体和绝缘体之间的物质叫半导体，如锗、硅、砷化镓、氮化镓等。

半导体之所以作为制造电子器件的主要材料，在于它自身存在三个主要的特性：

① 杂敏性：在纯净的半导体（即本征半导体）中掺入极其微量的杂质元素可使它的导电性能大大提高。如在纯净的硅单晶中只要掺入百万分之一的杂质硼，则它的电阻率就会从214000Ω·cm下降到0.4Ω·cm（变化约50多万倍），这也是提高半导体导电性能的最有效的方法。

② 热敏性：温度升高会使半导体的导电能力大大增强，如：温度每升高8℃，纯净硅的电阻率就会降低一半左右（而金属每升高10℃，电阻率只改变4%左右），利用这种特性，可制造常用于自动控制中的热敏电阻及其他热敏元件。

③ 光敏性：当半导体材料受到光照时，其导电能力会随光照强度变化。利用半导体这种对光敏感的特性可制造光敏元件如光敏电阻、光电二极管、光电三极管等。

半导体的这些特性是由半导体的结构决定的。

二、本征半导体的共价键结构和导电特性

本征半导体是一种完全纯净的、结构完整的半导体晶体。

纯净的硅和锗都是四价元素，在最外层原子轨道上具有四个电子，称为价电子，硅和锗的原子结构用图1-2-18的简化模型表示。

半导体具有晶体结构，每一个硅或锗的原子与相邻的四个原子各共用一对电子，形成较

稳定的共价键结构，如图 1-2-19 所示。

多数价电子不易挣脱原子核束缚而成为自由电子，因此本征半导体的导电能力较差。但也有一些价电子在随机热振动中获得足够的能量或从外界获得一定的能量而挣脱共价键的束缚，成为自由电子，这时在共价键中就会留下一个带正电的空位，这个空位称为"空穴"，如图 1-2-20 所示。如果在本征半导体两端外加电场，这时自由电子和空穴将定向移动而形成电流，因此将它们都称为载流子。在本征半导体中，自由电子和空穴总是成对出现，半导体在热激发下产生电子和空穴对的这种现象称为本征激发。而当自由电子损失能量后又可能被共价键俘获，使得自由电子与空穴成对消失，这一过程称为自由电子与空穴对的复合。

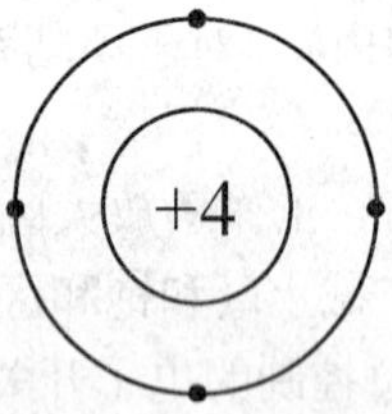

图 1-2-18　硅和锗的结构模型

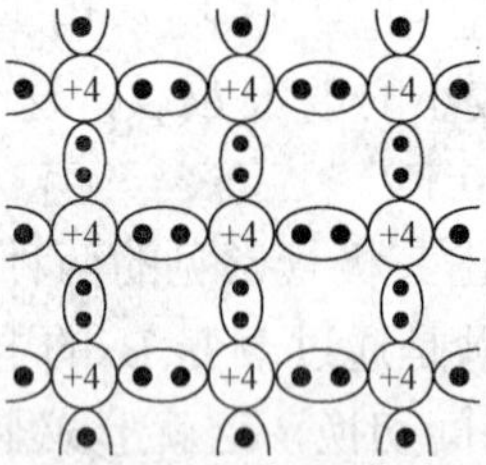

图 1-2-19　本征半导体的晶体结构

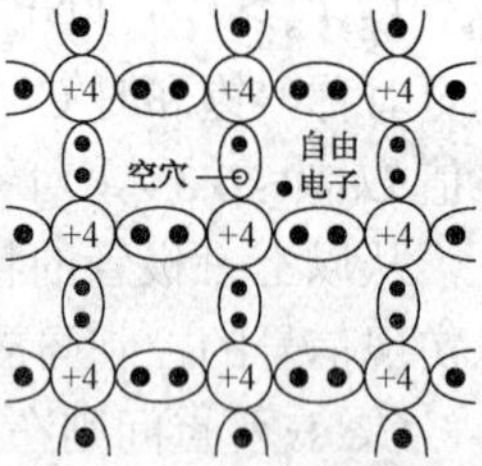

图 1-2-20　自由电子和空穴

当温度升高或光照增强，半导体内更多的价电子能获得能量挣脱共价键的束缚而成为自由电子并产生相同数目的空穴，从而使半导体的导电性能增强，这就是半导体具有光敏性和热敏性的原因。

三、杂质半导体

向本征半导体中有控制地掺进特定的杂质可以改变它的导电性，这种半导体被称为杂质半导体。根据掺入杂质的性质不同，杂质半导体可分为空穴型（或 P 型）半导体和电子型（或 N 型）半导体。

N 型半导体是在本征半导体硅（或锗）中掺入微量的五价元素（如磷、砷、锑）形成的。由于杂质原子的最外层有五个价电子，在与周围硅原子形成共价键外，还多出了一个电子，见图 1-2-21。这个多余的电子易受热激发而成为自由电子，而杂质原子则变为不能移动的正离子，这使得整个半导体中自由电子的数量远远多于空穴的数量，故称自由电子为多数载流子（简称多子）。空穴为少数载流子（简称少子）。

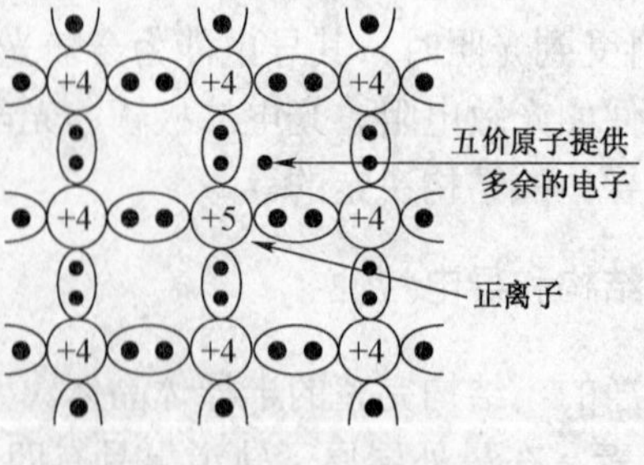

图 1-2-21　N 型半导体的共价键结构

P 型半导体是在本征半导体硅（或锗）中掺入微量的三价元素（如硼、铟等）形成的。这些杂质原子的最外层中有三个价电子，当它们与周围的硅原子形成共价键时，势必多出一个空位，见图 1-2-22。当某个硅原子的电子挣脱共价键的束缚后移入这个空位时，三价原子在晶格上又接受了一个电子，变为不能动的负离子。原来硅原子的共价键上中因缺少一个电子形成了空穴，这使得半导体中空穴的数量远多于自由电子的数量，故称空穴为多子，自由电子为少子。

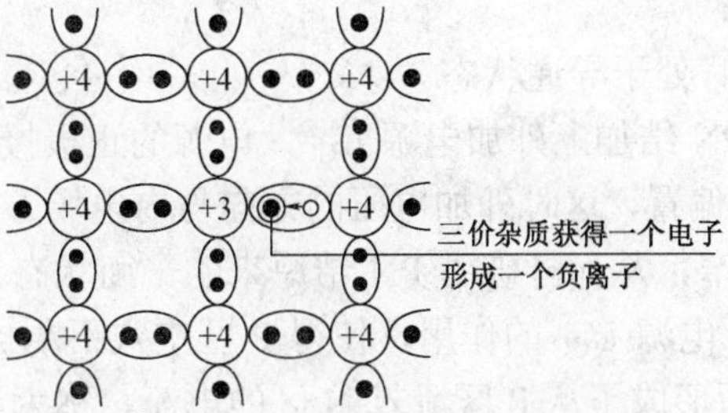

图 1-2-22　P 型半导体的共价键结构

从以上分析可知，导体掺杂是提高其导电性能的最有效的方法，这就是半导体具有杂敏性的原因。

四、PN 结的形成及单向导电性

在同一块本征半导体中采用不同的掺杂工艺，同时形成 P 型和 N 型半导体，在它们的交界面会形成空间电荷区，称为 PN 结，这种 PN 结具有单向导电性，它是构成半导体器件的基础。

1. PN 结的形成

P 型半导体中具有多子空穴、少子自由电子和带负电的离子，N 型半导体中具有多子自由电子、少子空穴和带正电的离子。这两种掺杂半导体可用图 1-2-23 表示。

当 P 型半导体和 N 型半导体结合在一起时，在其交界处就存在浓度差，即 P 型区的空穴远多于 N 型区的空穴，而 N 型区的自由电子远多于 P 型区的自由电子。这将引起物质的扩散运动，即从浓度高的地方向浓度低的地方运动。P 型区的空穴向 N 型区扩散，N 型区的自由电子向 P 型区扩散，扩散过程中很多自由电子—空穴对被复合掉，使交界面附近多子浓度下降。这时 P 区边界出现负离子区，N 区边界出现正离子区，这些离子不能移动，不参与导电，称为空间电荷，在 P 区和 N 区的边界形成一层空间电荷区，如图 1-2-24 所示。

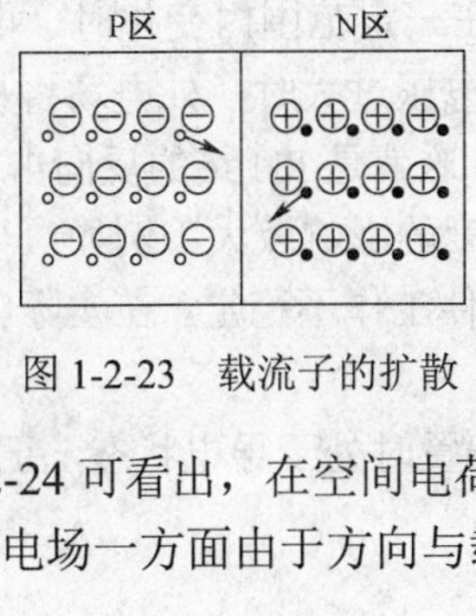

图 1-2-23　载流子的扩散

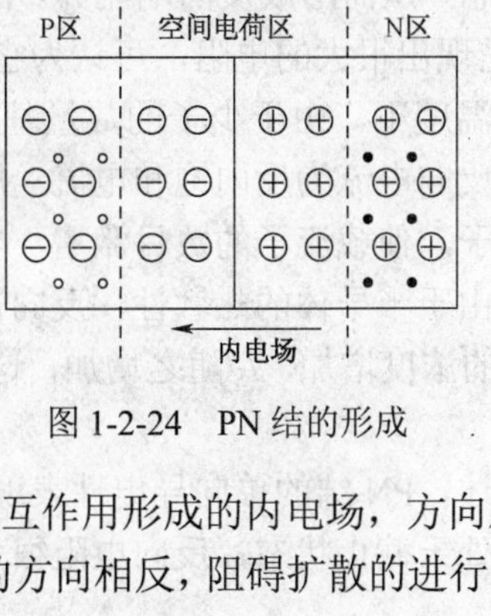

图 1-2-24　PN 结的形成

从图 1-2-24 可看出，在空间电荷区内，离子间相互作用形成的内电场，方向从 N 区指向 P 区。这个内电场一方面由于方向与载流子扩散运动的方向相反，阻碍扩散的进行；另一方面，它又促使N区的少子空穴进入P区，P区的少子自由电子进入N区，这种在内电场力的作用下，少子的运动称为漂移运动。扩散运动使空间电荷区增厚，内电场增强，而漂移运动与扩散运动的作用正好相反。当这两种运动达到动态平衡时，空间电荷区也基本稳定，这个空间电荷区称为PN结。

2. PN结的单向导电性

（1）PN结加正向电压时处于导通状态

如图1-2-25所示，当PN结加上外加电源U_{CC}，电源的正极接P区，电源的负极接N区，称PN结加正向电压或正向偏置，这时外加电压的方向与内电场方向相反，削弱了内电场，使PN结即空间电荷区厚度变窄，从而打破了PN结原来的平衡状态，多子的扩散运动加剧，而少子的漂移运动减弱，由于电源U_{CC}的作用，使得P区空穴不断扩散到N区，N区的自由电子不断地扩散到P区，从而形成了从P区流入N区的电流，称为正向电流，由于参与形成正向电流的是浓度较高的多子，因此电流较大，PN结呈现的正向电阻很小，这时称PN结处于正向导通状态。对于硅材料半导体而言，PN结导通时的结电压只有0.7V左右，锗材料半导体的PN结导通时的结电压只有0.3V左右。因此在回路上加一个限流电阻以防止PN结因正向电流过大而遭损坏。

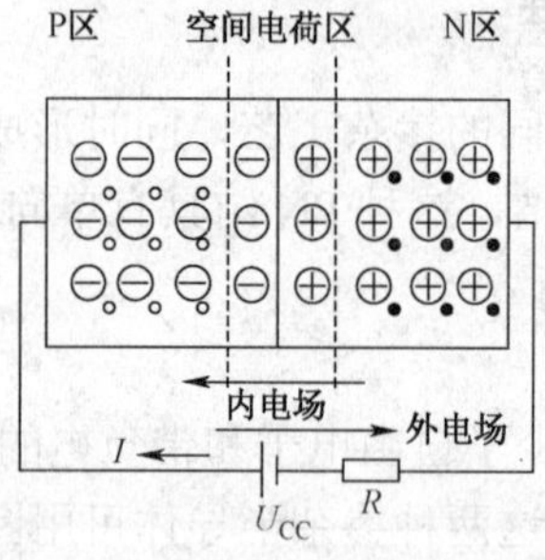

图1-2-25　外加正向电压时的PN结

（2）PN结外加反向电压时处于截止状态

如图1-2-26所示，当外加电源的正极接在PN结的N区，电源的负极接在PN结的P区时，称PN结加反向电压，或称反向偏置。这时外加电压的方向与内电场方向相同，使空间电荷区厚度变宽，阻止扩散运动的进行，同时更容易产生少子的漂移运动，这也打破了PN结原来的平衡状态，从而形成反向电流I_R。由于少子的浓度很小，I_R值很小，一般为微安级。此时PN结由于呈现出很大的电阻，可认为它基本不导电，称为反向截止。反向电流还具的一个特点：在一定温度下，由于少子的数量基本恒定，当电压在一定范围内变化时，电流值趋于恒定，这时称反向电流为反向饱和电流，用I_S表示。但当电压过大时，外电场将从共价键中拉出大量的电子，使载流子的数目激增，电流增加到很大，这就是PN结的反向击穿。

此外，由于半导体的热敏性，反向饱和电流I_S受温度的影响较大，例如：当环境温度升高时，少子的浓度增加，I_S随之增加，这将造成半导体器件工作不稳定。在实际应用中要注意这个问题。

综上所述，PN结的单向导电性表现在：PN结正向偏置时处于导电状态，正向电阻很小，反向偏置时处于截止状态，反向电阻很大。

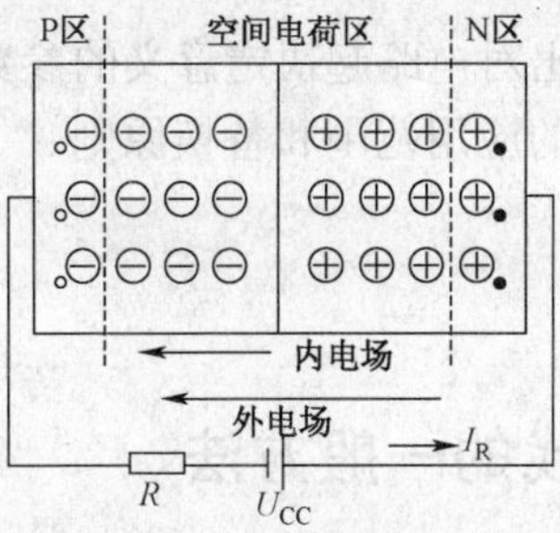

图 1-2-26　外加反向电压时的 PN 结

五、PN 结的电容效应

PN 结在一定条件下具有电容效应，这种电容效应可分为势垒电容和扩散电容。

1. 势垒电容 C_B

当 PN 结外加电压值变化时，会引起空间电荷区的宽度也跟着变化，相当于电子和空穴分别流入或流出 PN 结，即 PN 结的电荷量随外加电压而发生变化，这种现象与电容器的充放电过程相似，即形成电容效应，我们就用势垒电容 C_B 来描述，这种空间电荷区的电荷随着电压变化而产生的电容效应，它一般在反向偏置时起主要作用，尤其在高频时影响更大，可以利用这一特性制成变容二极管。

2. 扩散电容 C_D

当 PN 结正向偏置时，多子在扩散过程中会引起电荷积累，且这种积累会随外加电压变化而变化。也与电容器的充放电过程相似，将这种电容效应等效为扩散电容 C_D，用来反映在外加电压作用下载流子在扩散过程中的积累情况，它一般在 PN 结正向偏置时起作用。

由此可见，PN 结的结电容 C_J 是势垒电容和扩散电容之和。即 $C_J=C_B+C_D$，由于 C_B 和 C_D 都很小，对于低频信号呈现为很大的容抗，可不考虑这种电容效应，当信号频率较高时才考虑这种电容作用。当 PN 结处于正向偏置时，C_D 起主要作用，$C_J \approx C_D$，当 PN 结处反向偏置时，C_B 起主要作用，$C_J \approx C_B$。

任务 3　元器件手册的查阅与理解

学习目标

1. 掌握电子元器件手册的查阅途径和阅读技巧。
2. 通过查阅半导体理解二极管、三极管等元件的特性参数。
3. 掌握常用电子元器件的选用和替换原则。

工作任务

1. 查阅任务 1 中电子产品电路板上的二极管和三极管的资料或参数，记录下资料获取的渠道或来源。

2．说明各参数的意义，分析出对电路起决定意义的参数。

3．总结上述二极管和三极管的应用范围和替换原则。

实施指导

1.3.1 元器件资料查找的一般方法

在已知电子元器件型号的情况下，可以通过查阅电子元器件手册来获得其特性与参数的详细信息。查找这些资料的常规途径有两条：第一种方式是利用工具书。即各种版本的电子元器件使用手册、数据手册或替换手册等。现在有很多手册都已设计得能够像字典一样方便快捷地查找。第二种方式就是利用互联网，有一些很实用的网站如集成电路查询网（http://www.datasheet5.com/）等，只需要在它的搜索栏中键入要查找的元器件型号名，就可以搜索到相应的元器件说明书。

一般来说，国外半导体器件都有独立的元器件说明书，用网络查找的方法非常方便，其说明书多使用英文，由于说明书多采用图表描述，即使英文资料也不难读懂。国产的半导体器件一般没有独立的说明书，因此要借助工具书。

查找到资料后读懂资料并从中提取出重要信息的前提是理解常见半导体器件的特性和各参数的意义。

1.3.2 二极管参数的查阅与理解

参数查阅实例：查阅二极管 1N4007 的参数。

经查找可得二极管 1N4007 的参数如表 1-5 所示。资料来源于 1N4007 元件说明书。

表 1-5　二极管 1N4007 参数

参数名称	符号	取值
最高反向工作电压	U_{RM}	1000V
最大正向平均整流电流	I_F	1A
正向峰值浪涌电流	I_{FSM}	30A
最高瞬时正向电压	V_F	1.1V
反向饱和电流	I_R	5.0μA（25℃）
		500μA（100℃）
结电容典型值	C_J	15pF
温度范围	T_J	−65～175℃

注：为方便读者与常见的元器件说明书对照，表格中采用的参数符号未采用国家标准，而是直接引用说明书上的符号。

其中比较重要的几个参数如下：

最大整流电流 I_F：是指管子长期使用时允许通过的最大正向平均电流，它的值与 PN 结结面积和外部散热条件有关。如果电路中流过二极管的正向电流超过了此值，将导致管子的发热量过高，使得 PN 结结温超过允许的最高结温 T_{jm}（硅管 T_{jm}=150℃，锗管 T_{jm}=90℃），使 PN

结烧坏而使二极管报废。对于一些通过大电流的二极管，要求使用散热片使其能安全工作。在用晶体管图示仪测试正向特性时，功耗电阻的选择就要考虑此参数。

最高反向工作电压 U_{RM}：是指为了保证二极管不至于反向击穿而允许外加的最大反向电压。超过 U_{RM} 时，二极管就可能反向击穿而损坏。为了保证二极管能安全工作，一般规定 U_{RM} 为反向击穿电压的一半。显然，使用 XJ4810 型晶体管图示仪检测不到 1N4007 的反向击穿特性。

反向饱和电流 I_R：是指二极管未击穿时的反向电流，I_R 越小，表示该管的单向导电性越好。值得注意的是 I_R 对温度很敏感，温度升高会使反向电流急剧增大而使 PN 结结温升高，超过允许的最高结温会造成热击穿，因此使用二极管时要注意温度的影响。

此外有些二极管还给出最高工作频率 f_M。f_M 是指保证管子正常工作的上限频率。越过 f_M，由于 PN 结具有结电容，使得结电容的充放电的影响加剧而影响 PN 结的单向导电性（1N4000 系列二极管通常用于对工频交流电的整流，是一种低频二极管）。

此外，通过电子元器件手册还可以知道，1N4007 是美国半导体的型号，与其参数相近的国产二极管型号为 2CZ55L。可以考虑相互替换。

参数查阅实例：查阅稳压二极管 2CW110 的参数。

经查找可得稳压二极管 2CW110 的参数如表 1-6 所示。资料来源于常用电子元器件手册。

表 1-6　稳压二极管 2CW110 参数

参数名称	符号	取　值
最大耗散功率	P_{ZM}	1W
最大工作电流	I_{ZM}	76mA
动态电阻	R_Z	≤500Ω（I_Z=1mA）/≤200Ω（I_Z=20mA）
稳定电压	U_Z	11.5~12.5V
反向电流	I_R	≤0.5μA
正向压降	U_F	≤1V
电压温度系数	α_U	≤℃

注：为方便读者与常见的元器件手册对照，表格中采用的参数符号未采用国家标准，而是直接引用手册上的符号。

稳定电压 U_Z：即稳压管的反向工作电压值。由于受到半导体制造工艺的制约，同一型号的稳压管 U_Z 值有一定的离散性。如 CW110 的 U_Z 值在 11.5~12.5V 之间，但每一个稳压管有一个确定的稳压值。

最大稳定电流 I_{ZM}：是指稳压管工作在反向击穿区时允许通过的最大工作电流。超过此值，稳压管将由于过热引起热击穿而损坏。这也是在应用电路中稳压管必须加限流电阻的原因。

耗散功率 P_{ZM}：指管子不致因热击穿而损坏的最大耗散功率，其数值通常定为稳压管的稳定电压 U_Z 与最大稳定电流 I_{ZM} 的乘积。

动态电阻（记为 r_Z 或 R_Z）：指稳压管工作在稳压区时，该电压变化量 ΔU_Z 与其反向电流变化量 ΔI_Z 之比，即 $r_Z=\dfrac{\Delta U_Z}{\Delta I_Z}$。$r_Z$ 反映稳压管的稳压性能。动态电阻值越小，说明该稳压管的稳压性能越好。

电压温度系数 α_U 是描述稳压管受温度变化影响的参数。电压温度系数有正负之分，稳压值随温度升高而上升，电压温度系数为正；稳压值随温度升高下降，电压温度系数为负。通常稳压值高于 6 伏的稳压管具有正温度系数，稳压值低于 4 伏的稳压管具有负温度系数。表 1-6 说明，2CW110 具有正温度系数，但温度上升引起稳压值的相对变化量小于等于 9×10^{-4}，即 0.09%。

1.3.3 三极管参数的查阅与理解

三极管的参数从不同侧面反映了三极管的特性，是正确使用和合理选择元件的重要依据。

参数查阅实例：查阅三极管 9013 的参数。

查找到三极管 9013 的元件说明书，说明书中提供了两个参数表格：绝对最大额定值（见表 1-7）和电参数（见表 1-8）。

表 1-7 9013 绝对最大额定值

参 数	符 号	范 围	单 位
集—基间电压	V_{CBO}	40	V
集—射间电压	V_{CEO}	20	V
射—基间电压	V_{EBO}	5	V
集电极电流	I_C	500	mA
集电极耗散功率	P_C	625	mW
结温	T_j	150	℃
储存温度	T_{stg}	−55~150	℃

表 1-8 9013 的电参数（25℃）

参 数	符 号	测试条件	最小值	典型值	最大值	单 位
集—基间击穿电压	BV_{CBO}	I_C=100μA，I_E=0	40			V
集—射间击穿电压	BV_{CEO}	I_C=1mA，I_B=0	20			V
射—基间击穿电压	BV_{EBO}	I_E=100μA，I_B=0	5			V
集电结截止电流	I_{CBO}	V_{CB}=25V，I_E=0			100	nA
发射结截止电流	I_{EBO}	V_{EB}=3V，I_C=0			100	nA
直流电流放大倍数	h_{FE}	V_{CE}=1V，I_C=50mA	64	120	202	
特征频率	f_T	V_{CE}=6V，I_C=20mA	140			MHz
集—射间饱和电压	$V_{CE(sat)}$	I_C=500mA，I_B=50mA		0.16	0.6	V
基—射间饱和电压	$V_{BE(sat)}$	I_C=500mA，I_B=50mA		0.91	1.2	V
基—射间开启电压	$V_{BE(on)}$	V_{CE}=1V，I_C=10mA	0.6	0.67	0.7	V

注：为方便读者与常见的元器件说明书对照，表格中采用的参数符号未采用国家标准，而是直接引用说明书上的符号。

表格中较重要的参数意义如下：

① 直流电流放大系数 h_{FE}——即 $\bar{\beta}$，反映三极管电流放大能力的强弱。

同一型号的三极管 $\bar{\beta}$ 值是离散的，元器件说明书只提供一定的范围。在要求较高的场合，使用前仍需用仪器测试其 $\bar{\beta}$ 值。表 1-8 说明：在 U_{CE}=1V，I_C=50mA 的测量条件下，9013 的 $\bar{\beta}$ 值在 64~202 之间变化。考虑到 $\bar{\beta}$ 的离散范围很大，有些厂家提供了元器件的分型号。9013 就有五种分型号。分型号标识符和 $\bar{\beta}$ 范围分别为：D（64~91）、E（78~112）、F（96~135）、G（112~166）、H（144~202）。

② 集电结截止电流 I_{CBO}——又称集基间反向饱和电流：指发射极开路，在集电极与基极之间加上一定的反向电压时所产生的反向电流，温度一定时，I_{CBO} 是一个常量。温度升高，I_{CBO} 将增大，它是造成三极管工作不稳定的主要因素。

有的元器件说明书提供参数 I_{CEO}（集射间反向饱和电流）。它指基极开路，集电极与发射极之间加一定反向电压时的反向电流，该电流穿过两个反向串联的 PN 结，故又称穿透电流。它与 I_{CBO} 存在以下关系：

$$I_{CEO}=（1+\beta）I_{CBO} \tag{1-4}$$

反向电流 I_{CEO} 与 I_{CBO} 都可以用来衡量三极管热稳定性的好坏。但式（1-4）说明 I_{CEO} 比 I_{CBO} 要大得多，测量起来容易些。

选用三极管时，当然希望反向电流越小越好，而在相同的环境温度下，硅管的反向电流比锗管小得多，因此，目前使用的三极管大多采用的是硅管。

③ 极限参数

集电极电流 I_C 最大值（记为 I_{CM}）：三极管正常工作时β 值基本不变，但当 I_C 很大时，β 值会逐渐下降。一般规定，在β 下降到额定值的 2/3（或 1/2）时所对应的集电极电流即为 I_{CM}，当 $I_C > I_{CM}$ 时，虽然不一定会损坏管子，但β 值明显下降，因此在应用中，I_C 不允许超过 I_{CM}。

集电极耗散功率 P_C 最大值（记为 P_{CM}）：三极管集电结消耗的功率超过此值会使集电结温度升高，三极管过热而烧毁。由于 $P_{CM}=I_C \cdot U_{CE}$，在输出特性上可以画出一功率损耗线。此外 P_{CM} 值与环境温度有关，环境温度越高，P_{CM} 值越小。硅管的上限温度约为 150℃，锗管的上限温度约为 90℃，超过上限温度时，管子特性会明显变坏，直至热击穿而烧毁，对于大功率管，为提高 P_{CM}，要加装规定尺寸的散热装置。

极间反向击穿电压：

BV_{CBO}，国标符号为$U_{(BR)CBO}$：指发射极开路时集电极与基极之间的反向击穿电压，实际上就是集电结所允许加的最高反向电压，其数值较大。

BV_{CEO}，国标符号为$U_{(BR)CEO}$：指基极开路时集电极与发射极之间的反向击穿电压，一般取$U_{(BR)CBO}$ 的一半左右比较安全。

BV_{EBO}，国标符号为$U_{(BR)EBO}$：指集电极开路时发射极与基极之间的反向击穿电压，实际上就是发射结所允许加的最高反向电压，一般只有几伏甚至低于 1V。

为保证三极管能可靠地工作，由极限参数 I_{CM}、$U_{(BR)CEO}$ 及 P_{CM} 可确定三极管的安全工作区如图 1-3-1 所示。

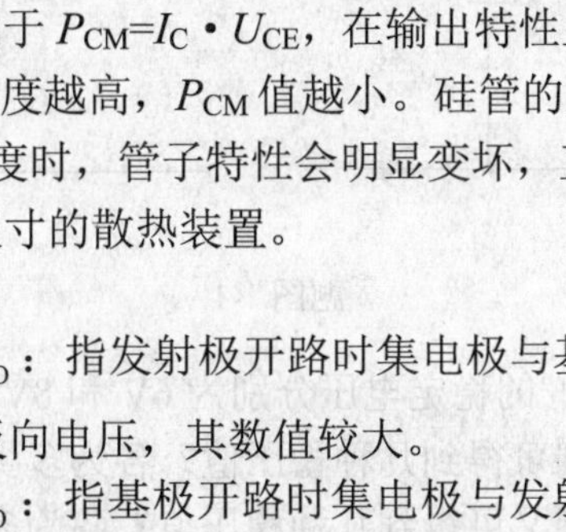

图 1-3-1　三极管的安全工作区

④ 特征频率 f_T：三极管β 值是频率的函数，在中频段时$\beta=\beta_0$，几乎与频率无关，但随着频率升高，β值下降，当三极管β 值下降到$\beta=1$ 时所对应的频率称为特征频率。当工作频率 $f>f_T$时，三极管就失去了放大作用。显然，9013 只适用于频率低于 140MHz 的电路。

有些元器件说明书提供另一个频率参数 f_β，f_β指共发射极截止频率，它是指β值下降到中频段β_0 的$1/\sqrt{2}$ 倍时所对应的频率。

通过查阅 9013 的说明书，可以看出 9013 是一种可工作于较高频率的小功率三极管。

项目一　习题

1-1　二极管是由一个 PN 结构成的，三极管是由两个 PN 结构成的。能否用两个二极管构成一个三极管？为什么？

1-2　能否将 1.5V 的干电池以正向接法接到二极管两端？为什么？

1-3　电路如题图 1-1 所示，$u_i=5\sin\omega t\,(\text{V})$，试画出输出电压 u_o。

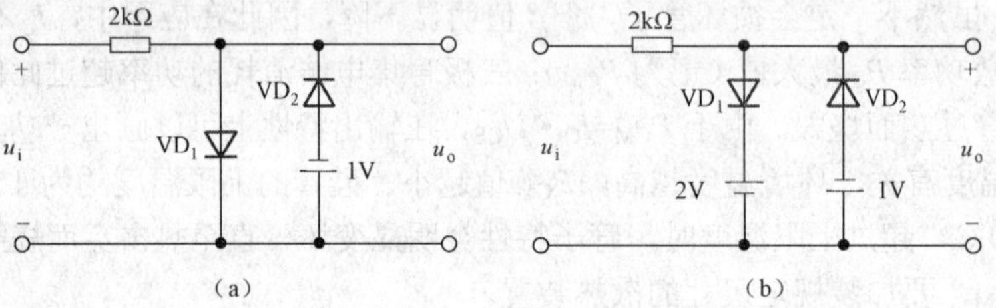

题图 1-1

1-4　现有两只稳压管，它们的稳定电压分别为 6V 和 8V，正向导通电压为 0.7V。试问：

（1）若将它们串联相接，则可得到几种稳压值？各为多少？

（2）若将它们并联相接，则又可得到几种稳压值？各为多少？

1-5　有两只晶体管，一只的$\beta=200$，$I_{CEO}=200\mu A$；另一只的$\beta=100$，$I_{CEO}=10\mu A$，其他参数大致相同。你认为应选用哪只管子？为什么？

1-6　测得工作在放大状态的两个晶体管的三个引脚上电流如题图 1-2 所示。

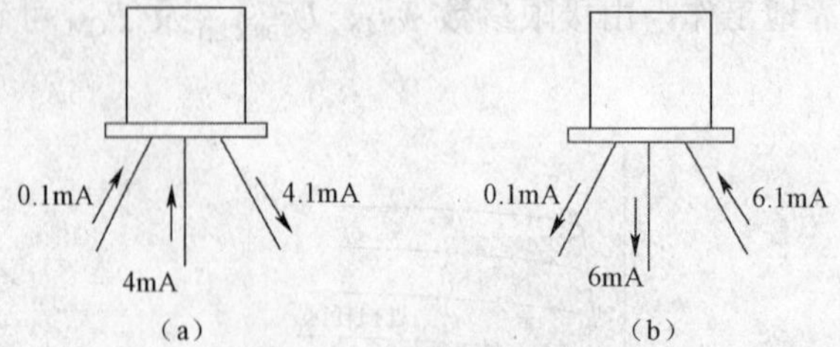

题图 1-2

（1）判断它们各是 NPN 型管还是 PNP 型管，在图中标出 e，b，c 极；

（2）估算图中晶体管的β值。

1-7　用万用表测量某些三极管的管压降得到以下几组值，说明每个管子是 NPN 型还是

PNP 型，是硅管还是锗管，并说明它们工作在什么区域。

（1）$U_{BE}=0.7V$，$U_{CE}=0.3V$；

（2）$U_{BE}=0.7V$，$U_{CE}=4V$；

（3）$U_{BE}=0V$，$U_{CE}=4V$；

（4）$U_{BE}=-0.2V$，$U_{CE}=-0.1V$；

（5）$U_{BE}=-0.2V$，$U_{CE}=-4V$；

（6）$U_{BE}=0V$，$U_{CE}=-4V$。

1-8　在题图 1-3 电路中，发光二极管导通电压 U_D＝1.5V，正向电流在 5～15mA 时才能正常工作。试问：R 的取值范围是多少？

题图 1-3

项目二　直流稳压电源的分析与制作

项目内容

直流稳压电源是一种重要的单元电路，在电子产品中应用广泛。本项目旨在通过两个工作任务，分析直流稳压电源的一般结构及各部分电路的具体形式，以 Multisim 软件作为工具，使用仿真分析与理论分析相结合的方式探讨电路参数与技术指标之间的关系。并使用集成稳压器设计一个稳压电源，以此来初步了解电路设计的一般方法，掌握集成稳压器件的应用。

本项目分为两个任务：

1. 串联型稳压电源的分析与仿真
2. 集成稳压器稳压电源的设计与制作

任务 1　串联型稳压电源的分析与仿真

学习目标

1．能对直流稳压电源的结构进行分解。
2．熟悉二极管整流电路的类型及应用，并能分析其性能指标。
3．理解电容滤波电路的原理并能进行参数计算。
4．能对串联稳压电路的构成与原理进行分析，并能对输出电压和电流进行计算。
5．熟悉 Multisim 仿真软件，并能用它对串联稳压电源电路进行仿真分析。

工作任务

1．分析图 2-1-1 所示直流稳压电源电路的结构，并画出其结构框图。

2．分析图 2-1-1 中整流电路的类型，计算整流后输出电压的平均值和脉动系数，并与 Multisim 仿真结果相比较进行验证。

3．分析图 2-1-1 中滤波电路的类型，计算滤波后输出电压的有效值，并与 Multisim 仿真结果相比较进行验证。

4．分析图 2-1-1 中稳压电路的组成部分与原理，计算输出电压的范围与额定输出电流，并与 Multisim 仿真结果相比较进行验证。

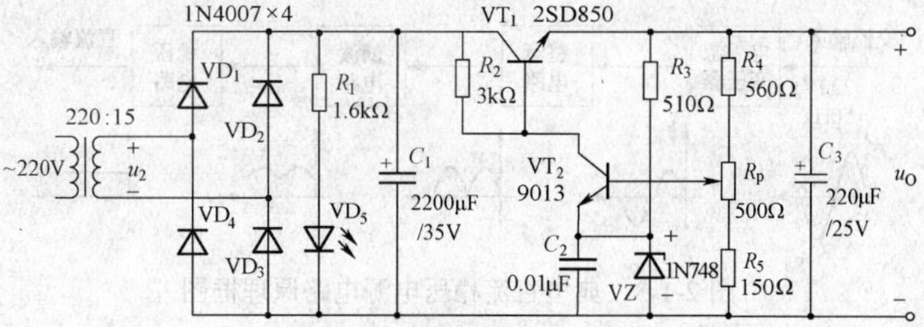

图 2-1-1　串联型直流稳压电源电路

实施指导

2.1.1　直流稳压电源电路总体结构分析

直流稳压电源电路的功能是将 220V 工频交流电转换为稳定的直流电，为各种电子电路提供直流电源。一个性能较好的单相小功率直流稳压电路主要由四部分构成，即变压、整流、滤波和稳压。

变压的工作由变压器来完成，其作用是将电网提供的 220V，50Hz 交流电压转换成一般电子设备需求的几伏到几十伏的电压。变压器还能起到将直流电源与电网隔离的作用。

变压器只能将交流电压的幅度进行改变，要将交流电压改变成直流电压则需要经过整流电路。整流是指将交流电变成单向脉动直流电的过程，通常利用二极管的单向导电性来完成。

整流后的脉动直流电压可以分解成交、直流成分的叠加，这时需要采用滤波电路滤去其交流成分，得到平滑的直流电压，这种滤波电路实际上是一种特殊的低通滤波器。最简单的滤波电路是无源滤波电路，利用电容或电感对不同频率的电流具有不同的阻抗这一特点来进行滤波。

经过滤波虽然已可以获得平滑的直流电压，但当电网波动或负载变化时，直流电压的值可能发生改变，这时还需要稳压电路使输出电压基本不受电网电压波动和负载变化的影响，能够达到足够的稳定性。

分析实例：典型直流稳压电路整体结构分析

图 2-1-2 为一个典型直流稳压电源，它可分解为图示的四部分结构，并可作出如图 2-1-3 所示的原理框图。

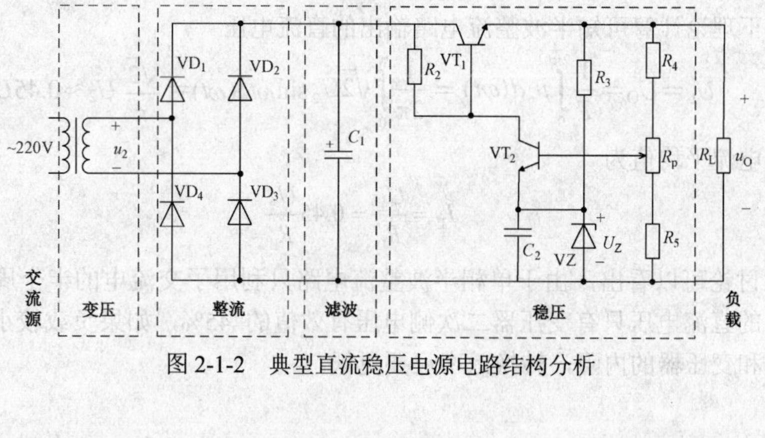

图 2-1-2　典型直流稳压电源电路结构分析

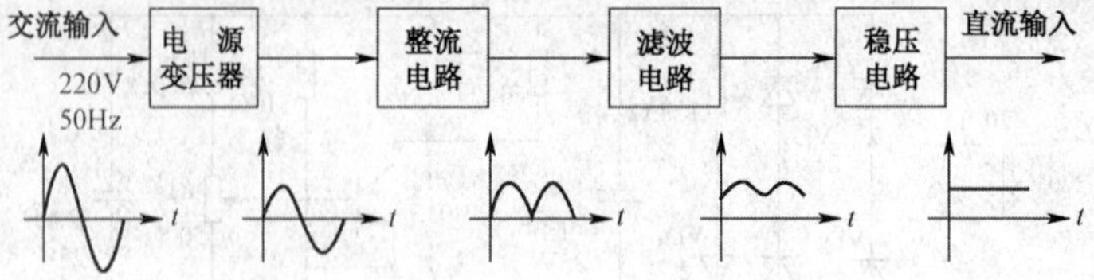

图 2-1-3　典型直流稳压电源电路原理框图

2.1.2　整流电路分析

常用的整流电路有半波整流、全波整流和桥式整流三种。

一、半波整流电路

1. 工作原理和波形

半波整流电路如图 2-1-4（a）所示，为了简化分析，认为二极管正向导通时电阻为零，正向导通压降忽略不计，反向截止时电阻为无穷大。

设 $u_2=\sqrt{2}U_2\sin\omega t(\mathrm{V})$，当 u_2 在正半周时，变压器二次侧实际电位为上正下负，二极管因正向偏置而导通，电流流过负载。$u_0=u_2=\sqrt{2}U_2\sin\omega t(\mathrm{V})$，当 u_2 在负半周时，变压器二次侧电位为下正上负，二极管因反向偏置而截止，负载中没有电流流过。由于在正弦电压的一个周期内，R_L 上只有半个周期内有电流和电压，所以这种电路称为半波整流电路。负载电阻 R_L 上的电压波形如图 2-1-4（b）所示。

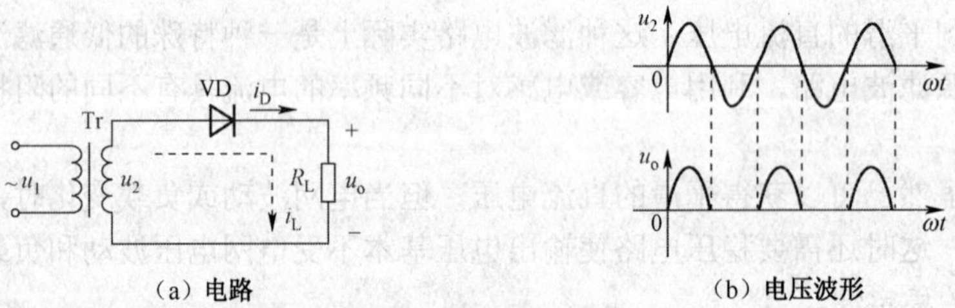

（a）电路　　（b）电压波形

图 2-1-4　半波整流电路及波形

2. 输出直流电压、电流值和脉动系数的计算

由于交流分量的电压平均值为零，负载上得到的电压平均值即为输出的直流电压分量，因此，经过如下理论计算可知半波整流电路输出的直流电压

$$U_L=U_O=\frac{1}{T}\int_0^{2\pi}u_o d(\omega t)=\frac{1}{2\pi}\int_0^{\pi}\sqrt{2}U_2\sin\omega t\mathrm{d}(\omega t)=\frac{\sqrt{2}}{\pi}U_2\approx 0.45U_2 \qquad (2\text{-}1)$$

负载中通过的电流平均值为

$$I_L=\frac{U_L}{R_L}=0.45\frac{U_2}{R_L} \qquad (2\text{-}2)$$

通过以上讨论可以看出，由于单相半波整流电路只利用了交流电的半个周期，单相半波整流电路输出的直流电压只有变压器二次侧电压有效值的 45%，如果负载较小，考虑到二极管的正向电阻和变压器的内阻，转换效率还要更低。

整流电路输出电压的脉动系数 S 是指输出电压最低次谐波的幅值与输出电压平均值的比值。脉动系数越大，说明输出直流量的波动越大。

将半波整流电路的输出电压用傅立叶级数分解后，其基波的幅度是 $\frac{\sqrt{2}}{2}U_2$，则其脉动系数 S 为

$$S=\frac{U_{\mathrm{O1M}}}{U_{\mathrm{O}}}=\frac{\frac{\sqrt{2}}{2}U_2}{\frac{\sqrt{2}}{\pi}U_2}\approx 1.57 \tag{2-3}$$

单相半波整流电路的特点是：结构简单，所用元件少，但输出电压脉动大，整流效果差，只适用于要求不高的场合。

3. 二极管的选择

由电路图 2-1-4（a）可知，二极管两端所加最大反向电压，是二极管截止时加到二极管上的 u_2 负半周的最大值。因此，在选用二极管时要保证二极管的最大反向工作电压 U_{RM} 大于变压器二次侧电压 u_2 的最大幅值，即

$$U_{\mathrm{RM}}>\sqrt{2}U_2 \tag{2-4}$$

因为通过二极管的电流与流经负载的电流相同，所以二极管的最大整流电流 I_{F} 应大于负载电流 I_{L}，即

$$I_{\mathrm{F}}>I_{\mathrm{L}} \tag{2-5}$$

在工程实际中，为了使电路能安全、可靠地工作，选择整流二极管时应留有充分的余量，避免整流二极管工作于极限状态。

二、全波整流电路

1. 工作原理及波形

全波整流电路如图 2-1-5（a）所示。在 u_2 的正半周时，VD_1 为正向导通，电流 i_{D1} 经 VD_1 流过 R_L 回到变压器的中心抽头。此时 VD_2 处于反向偏置而截止。

在 u_2 的负半周，VD_2 正向导通，电流 i_{D2} 经 VD_2 流过 R_L 回到变压器的中心抽头，此时 VD_1 处于反向偏置而截止。

由此可见全波整流电路在 u_2 的正半周和负半周中，VD_1 和 VD_2 轮流导通，负载 R_L 在 u_2 的正、负半波中均有电流通过，且通过的电流方向相同，这样就将双向交流信号变成了单向信号。其电压波形如图 2-1-5（b）所示。

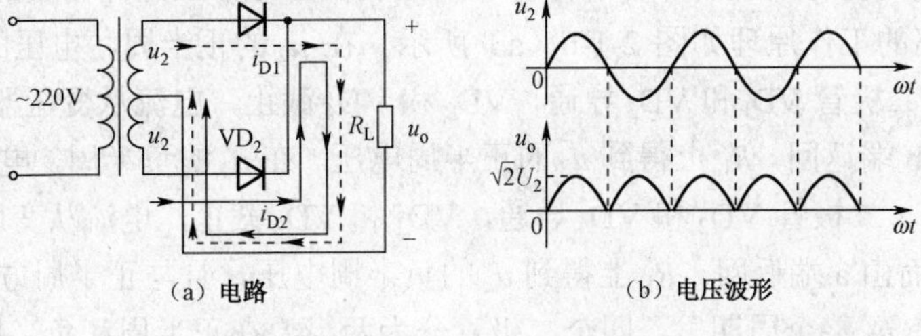

（a）电路　　（b）电压波形

图 2-1-5　全波整流电路

2. 输出直流电压、电流值和脉动系数的计算

由于在 u_2 的正、负半波期间负载 R_L 上均有电压且波形完全相同，全波整流电路输出的直流电压应当为半波整流的两倍，即

$$U_L=\frac{2\sqrt{2}U_2}{\pi}\approx 0.9U_2 \tag{2-6}$$

负载上的直流电流也应当为半波整流的两倍，即

$$I_L=\frac{0.9U_2}{R_L} \tag{2-7}$$

将全波整流电路的输出电压分解为傅立叶级数后，其最低次谐波的幅度是 $4\sqrt{2}U_2/(3\pi)$，由此知脉动系数为

$$S=\frac{\dfrac{4\sqrt{2}U_2}{3\pi}}{\dfrac{2\sqrt{2}U_2}{\pi}}\approx 0.67 \tag{2-8}$$

S 值比半波整流（1.57）要小，说明全波整流输出电压的波动性相对较小。

3. 二极管的选择

从图 2-1-5（a）中可以看出，当一个二极管导通时，另一个处于截止状态，二极管承受的最大反向电压为 $2\sqrt{2}U_2$。因此在选用二极管时应保证其最大反向工作电压

$$U_{RM}>2\sqrt{2}U_2 \tag{2-9}$$

由于二极管在 u_2 的正、负半周轮流导通，所以通过每一个二极管的电流是负载电流的一半，故二极管的选择应满足

$$I_F>\frac{1}{2}I_L \tag{2-10}$$

通过上面的分析可以看出，单相全波整流电路整流效率比单相半波整流电路高一倍，输出波动较小，但二极管所承受的最大反向电压也比单相半波整流电路要高一倍，此外，任意一个半周只利用到了变压器上一半的输出电压，对变压器的利用不够充分。

三、桥式整流电路

1. 工作原理及波形

图 2-1-6（a）中四个二极管 VD_1~VD_4 构成电桥的形式，所以称桥式整流电路，又称整流桥。整流桥的接线规律是同极性端接负载，异极性端接电源。一般要求四个二极管的性能参数尽可能一致，整流桥有集成器件，俗称桥堆，性能参数比分立元件构成的要好。

桥式整流电路的工作原理如图 2-1-6（a）所示。在 u_2 的正半周，电压的瞬时极性是 a 端为正，b 端为负，二极管 VD_1 和 VD_3 导通，VD_2 和 VD_4 截止，电流从变压器副边的 a 端出发，流经负载 R_L 而由 b 端返回，R_L 上得到 u_2 的正半周电压。在 u_2 的负半周，电压的瞬时极性是 b 端为正、a 端为负，二极管 VD_2 和 VD_4 导通，VD_1 和 VD_3 截止，电流从变压器副边的 b 端出发，流经负载 R_L 而由 a 端返回。R_L 上得到 u_2 的负半周电压，且与正半周方向是一致的。

由此可见，在 u_2 整个周期里，四个二极管分为两组，在正半周和负半周轮流导通，负载

中都有电流流过，而且电流的方向相同，负载上的电压波形与全波整流的电压波形完全一样，如图 2-1-6（b）所示。

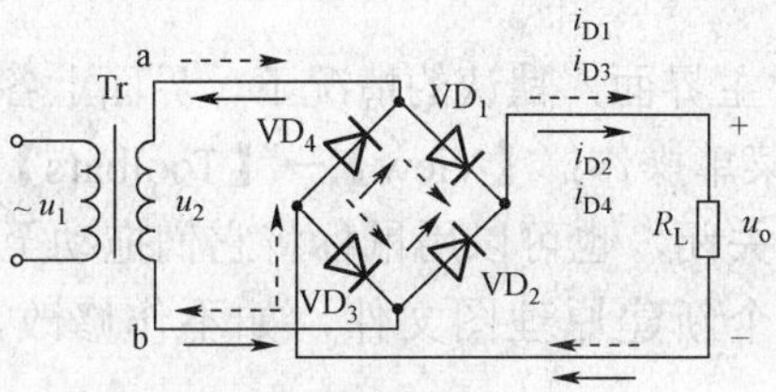

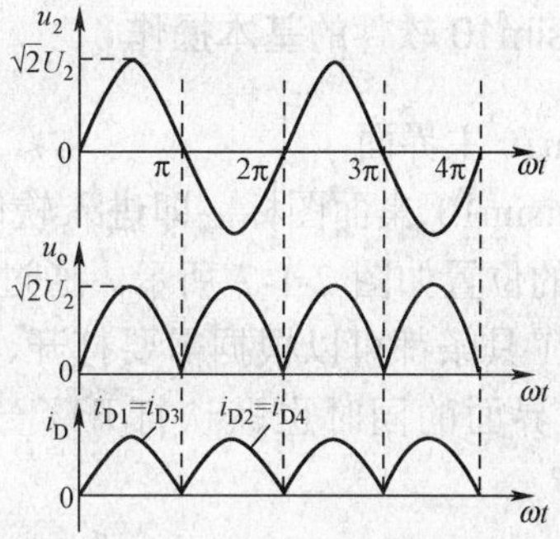

图 2-1-6　桥式整流原理及波形

2. 输出直流电压、电流值和脉动系数的计算

由于桥式整流电路的输出电压的波形与全波整流完全相同，因此输出直流电压、电流值和脉动系数也与全波整流电路完全相同。

3. 二极管的选择

由于每只二极管反向截止时，承受反向电压就是 u_2，所以桥式整流二极管承受的最大反向电压就为$\sqrt{2}U_2$。要求二极管的最高反向工作电压 U_{RM} 应满足

$$U_{RM}>\sqrt{2}U_2 \tag{2-11}$$

由于每只二极管都导通半周，截止半周，因此通过每个二极管的平均电流 I_D 应为负载平均电流的一半，每只二极管的最大整流电流 I_F 应满足

$$I_F>\frac{1}{2}I_L \tag{2-12}$$

桥式整流电路的输出电压波动较小，每只二极管上承受的最大反向电压也比较小，对变压器要求较低，不需要中心抽头，是性能较好的一种整流电路，只是它的元件数目较多，电路相对复杂。在实际应用中，应当根据电路的性能要求，合理地选择整流电路的类型和元件参数。

2.1.3　整流电路的 Multisim 仿真

对整流电路的整流效果，可以用示波器检测其波形，也可以用仿真的办法来分析。电路仿真是电路分析和设计的重要方法，以下用电子仿真软件 Multisim10 来对桥式整流电路的波形进行仿真。

一、Multisim10 电路仿真软件简介

Multisim10 是由美国国家仪器公司（National Instrument）开发的完整的电路设计工具软件的一个组成部分，它具有一个非常大的元件数据库，具有强大的仿真分析能力，适用于板级的模拟/数字电路板的设计工作。它包含了电路原理图的图形输入、电路硬件描述语言输入方式、全部的数/模 Spice 仿真功能、FPGA/CPLD 综合、RF 设计能力和后处理能力，还可以进

行从原理图到 PCB 布线工具包的无缝数据传输，与 Ultiboard10 相配套，可以完成从电路的原理设计到 PCB 设计的全套工作。本书只介绍 Multisim10 关于模拟/电路仿真部分的内容。

二、Multisim10 软件的基本操作

1. Multisim10 主界面

双击 Multisim10 桌面图标，即进入软件主界面，默认的情况下，界面上各子窗口、菜单栏、工具栏等的位置如图 2-1-7 所示。通过菜单操作：【View】→【Toolbars】→【……】，界面上所有的工具条都可以根据需要打开、关闭，也可以用鼠标将它们拖动至使用者喜好的位置。打开主界面的同时也默认打开了一个新建原理图文件，如不作修改，其文件名为“circuit1.ms10”。

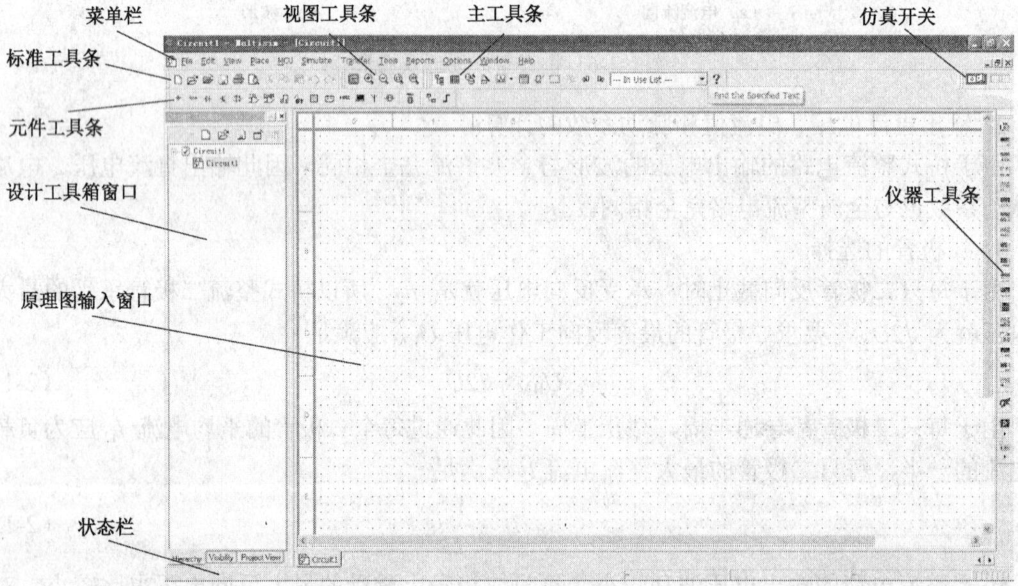

图 2-1-7　Multisim 主界面

2. 文件的保存与打开

保存新建文件时，选择菜单【File】→【Save】，将弹出标准的 Windows 保存对话框，选择好一定的路径后，键入文件名，按“保存”按钮即可。被保存的原理图文件后缀名为“.ms10”。经编辑并存盘关闭后的文件下次打开时，选择菜单【File】→【Open】，在弹出的 Open File 对话框中选择相应的路径及文件名后按“打开”按钮即可。当然文件的新建、打开和保存也可以使用标准工具条中相应的按钮：、和。无论 Multisim10 软件是否已经启动，都可以通过双击各级文件夹中原理图文件的图标打开已有的 Multisim10 原理图文件。从这些文件的操作方式可以看出，Multisim10 具有一般 Windows 应用软件的界面风格，非常容易掌握它的基本方法。与众不同的是，在标准工具条中还有一个蓝色的按钮，按下后将弹出一个指向 Multisim10 安装文件夹下 Circuit Design Suite 10.0/Samples 文件夹的 Open File 对话框，在这个文件夹里，放有大量电路设计和仿真的实例，可以给初学者提供很好的借鉴，在对话框中选中感兴趣的原理图文件双击就可以打开它了。

3. 元件的放置

需要在原理图的输入窗口里放置元件时，选择菜单【Place】→【Component】，将弹开 Select a Component（元件选择）窗口，它包含的各表框的内容如图 2-1-8 所示。元件可以按“Database/Group/Family/Component”（库/种类/系列/元件）逐级选择，被选在范围内的元件名出现在“元件选择”表框中，在这个表框中选中所需要的元件后，元件的电路符号、功能、厂家/标识和封装形式都在相应的位置被显示出来。确定好需要的元件后，单击按钮“OK”，Select a Component 窗口消失，被选中的元件符号粘附在鼠标上，移动到原理图窗口相应的位置后，单击鼠标左键，元件即被放置。注意，随后元件选择窗口再次自动弹出，以供选择其他元件。此时若无需新的元件，直接关闭该窗口即可。此外，如果清楚元件所属的种类，可以使用主界面上元件工具条的按钮更快地选择元件。

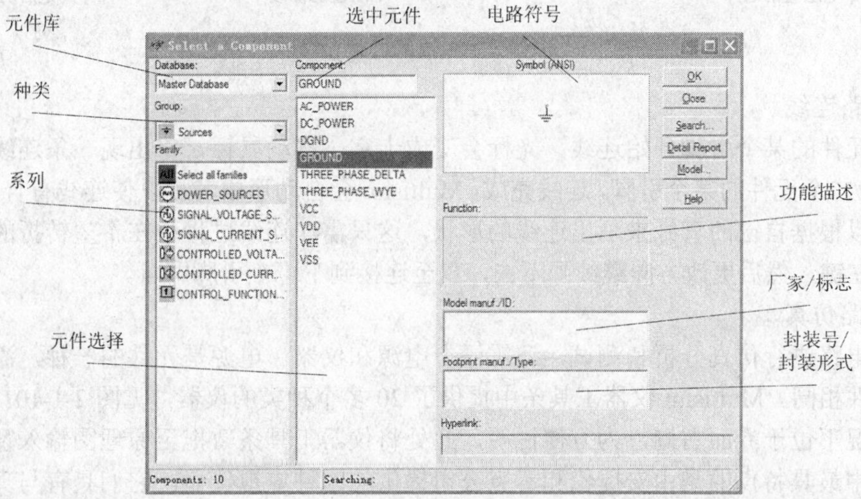

图 2-1-8　元件选择窗口

4. 元器件布局

按以上方式在原理图上放置了元件后，如需要更改某些元件放置方向，可以选中该元件，然后单击鼠标右键，在右键菜单中根据需要选择水平翻转、垂直翻转、顺时针旋转 90º 或逆时针旋转 90º。菜单中同时注明了这些操作的快捷方式，熟记这些快捷方式可以使操作更方便。

5. 器件参数修改

许多元件在选择后还需要修改参数，简单的如电阻的阻值，初次选定和放置电阻元件时，在电阻的元件选择窗口中，直接选择所需的阻值（例如 10kΩ）即可，见图 2-1-9（a）。电阻在原理图中放置好后，如需修改其阻值，则可以双击电阻元件符号，将弹出电阻元件的属性对话框，选择 Value 标签页，在图 2-1-9（b）所示位置修改其阻值，在属性对话框的 Label 标签页中还可以修改元件标号。例如将 10kΩ电阻表示为负载 R_L，由于仿真软件中的字符输入无法写出上下标，因此会写成 RL 这种标号形式，最终改定的电阻元件符号如图 2-1-9（c）所示。在本书后续对仿真原理图的文字说明中，均采用有下标方式与图中的元件标号进行对应，例如，R_L 指图中标号为 RL 的元件。

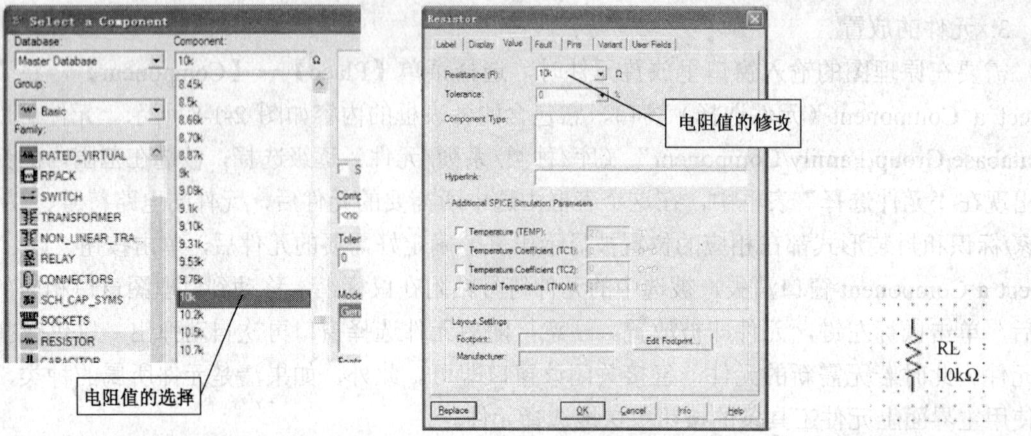

（a）电阻值的选择　　（b）电阻值的修改　　（c）确定后的元件符号

图 2-1-9　电阻值的选择和修改

6. 电路连线

单击元件的某个引脚开始连线，光标会变成十字，移动鼠标，将出现一条连线随光标移动。单击第二个元件的某个引脚，连线完成，Multisim 会自动形成转折以使连线有合适的结构。当然也可以根据自己的喜好来画出连线的形状，这只需在连线过程中在希望转折的位置单击一下鼠标左键，然后更改方向继续画下去，直至连接到下一个引脚即可。

7. 电路仿真

要对电路进行仿真分析和测试，还需添上电源和仪器。电源是元件的一种，添加的方法与其他元件相同。Multisim 仪器工具条中提供了 20 多个种类的仪器，见图 2-1-10。仪器工具条默认情况下位于界面右侧，为方便说明，此处将仪器工具条暂拖至原理图输入窗的顶部。这些仪器中最具特点的是由安捷伦和泰克公司提供的四种虚拟仪器，它们具有与真实仪器一模一样的面板，能带给使用者操作实际仪器的感受。

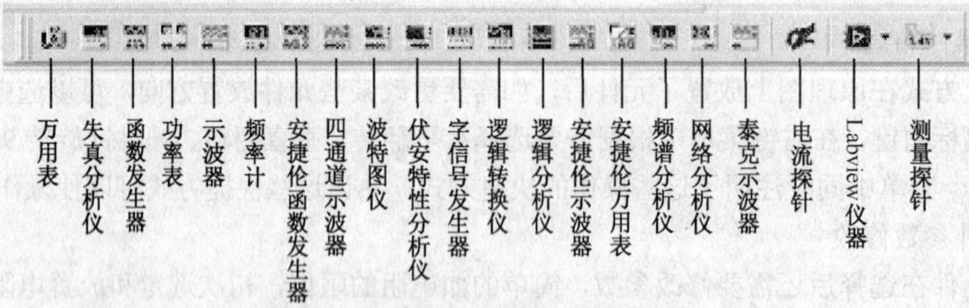

图 2-1-10　仪器工具条说明

仿真测试实例：桥式整流电路的仿真测试

仿真测试图 2-1-11 所示桥式整流电路，其中变压器变比为 220:9，R_1 为负载。观察整流输出波形，并测出输出电压的直流分量。

仿真测试步骤：

（1）按图 2-1-11 选择元器件并设置其参数，作出原理图。

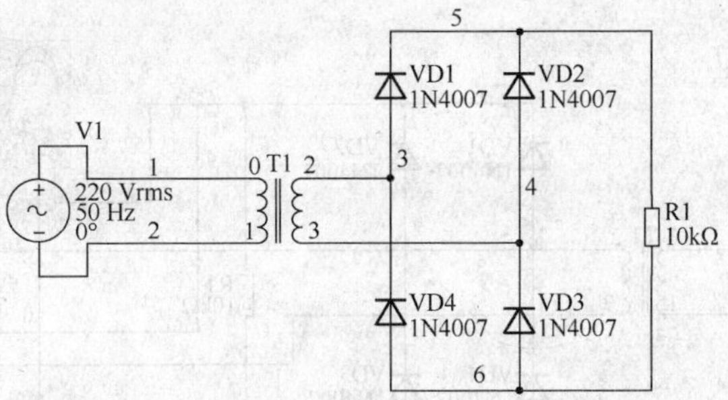

图 2-1-11　桥式整流电路 Multisim 仿真原理图

① 电源的选择与设置：单击元件工具条的第 1 个按钮（电源库），在弹出的元件选择窗口的 Family 选项框中选择 POWER_SOURCES，然后在 Component 下的选项框中选择 AC_POWER，单击按钮“OK”，就完成了交流电压源的选择，再单击鼠标将选中的电压源放置在合适的位置。接下来对电源进行设置：双击电压源元件符号，在打开的元件属性对话框中单击 Value 标签页，将电压有效值 Voltage(RMS)项设置为 220V，频率 Freaquency(F)项设置为 50Hz，单击按钮“OK”完成设置。

② 变压器的选择与设置：单击元件工具条的第 2 个按钮（基本元件库），在弹出的元件选择窗口的 Family 选项框中选择 TRANSFORMER，然后在 Component 下的选项框中选择 TS_XFMR1，单击按钮“OK”，并将选中的变压器放置在合适的位置。接下来对变压器进行设置：双击变压器元件符号，在打开的元件属性对话框中单击 Value 标签页，对初一次级匝数比 Primary-to-Secondary Turns Ratio 进行设置。这个匝数比的定义是次级线圈匝数/初级线圈匝数，默认的线圈匝数比是 1。此处我们用到的是输入交流 220V，输出 9V 的变压器，则这一比值应当为 9/220≈0.041。将 Primary-to-Secondary Turns Ratio 的值改为 0.041，然后单击按钮“OK”完成设置。

③ 整流二极管 VD_1~VD_4 的选择与设置：单击元件工具条的按钮（二极管库），在弹出的元件选择窗口的 Family 选项框中选择 DIODE，然后在 Component 下的选项框中选择 1N4007，单击按钮“OK”，并将选中的二极管放置在合适的位置。重复以上操作放置四个二极管，并将元件标号修改为 VD1~VD4，元件标号的修改方法与前文所述电阻元件相同。

④ 放置负载电阻 R_1 并完成连线。构成桥式整流电路。

（2）为电路添加虚拟仪表

这里使用两种仪表进行检测，用示波器观察其输出波形，并用万用表测量输出电压的直流分量。添加仪表后电路如图 2-1-12 所示。

① 示波器的添加与连接：用鼠标单击仪表工具条中的按钮，再在原理图上合适的位置上单击，即完成了示波器的放置，示波器的符号为 XSC。此处选择示波器的 A 通道来观察整流电路输出端的波形，B 通道观察变压器输出波形以对比。示波器连线方式如图 2-1-12 所示，注意：示波器的使用要求至少设置一个参考地，否则仿真时会报错。另外，虚拟示波器仿真时每一路波形的颜色都与这一路信号正输入端连线的颜色相同，为方便分辨两个波形，可将示波器正输入端连线的颜色进行设定。颜色设定方法是：在一段导线上单击鼠标右键，在右键菜单中选择 Segment Color，在弹出的色卡上选择一定的颜色后点“OK”按钮就完成了颜色的修改。此处将 B 通道正输入端连线改为绿色，A 通道保持为默认的红色。

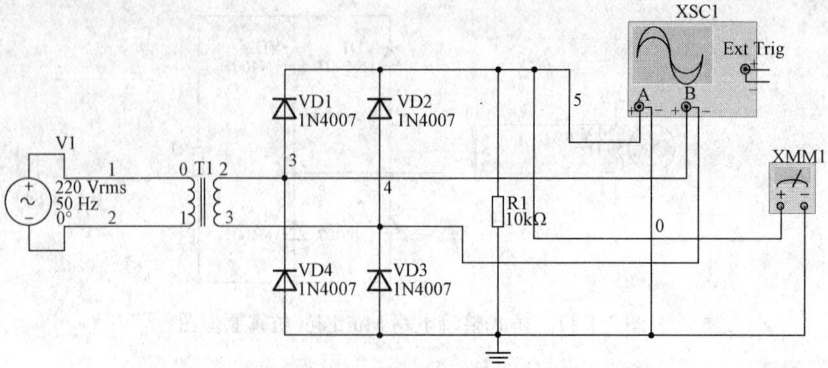

图 2-1-12　为桥式整流电路的测试添加虚拟仪表

② 万用表的添加与连接：用鼠标单击仪表工具条中的按钮，再在原理图上合适的位置上单击完成放置即可，万用表的符号为 XMM。连线如图 2-1-12 所示。

（3）仿真测试

电路和设备都连接完成后，按下仿真开关，仿真就开始了。

① 用示波器观测波形。双击示波器将其扩大，示波器背景色默认为黑色，单击面板上的 Reverse 按钮可以将背景色翻转为白色，这时看到波形如图 2-1-13 所示。

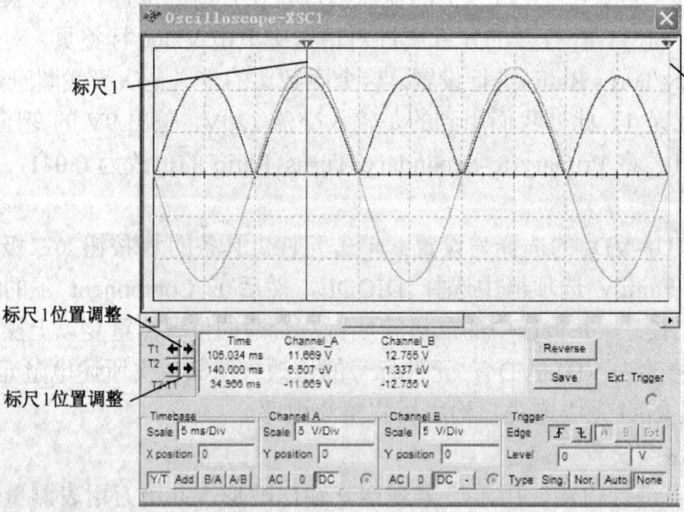

图 2-1-13　示波器观察桥式整流电路波形

波形由于不断地扫描而不停变化，这时可以使用仿真开关旁的暂停按钮来进行稳定的观察。 时基和电压幅度灵敏度均可以修改，单击对应的 Scale 组合框进行选择，此处将时基选定为 5ms/div，A、B 通道电压灵敏度选定为 5V/div。

从波形显示可以看出，桥式整流输出的波形确实与理论分析的结果相一致。只是整流后输出波形的幅度略有损失，损失的量可以由示波器的标尺读出。在 Multisim 示波器波形显示窗口中有两根标尺，初始时，它们分别位于波形视窗的两侧，如图 2-1-13 中的标尺 2。使用时可以直接使用鼠标将它们水平拖动至欲测量的位置，图 2-1-13 中的标尺 1 已被移动来测量波形的峰值。除用鼠标拖曳外，也可以使用标尺位置调整按钮，该按钮通常用于微调。

由标尺测定的数据显示在波形显示窗下方的列表框中，见图 2-1-14。图中所示数据第一行的解读：标尺 1 处于时间轴 105.034ms 处（横坐标），此时 A 通道信号值（即整流后电压的输出幅度）为 11.669V，B 通道信号值（即整流前正弦电压的幅度）为 12.755V，由此可以计算出经整流后输出电压幅度约损失 1.1V，这一点很易于理解。因为在信号的任意一个半周，电路都等效于两个导通的二极管与输出负载串联，损失的电压就是二极管上的正向压降。

该列表框显示数据的第二行是标尺 2 处的时间与电压值，第三行则是标尺 1 与标尺 2 处的时间差值与电压差值。

Time	Channel_A	Channel_B
105.034 ms	11.669 V	12.755 V
140.000 ms	5.507 uV	1.337 uV
34.966 ms	-11.669 V	-12.755 V

图 2-1-14　示波器的标尺的数据表

② 用万用表测量输出电压的直流分量。双击万用表图标将其放大展开，单击电压符号“V”和直流符号“—”，如图 2-1-15（a）所示，可以测得输出电压的直流分量为 7.13V。

还可以将万用表改接到变压器输出端，如图 2-1-16，测量整流前交流分量的有效值。将万用表展开后，单击交流符号“~”，如图 2-1-15（b）所示，可以看出整流前交流分量的有效值为 9.017V。

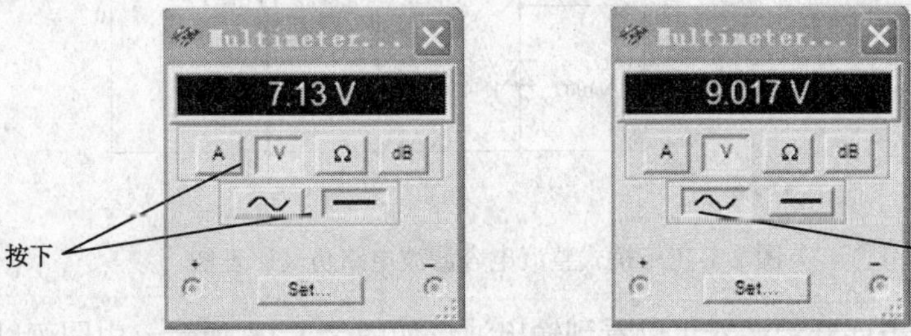

（a）整流后输出电压的直流分量　　　　（b）整流前交流电压有效值

图 2-1-15　万用表测试整流前后电压的变化

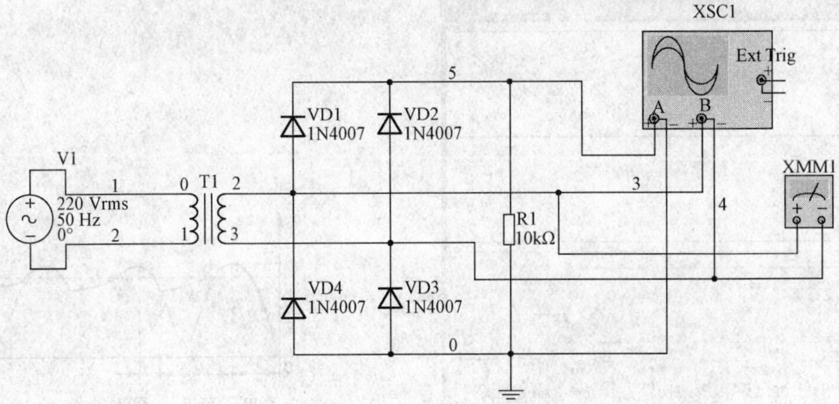

图 2-1-16　万用表测量整流前电压电路

由测量结果发现整流前后电压不能完全满足式（2-6），即 $U_L = 0.9U_2$，这主要是因为式（2-6）是在忽略二极管正向压降的理想情况下导出的，在 Multisim 仿真中则考虑了元件真实特性，更接近于电路的实际情况。

2.1.4　滤波电路的分析与仿真

在 2.1.1 部分已提到，最简单的滤波电路是由电容、电感等元件构成的无源滤波电路，以下仅对几种无源滤波电路进行讨论。

一、电容滤波电路

图 2-1-2 中的滤波电路由一个电容元件 C_1 构成，可以先利用 Multisim 仿真来看一看电容器滤波效果。在整流电路之后，再并联一只电容 C_1，如图 2-1-17 所示，将电容值选为 10μF，然后用示波器观察波形。

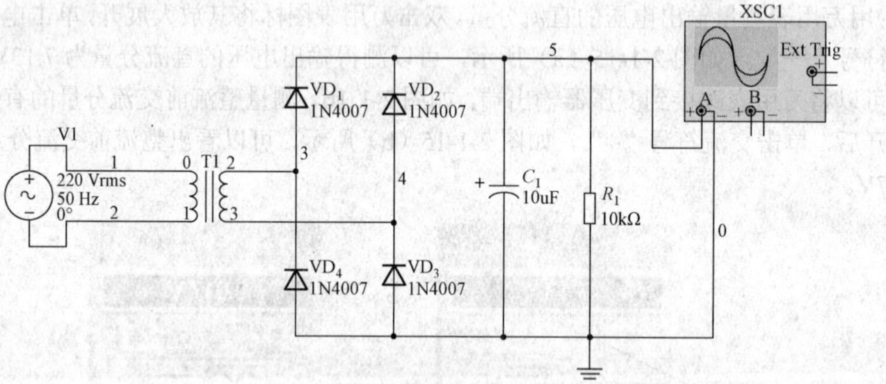

图 2-1-17　桥式整流电容滤波电路仿真原理图

开始仿真后双击展开示波器可以看到输出波形如图 2-1-18 所示。由图可以看出，负载上的波形较加电容之前，脉动性明显减小，趋向于平稳的直流。

电容滤波电路的基本工作原理就是利用电容的充放电作用，使负载电压趋于平滑。见图 2-1-19。

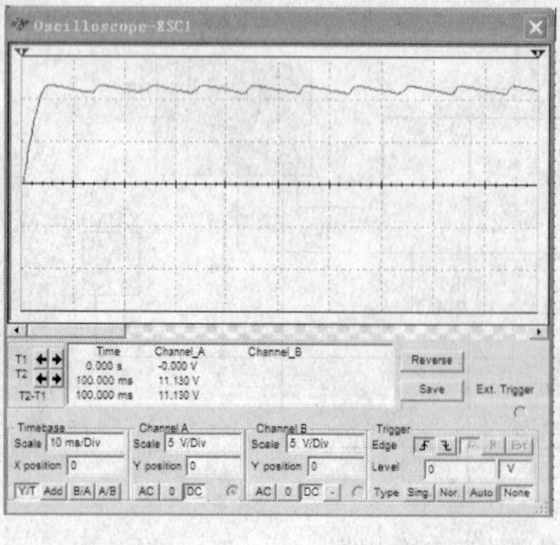

图 2-1-18　10μF 电容滤波后的波形

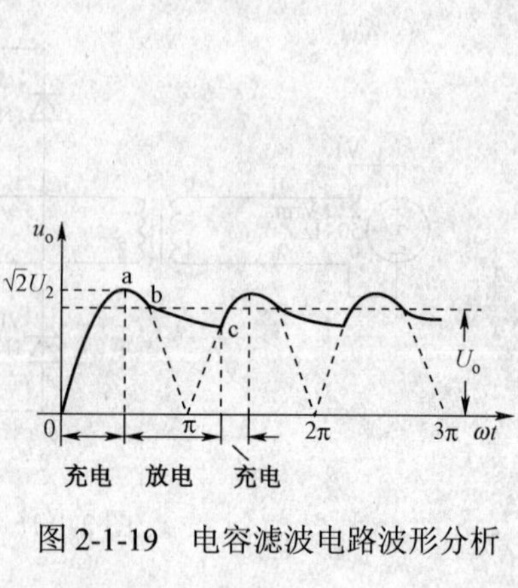

图 2-1-19　电容滤波电路波形分析

图 2-1-19 中虚线为未采用电容滤波时桥式整流电路的输出波形，u_2 为变压器副线圈输出电压，U_2 为其有效值，由前文可知，整流波形的最大值为 $\sqrt{2}\,U_2$。当 u_2 在某一个半周由零值上升的过程中，二极管处于正偏而导通，电源向负载供电，同时也给电容器 C_1 充电，电容上的电压 u_C 的极性为上正下负，由于充电回路电阻较小，充电很快，可以认为 u_C 等于 u_2。当 u_2 上升到其最大值 $\sqrt{2}\,U_2$ 时（图中 a 点），u_C 也充电到最大值 $\sqrt{2}\,U_2$。见图 2-1-19 中曲线的 oa 段。当 u_2 上升到峰值后开始下降，电容两端电压 u_C 也开始下降，下降开始阶段曲线与 u_2 基本相同，见图 2-1-19 中曲线 ab 段。但是，由于电容是按指数规律放电，因而当 u_2 下降到一定值后，u_C 的下降速度就会小于 u_2 的下降速度，使 u_C 大于 u_2，此时二极管承受反向电压变为截止状态，电容器 C_1 充当电源向 R_1 放电，u_C 按指数规律下降，见图中曲线 bc 段。放电的速度由放电时间常数 $\tau = R_1C_1$ 决定。

直到 u_2 的下一个半周整流电压增大到大于电容两端的电压时，二极管才重新导通。u_2 给负载供电的同时，也给电容器充电，直到整流电压越过峰值后又下降到小于 u_C，C_1 又开始放电。如此周而复始地进行下去，负载上就得到平滑的输出电压。

由于放电的速度取决于时间常数 $\tau = R_1C_1$，显然，电容值越大，放电时间越长，波形越平滑，滤波效果越好。例如，将图 2-1-17 电路中的 C_1 改为 1000μF，将得到如图 2-1-20 所示的仿真波形。显然电压的波动比 10μF 电容滤波更小了，而且平均电压增大了。

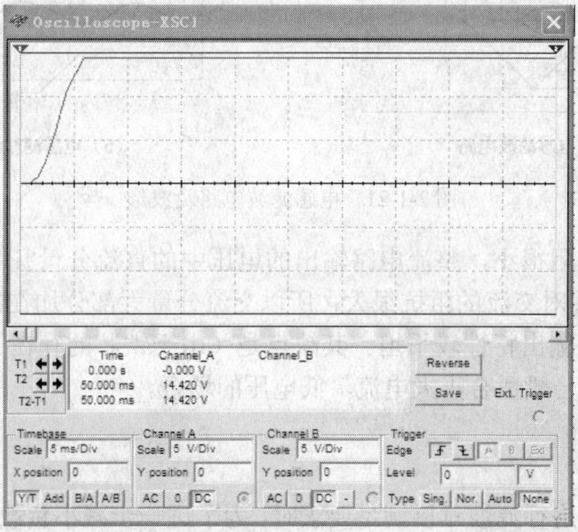

图 2-1-20　1000μF 电容滤波后的波形

是否可以据此认为滤波电容越大好呢？这还需要考虑另外一个方面。在桥式整流电路中，每只二极管均有半个周期处于导通状态，对应的相位角为 π，这个相位角称二极管的导通角 θ。加电容滤波后，只有当 $|u_2|$ 大于 u_C 时，二极管才导通，因此每只二极管的导通角都小于 π。并且 R_1C_1 的值越大，放电时间越长，θ 将越小。由于电容增大后输出电压电流的平均值也增大，而二极管的导通角却减小，整流管在短暂的导通时间内将流过一个很大的冲击电流，影响整流二极管的使用寿命，因此滤波电容的选择并不是越大越好。而且滤波电容通常选用有极性的电解电容器，通常其容量越大，价格越贵，因此也没必要一味地追求大容量。

在实际工作中经常根据式（2-13）选择滤波电容。式中 T 为输入交流电的周期。

$$\tau = R_1C_1 \geqslant (3\text{~}5)\frac{T}{2} \tag{2-13}$$

在 R_1 和 C_1 满足式（2-13）时，输出电压平均值在工程上可按式（2-14）估算

$$U_O = U_L \approx 1.2U_2 \tag{2-14}$$

此外应当选择较大容量的整流二极管，一般可按（2～3）I_L 来选择。由于电流可能很大，必要时还可以在滤波电容前串联几欧到几十欧的电阻，来限制电流保护二极管。

用万用表测量此时负载两端的直流电压，其值在 11.3V 左右。与式（2-14）计算结果相符。

二、电感滤波电路

在大电流负载情况下常用电感滤波。电感滤波就是在整流电路与负载电阻之间串联一个带铁芯的电感线圈 L，如图 2-1-21（a）所示。

电感滤波的基本原理是电磁感应原理：当电感线圈通过变化的电流时，它的两端将产生自感电动势阻碍电流的变化，使得整流电流变得平缓，滤除了电路中的脉动成分。电感滤波的波形如图 2-1-21（b）所示。

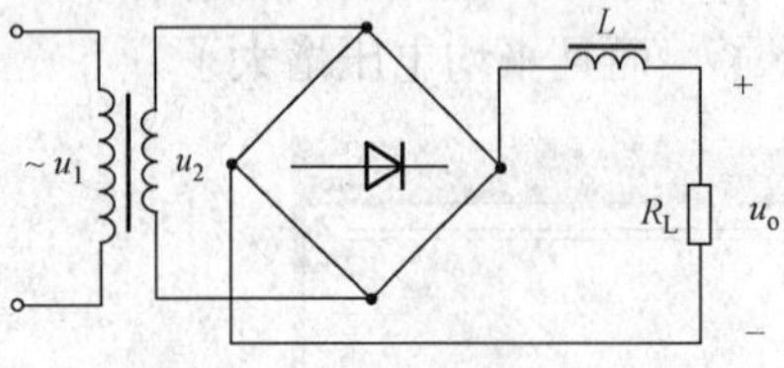

（a）电感滤波电路

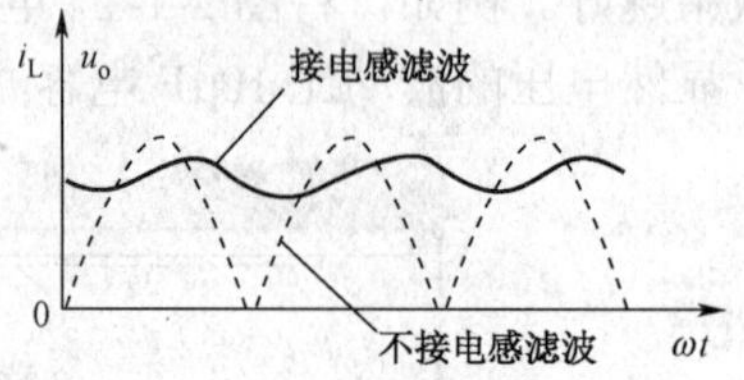

（b）电感滤波波形

图 2-1-21　电感滤波电路及波形

由于电感的直流电阻很小，整流电路输出的电压中的直流分量几乎全部加到了负载上，$U_o \approx 0.9U_2$。而电感线圈对交流的阻抗很大，所以交流分量大部分加在线圈上。电感滤波的特点是，峰值电流很小，输出特性较平坦。其缺点是（由于铁芯的存在）笨重，体积大，易引起电磁干扰。这种电路一般适合于大电流，低电压的场合。

三、复式滤波电路

当单用电容或电感进行滤波难以满足要求时，为了进一步减小负载电压中的脉动成分（纹波），提高滤波质量，可以采用复式滤波电路。复式滤波电路由滤波电容、滤波电感及电阻组合而成，通常有 LC 型、LC-π型、RC-π型几种。它的滤波效果比单一的滤波电路要好，所以应用广泛。

（1）LC 型滤波器。由电感和电容组成滤波电路。脉动成分经过双重滤波作用，交流分量大部分被电感滤除，剩余部分再经过电容滤波，使输出电压更加平缓。

（2）LC-π型滤波器。可以看成是电容滤波和 LC 型滤波器组合而成，因此滤波效果更好，在负载上的电压也更平滑。

（3）RC-π型滤波器。当负载上的电流很小，为降低成本可以用电阻 R 代替电感 L。R 的阻值越大，在电阻上的直流压降也越大。当使用一级复式滤波电路达不到负载的要求时，也可以考虑增加级数，构成多级 RC 复式滤波电路。

表 2-1 列出了以上几种复式滤波电路的形式、性能特点及适用场合，供选用时参考。

表 2-1　几种复式滤波电路的性能比较

名　称	LC 滤波	LC-π型滤波	RC-π型滤波
电路形式	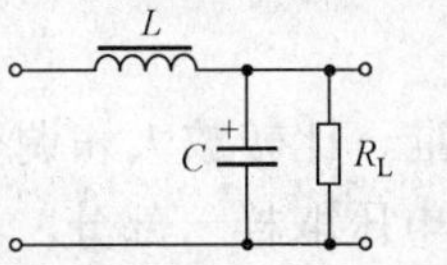	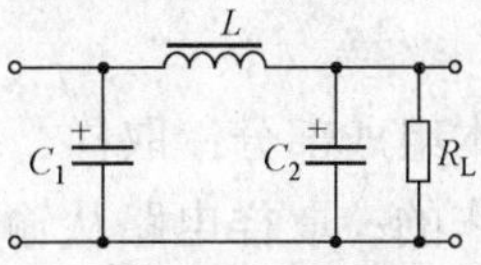	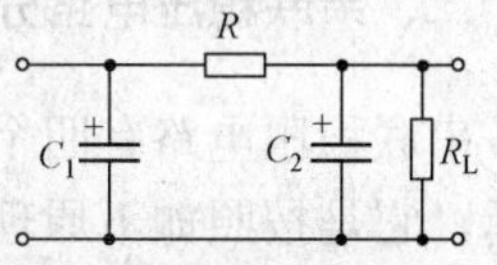
U_o	$0.9U_2$	$1.2U_2$	$1.2\frac{R_L}{R+R_L}U_2$
整流管冲击电流	小	大	大
适用场合	大电流且变动大的负载	小电流负载	小电流负载

2.1.5　稳压电路的分析与仿真

一、稳压管并联稳压电路分析

典型的稳压管并联稳压电路如图 2-1-22 所示，VZ 和负载 R_L 为并联关系，R 为限流电阻。

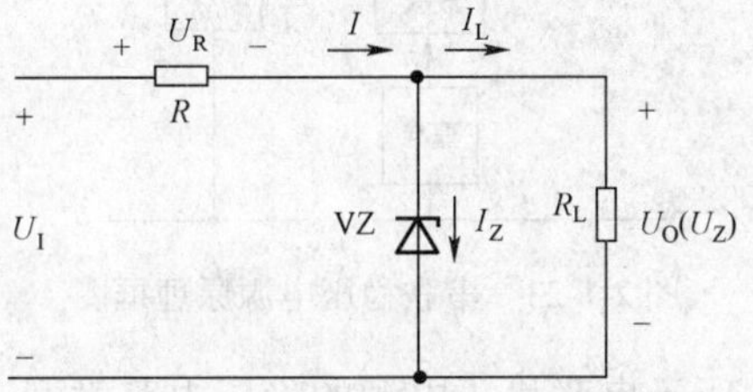

图 2-1-22　典型的稳压管并联稳压电路

由基尔霍夫定律电路中的电压电流满足如下关系：

$$U_O = U_I - IR = U_Z,\quad I = I_Z + I_L$$

能引起负载电压不稳定的因素一般是两个：一是输入电压的波动，二是负载电阻的变化。以下针对这两个方面来分析稳压原理。

设负载电阻不变，当输入电压 U_I 增大时，输出电压将上升，使稳压管的反向电压略有增加。根据稳压管反向击穿特性，稳压管的反向电流将大幅度增加，于是流过限流电阻 R 的电流 I 也将增加很多，所以限流电阻上的电压将增大，使得 U_I 增量的绝大部分落在 R 上，从而使输出电压 U_O 基本保持不变。其工作过程如下：

$$U_I\uparrow \rightarrow U_O\uparrow \rightarrow I_Z\uparrow \rightarrow I\uparrow \rightarrow U_R\uparrow \rightarrow U_O\downarrow$$

如果 U_I 减小，则变化过程相反。

若输入电压 U_I 不变，当负载电阻 R_L 减小时，流过负载的电流 I_L 将增大，导致限流电阻上的总电流 I 增大，则电阻上的压降增大。因输入电压不变，所以使输出电压下降，即稳压管上的电压下降，其反向电流 I_Z 立即减小，如果 I_L 的增加量和 I_Z 的减小量基本相等，则 I 基本不变，输出电压 U_O 也基本不变，上述过程可描述为：

$$R_L\downarrow \rightarrow I_L\uparrow \rightarrow I\uparrow \rightarrow U_R\uparrow \rightarrow U_O\downarrow \rightarrow I_Z\downarrow \rightarrow U_R\downarrow \rightarrow U_O\uparrow$$

如果 R_L 增大，则变化过程相反。

稳压管并联稳压电路的优点是结构和原理都很简单，但它存在的最大问题是：由于负载与稳压管并联，负载上的电压即为稳压管的稳压值，不能够调整。

二、串联稳压电路分析

串联稳压电路有四个基本组成部分：取样、基准、比较放大和调整。其框图如图 2-1-23 所示，它是按照如下原理工作的：取样电路从输出电压取样一部分，与基准电路产生的基准电压一起送入比较放大电路，比较放大电路将输出电压的变化量放大用来控制调整电路 AB 两端电压的变化，调整电路 AB 段是与输出端负载相串联的，电路的总电压基本稳定时，串联的两部分电路上的电压是此消彼长的关系。如果比较放大电路检测到输出电压有增大的趋势，则控制调整电路，使 AB 段电压也增大，从而使输出电压增量减少，起到稳定输出电压的作用。反之，如果比较放大电路检测到输出电压有减小的趋势，则控制调整电路，使 AB 段电压也减小，从而使输出端电压减小量也少一些。

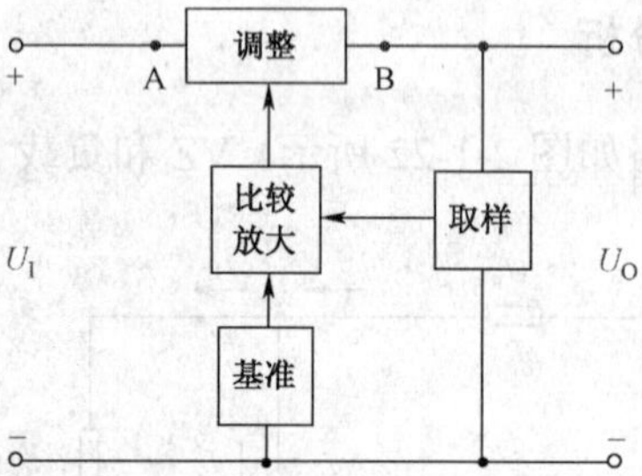

图 2-1-23　串联稳压电源原理框图

分析实例：分析图 2-1-2 所示串联稳压电源的稳压电路类型及工作原理

分析过程：

图 2-1-2 所示电路稳压部分的结构可分解成如图 2-1-24 所示的四个部分。其中 R_2 的作用是双重的：比较放大电路中 VT_2 的集电极负载电阻和调整管 VT_1 的基极偏置电阻。

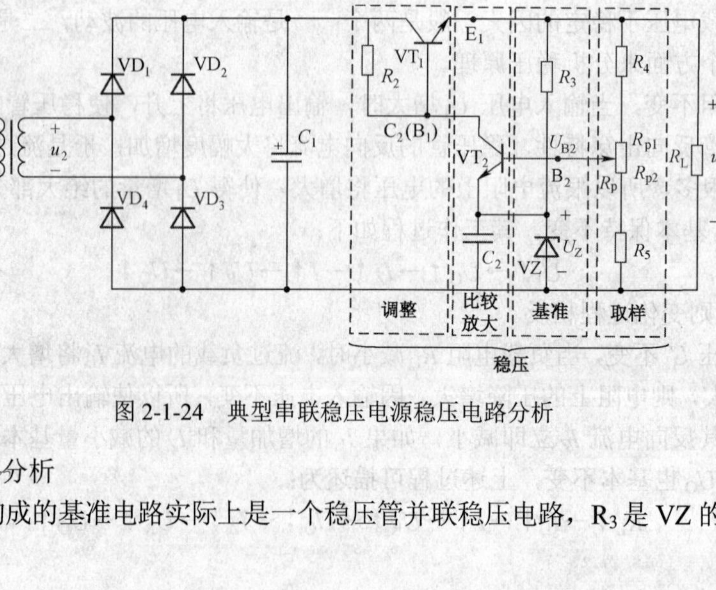

图 2-1-24　典型串联稳压电源稳压电路分析

（1）基准电路分析

由 R_3 和 VZ 构成的基准电路实际上是一个稳压管并联稳压电路，R_3 是 VZ 的限流电阻，这部分电路提供的基准电压就是稳压管的稳定电压 U_Z，它为 VT_2 的发射极提供了一个基准电位。

（2）取样电路分析

取样电路由 R_4、R_5、R_p 构成，它其实就是一个电阻分压电路，由于三极管 VT_2 的基极电流很小，一般只有几十个微安，因此 R_4、R_5、R_p 上电流近似相等，如果将 R_p 的上下两部分电阻分别记为 R_{p1} 和 R_{p2}，则图 2-1-24 中 B_2 点的电位计算为

$$U_{B2}=\frac{R_5+R_{p2}}{R_4+R_5+R_p}U_O \tag{2-15}$$

即将输出电压按比例取出一部分送到 VT_2 的基极。

取样电路还有一个作用，就是调节输出电压的大小，由于 NPN 三极管 VT_2 处于放大状态，其 B、E 间电压约为 0.7V，即 $U_{B2}=U_Z+0.7\text{ V}$，代入式（2-15）可得

$$U_O=\frac{R_4+R_5+R_p}{R_5+R_{p2}}\left(U_Z+0.7\text{ V}\right) \tag{2-16}$$

式（2-16）说明图 2-1-2 中串联稳压电路输出电压可调。

（3）比较放大电路分析

比较放大电路的核心元件是三极管 VT_2，它利用 VT_2 上电压 U_{BE} 和 U_{CE} 的反相特点（详见项目三）来工作：当三极管工作在放大区时，电压 U_{BE} 和 U_{CE} 的变化趋势相反。即 U_{BE} 增大会引起 U_{CE} 减小，反之，U_{BE} 减小则 U_{CE} 增大。

对于 VT_2 而言，它的发射极电位由基准电路基本固定， B_2 点电位根据（2-15）式从输出电压 U_O 取样。VT_2 的作用就是通过与发射极基准电位的比较，将 B_2 点电位的变化反映到它的集电极 C_2 点，再由 C_2 这一点电位的变化来控制调整电路电压的变化。具体来说就是：U_{B2} 升高使 U_{BE2} 增大，导致 U_{CE2} 减小，即集电极 C_2 电位 U_{C2} 降低；反之，U_{B2} 降低则 U_{C2} 升高。

电路中的电容 C_2 将 VT_2 的发射极连接到地，目的是防止发生自激振荡影响电路工作的稳定性。

（4）调整电路分析

VT_1 是调整电路的核心元件，从图 2-1-24 中，可以看出，调整管 VT_1 与负载具有电压串联关系。设稳压电路的输入电压为 U_I，则有

$$U_I=U_O+U_{CE1} \tag{2-17}$$

如果电网电压或负载变化引起输出电压 U_O 上升，则将发生如下的调节过程：由（2-15）式可知，U_O 上升将引起 U_{B2} 上升，从比较放大电路的分析可知 U_{B2} 上升将引起 U_{C2} 的下降，升高的 U_O（E_1 点电位升高）和降低的 U_{B1}（U_{C2}）共同导致了 U_{BE1} 的减小，由于 VT_1 上也具有 U_{BE} 和 U_{CE} 反相的特点，所以引起了 U_{CE1} 的增大，由式（2-17）知，U_{CE1} 的增大必定会抑制 U_O 的上升而使之趋于稳定。

$$U_O\uparrow\rightarrow U_{B2}\uparrow\rightarrow U_{C2}\ (U_{B1})\downarrow\rightarrow U_{BE1}\downarrow\rightarrow U_{CE1}\uparrow\rightarrow U_O\downarrow$$

若电网电压或负载变化引起 U_O 下降时，则产生相反的调节过程，读者可以自行分析。

三、稳压电路仿真分析

分析实例：典型串联稳压电路（图 2-1-24）输出波形与输出电压范围分析。

分析步骤：

（1）元件的选择与放置

打开 Multisim 软件并在原理图输入窗口中合适的位置放置图 2-1-24 中的元件，元件类型或参数设定如下：VD_1~VD_4 选用二极管 1N4007，VT_1 和 VT_2 选用三极管 2SC2001，R_2=1kΩ，R_3=1kΩ，R_4=300Ω，R_5=510Ω，R_p=1kΩ，C_1=470μF，C_1=10μF。

（2）线路连接

按图 2-1-24 将元件用导线连接起来。

（3）放置虚拟仪表

按图 2-1-24 连接线路并放置示波器用于观察波形，示波器 A 通道用于观察稳压电路输出端波形，B 通道用于观察稳压电路输入端波形以进行对比。放置万用表测试输出电压。放置好仪表的原理图如图 2-1-25 所示。

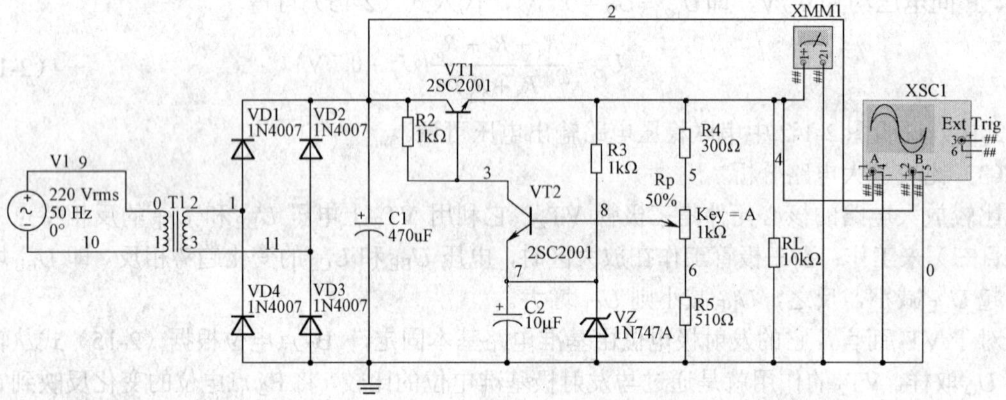

图 2-1-25　典型串联稳压电路仿真分析原理图

（4）按下仿真开关开始仿真

（5）双击展开示波器观察波形

稳压前后波形如图 2-1-26 所示，可以看出经稳压后输出直流电压更稳定。

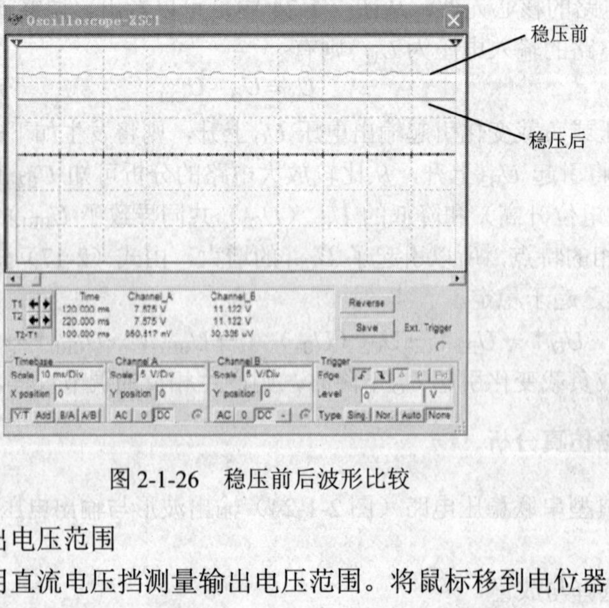

图 2-1-26　稳压前后波形比较

（6）万用表测量输出电压范围

双击展开万用表，用直流电压挡测量输出电压范围。将鼠标移到电位器 R_p 的位置上，电位器将显示滑动条，如图 2-1-27（a）所示，这里电位器的电阻比指电位器滑动端箭头偏向的一侧的部分电阻与电位器总电阻的比，电阻比的默认值为 50%。用鼠标拖动滑动条，可以改变电阻比。

滑动条拖至最左端，电阻比为 0%时，意味着滑动端移到最下，如图 2-1-27（b）所示，此时测得输出电压为 10.356V。

滑动条拖至最右端，电阻比为 100%时，意味着滑动端移到最上，如图 2-1-27（c）所示，此时测得输出电压为 5.088V。

经以上测试过程可知输出电压的调节范围为 5.088~10.356V。

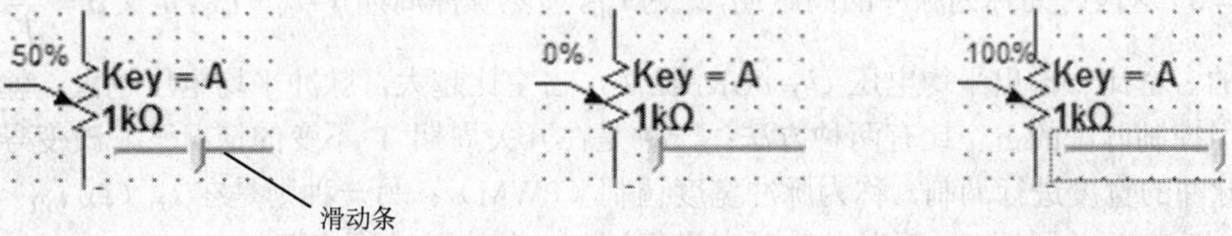

（a）默认状态　　（b）滑动端至最下　　（c）滑动端至最上

图 2-1-27　电位器的调节

将上述电压的调节范围与式（2-16）的计算结果进行一下比较。先用万用表测量一下稳压管 1N747A 的稳压值 U_Z，其值为 3.57V，则 U_O 的最小值为

$$U_{O(min)} = \frac{R_4 + R_5 + R_p}{R_5 + R_p}(U_Z + 0.7\ \text{V}) = \frac{300 + 510 + 1000}{510 + 1000}(3.57 + 0.7\ \text{V}) \approx 5.12\text{V}$$

U_O 的最大值为

$$U_{O(min)} = \frac{R_4 + R_5 + R_p}{R_5 + 0}(U_Z + 0.7\ \text{V}) = \frac{300 + 510 + 1000}{510}(3.57 + 0.7\ \text{V}) \approx 15.15\text{V}$$

即理论计算的电压调节范围在 5.12~15.15V 之间，输出电压的最小值测量与计算值只存在微小误差，这一误差的存在是可以接受的，因为 VT_2 发射结压降 0.7V 是一个粗略的值。输出电压最大值的测量与计算值却相差甚远，造成输出电压达不到 15V 左右的原因是滤波电容两端的电压只有约 11V，由调整管与负载的电压串联关系可知，输出电压不可能大于 11V。实际上，当 R_p 的滑动端下移到 R_{p2} 接近 0 时，VT_2 的基极电位已经很低，VT_2 的发射结不能导通，因此式（2-16）也不再成立。

知识拓展 2——开关稳压电路

串联型稳压电路中的调整管工作在放大区，由于负载电流连续通过调整管，因此管子功率损耗大，电源效率低，一般只有 20%~24%的电源功率输出给负载，其余大部分消耗在调整管上。若用开关型稳压电路，它可使调整管工作在开关状态，管子损耗很小，效率可提高到 60%~80%，甚至可高达 90%以上。因为管耗小，开关稳压电路也无需大面积的散热器，减小了重量和体积。特别是集成电路技术的发展，使得集成开关稳压器性能和精度提高，成本却日益下降，因此，开关稳压电路应用越来越普及。

一、开关稳压电路基本原理

图 2-1-28 是开关稳压电路的结构框图。从图中可以看到，开关稳压电路与串联稳压电源的不同点是调整管工作于开关状态，其输出波形是矩形脉冲，还需经过续流滤波电路才能得到平稳的输出电压。不考虑续流滤波电路的损耗，负载上获得的直流电压将等于开关管输出脉冲的平均电压。

这里首先须要明确一下矩形脉冲的有关概念。如图 2-1-29 所示，图中高电平段是开关管导通的时间，此时 $u_I'=U_I$，这段时间称为脉冲宽度，记为 t_{on}；低电平段是开关管截止的时间，此时 $u_I'=0$，这段时间称为脉冲的间歇期，记为 t_{off}，显然脉冲周期 $T=t_{on}+t_{off}$。定义 $\delta=\dfrac{t_{on}}{T}\times 100\%$ 为脉冲的占空比。输出平均电压 $U_O=\delta U_I$。显然，占空比越大，脉冲平均电压越大，输出电压越高。而控制脉冲的占空比有两种方法：一种是在开关周期 T 不变的情况下，改变导通时间 t_{on}，对脉冲的宽度进行调制，称为脉冲宽度调制（PWM）；另一种则是在 t_{on}（或 t_{off}）不变的情况下，改变开关周期 T，对脉冲的频率进行调制，称为脉冲频率调制（PFM）。

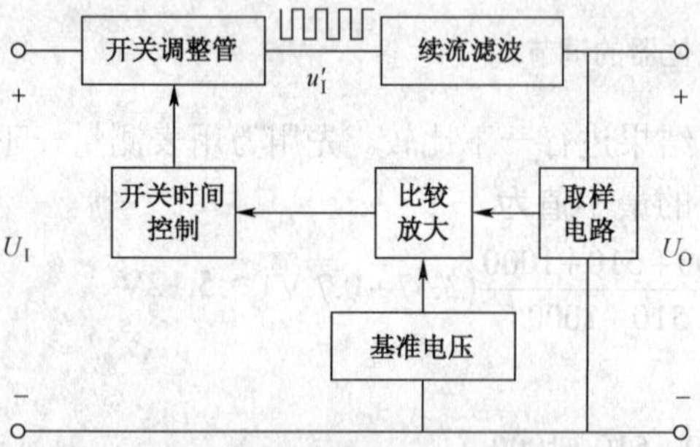

图 2-1-28 开关稳压电路的基本结构

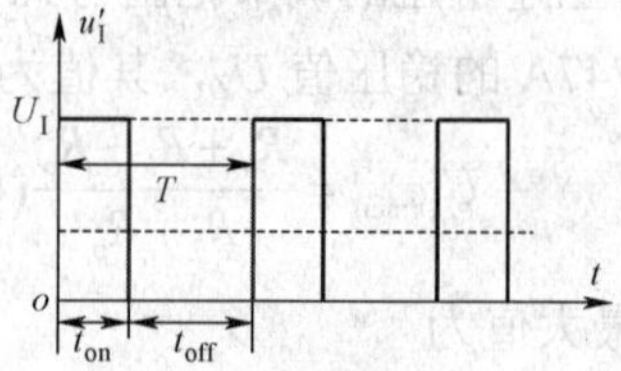

图 2-1-29 开关管输出的矩形脉冲

要求三极管输出矩形脉冲信号时，开关时间控制信号也应当是矩形脉冲。如果这个控制信号是由电路自身产生的，则称为自激式开关稳压电源；如果这个控制信号是由另外单独的振荡电路产生，则称为他激式开关稳压电源。这里不详细讨论开关信号产生的原理，只简单讨论一下续流滤波电路是如何将断续的脉冲电压变成直流电压输出的。

二、并联型开关稳压电路

图 2-1-30 画出了并联型开关稳压电路的开关管和续流滤波电路。因为开关管 VT 和负载端口并联，所以称之为并联型。

当开关管基极上加有正脉冲电压时，开关管饱和导通，集电极电位接近于零，二极管 VD 反偏截止，输入电压 U_I 产生电流 i_L 使电感 L 储能，同时由已充了电的电容 C 供给负载电流，电流流通路径如图 2-1-30 中实线所示；当开关管基极上没有正向脉冲电压或所加的是负脉冲电压时，开关管 VT 截止。由于电感中电流不能突变，因此这时电感 L 两端产生自感电动势并通过续流二极管 VD 向电容 C 充电，补充放电时消耗的电能，并同时向负载 R_L 供电，电流流通路径如图 2-1-30 中虚线所示。当电感 L 中释放的能量逐渐减小时，就由电容 C 向负载 R_L 放电，并很快又转入开关管饱和导通状态，再一次由输入电压 U_I 向电感 L 输送能量。显然，在三极管允许的情况下，脉冲控制信号的频率越高，电容上的电压越平稳。因此，VT 一般选用高频管，而脉冲控制信号的频率通常选在 20~500kHz 之间。

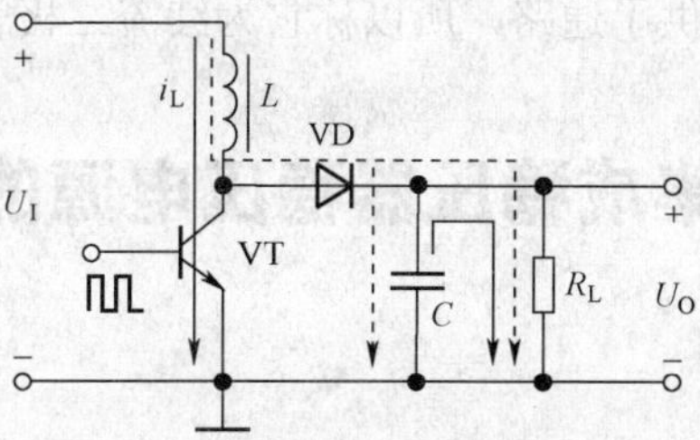

图 2-1-30　并联型开关稳压电路

三、串联型开关稳压电路

图 2-1-31 是一个典型的串联型开关稳压电路。图中只画出了开关管和储能电路部分。三极管 VT 为开关管，它的基极上加的是脉冲电压，因此工作在开关状态。储能电路包括电感 L、电容 C 和二极管 VD。因为开关管是和负载端口串联的，所以称为串联型。

当 VT 基极加上正脉冲电压时，开关管进入饱和导通状态，这时二极管 VD 反偏截止，输入电压 U_I 加到储能电感 L 和负载电阻 R_L 上。由于电感中的电流不能突变，所以流过电感的电流随着开关管的导通而逐渐增大。这时输入电压 U_I 向电感 L 输送并储存能量，同时给电容 C 充电和给负载 R_L 供电，充电电流如图 2-1-31 中实线所示。开关管导通时间越长，即正脉冲越宽，电流增加得越大，储存的磁能就越多。

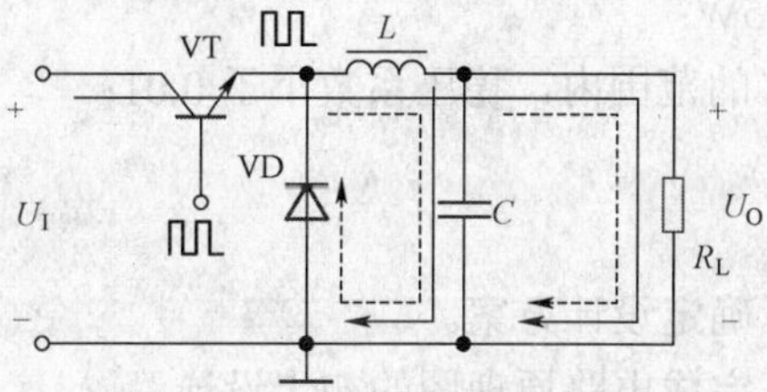

图 2-1-31　串联型开关稳压电路

当开关管基极上没有正向脉冲电压或所加的是负脉冲电压时，开关管截止。这时电感 L 中的电流停止增长，因为电感中的电流不能突变，所以电感 L 两端产生一个自感电动势，它的极性是左负右正。它使二极管 VD 处于正偏而导通，于是电感 L 中储存的磁能通过 VD 向电容 C 充电，并同时向负载 R_L 供电，其电流方向如图 2-1-31 中虚线所示。在开关管截止的后期，电感 L 中电流下降到较小时，电容 C 开始放电以维持负载所需要的电流。当电容 C 上的电能释放到一定程度将要使负载两端的电压降低时，电路又转入开关管导通期，输入电压 U_I 又通过开关管向电容 C 充电和向负载 R_L 供电，这样就保证了输出电压 U_O 维持在一定的数值上。由于电容 C 是和输出端并联的，输出电压 U_O 就是电容两端的电压。这个电压的高低是由电容储存电荷的多少决定的。而这些电荷是由输入电压 U_I 和电感 L 中储存的磁能转换供给的，因此只要提供的电荷足够多，就能保证电容两端的电压，即输出电压 U_O 的数值基本不变。

由此可见，无论是并联型还是串联型开关稳压电路，尽管开关管中的电流时断时续，但由于 L、C 元件的储能作用，输出电压却是连续的。其中电感 L 起着储存和供给能量的作用，而电容 C 除了储能作用外，还起着调节和平滑作用，或者说是滤波作用。输入电压 U_I、L、C 三者轮流给负载供电，使输出电压维持在一定的数值上。由于二极管 VD 在开关管截止时为电感 L 释放能量和电流的延续提供了通路，所以称它为续流二极管。

任务 2　集成稳压器稳压电源的设计与制作

学习目标

1．理解直流稳压电源的技术指标。

2．熟悉常用集成稳压器件并能正确应用。

3．能根据设计指标正确选择集成稳压器件。

4．能应用 Multisim 仿真软件完成集成稳压电源原理图的仿真设计。

5．能根据设计原理图进行稳压电源电路的安装与调试。

工作任务

试用集成稳压器设计一个直流稳压电源，技术指标如下：

① 220V 工频电压输入，输出直流电压 U_O：3～25V 可调；

② 输出额定电流 I_O：800mA；

③ 最大输出功率 P_O：15W；

④ 电网电压波动在 10%的范围内，稳压系数小于 0.01；

⑤ 纹波系数＜10^{-4}；

⑥ 输出电阻小于 1Ω。

1．分析技术指标要求，确定设计方案。

2．选择适当的元器件，完成电路原理图的初步设计。

3．根据初步设计的原理图进行仿真，检验电路是否达到指标要求，如果未达到要求则分析原因对原理图进行修改或重新设计。

4．根据仿真成功的电路图在万能板上完成电路的安装与调试。

实施指导

2.2.1　直流稳压电源技术指标分析

稳压电源的技术指标分为两类：一类是特性指标，另一类是质量指标。

一、特性指标

1. 输入电压及其变化范围

输入电压及其变化范围是指电源正常工作对输入电压的要求。以图 2-1-25 中的串联直流稳压电源为例，它使用 220V 市电输入，考虑到市电可能存在约 10%的波动，一般将输入电压范围定在 200~240V。可以用万用表仿真测试一下这个电源在这个范围内能否正常工作。表 2-2 是在负载 10kΩ，电位器 R_p 滑动端位于正中时，假定电网电压波动，测出的输出电压。

表 2-2　电网电压波动时稳压电源的输出

电网电压交流有效值（V）	输出直流电压（V）
200	7.49
220	7.54
240	7.59

从表中可以看出，输入电压在这个范围内波动时，输出电压基本稳定。

2. 输出电压及其调节范围

直流稳压电源的输出电压及其调节范围决定了它的应用，根据输出电压可以将直流稳压电源分为固定式和可调式两种。图 2-1-25 中的串联直流稳压电源即为可调式直流稳压电源，其调节范围为 5.088~10.356V。

3. 额定输出电流

额定输出电流指直流稳压电源正常工作时的最大输出电流，它主要受两个方面的制约，一方面是调整管的集电极最大允许电流和最大允许耗散功率，另一方面是输出电压的稳定性。

分析实例：对图 2-1-25 中直流稳压电源的额定输出电流进行仿真分析。

分析步骤：

① 在图 2-1-25 中添加一个万用表与负载 R_L 串联，并将其挡位设置到直流电流挡，测量输出电流。用示波器观察和测量输出电压。电路连接如图 2-2-1 所示。

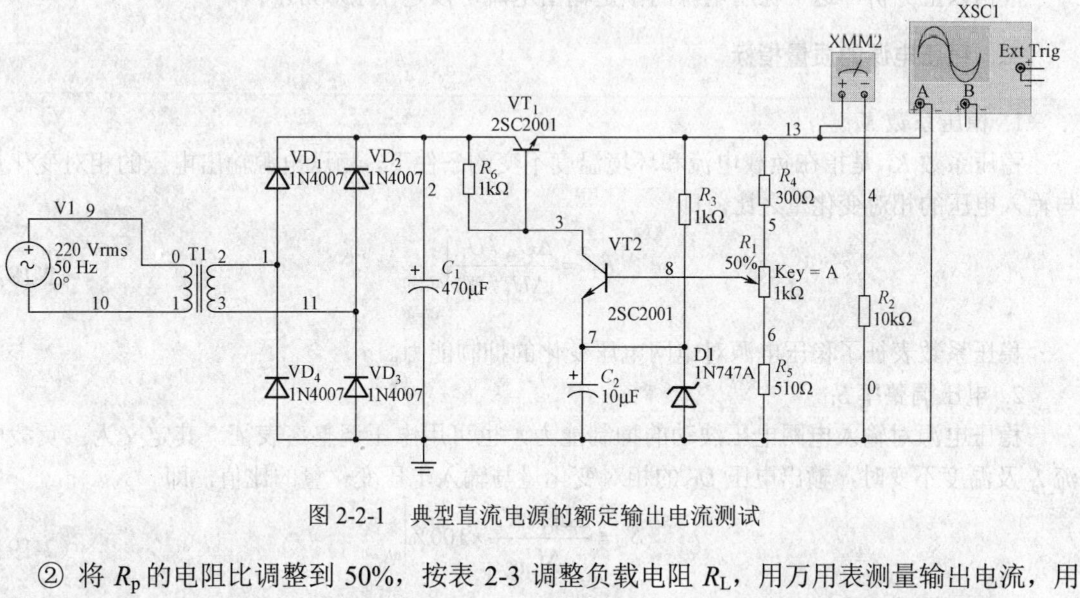

图 2-2-1　典型直流电源的额定输出电流测试

② 将 R_p 的电阻比调整到 50%，按表 2-3 调整负载电阻 R_L，用万用表测量输出电流，用示波器观察输出电压的波形和稳定时的电压值，记录在表 2-3 中。注意：因为电路中存在大电容，仿真过程比较慢。为避免电路刚上电时的不稳定状态影响读数，应当留心软件界面底部状态栏中的仿真时间栏，当仿真时间达到 1 秒以上，再从示波器读取电压值。

表 2-3　负载电流对稳压电源的输出电压的影响

R_L	∞（开路）	10kΩ	1kΩ	100Ω	50Ω	30Ω
I_O(mA)	0	0.757	7.57	75.4	149.8	237.6
U_O(V)	7.57	7.57	7.57	7.54	7.49	7.13

表格 2-3 中数据说明，稳压电源的输出电压并不具备理想的恒压特性，随着输出电流的增加，输出电压会逐渐下降。表中负载电阻降到 30Ω时的 U_O 是另用万用表测量的，因为此时的输出电压已有很大的波动，输出不再稳定，波形如图 2-2-2 所示。

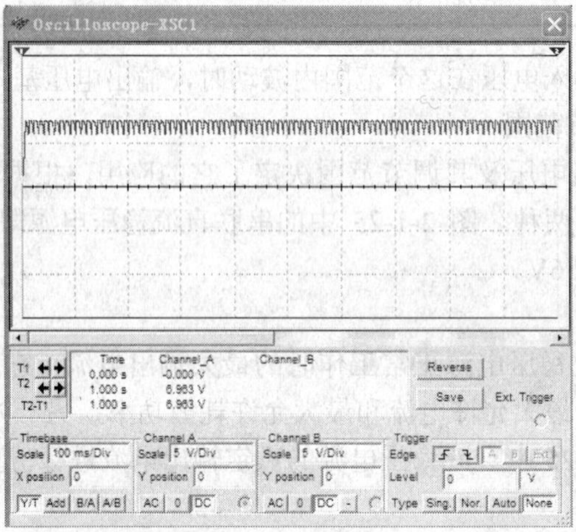

图 2-2-2　稳压电源负载电流太大时输出电压波形

根据以上分析，这一稳压电源的额定输出电流可以定在 150mA。

二、稳压电源的质量指标

1. 稳压系数 K_U

稳压系数 K_U 是指在负载电流和环境温度不变的条件下，稳压电源输出电压的相对变化量与输入电压的相对变化量之比，即

$$K_U = \left.\frac{\Delta U_O / U_O}{\Delta U_I / U_I}\right|_{\substack{\Delta I_L=0 \\ \Delta T=0}} \tag{2-18}$$

稳压系数表征了稳压电源对电网电压变化的抑制能力。

2. 电压调整率 S_U

稳压电源对输入电网电压波动的抑制能力，也可用电压调整率表征。其定义为：负载电流 I_L 及温度不变时，输出电压 U_O 的相对变化量与输入电压变化量的比值，即

$$S_U = \left.\frac{\Delta U_O / U_O}{\Delta U_I} \times 100\%\right|_{\substack{\Delta I_L=0 \\ \Delta T=0}} \tag{2-19}$$

S_U 的单位是%/V。K_U 和 S_U 越小，稳压性能越好。

电压调整率通常也表述为：在负载电流和温度不变时，输入电压变化 10%时，输出电压的变化量，单位为 mV。

一个稳压电源只需要给出稳压系数与电压调整率这两个指标当中的一个就可以了。

3. 纹波系数 K_γ

直流电源输出电压中存在着纹波电压，它是输出直流电压中包含的交流分量。常用纹波系数 K_γ 来表示直流输出电压中相对纹波电压的大小，其定义为

$$K_\gamma = \frac{U_{O\gamma}}{U_O} \tag{2-20}$$

式中 $U_{O\gamma}$ 为输出直流电压中交流分量的总有效值，U_O 为输出直流电压。

4. 输出电阻 R_O

当电网电压和温度不变时，稳压电源输出电压的变化量与输出电流的变化量之比定义为输出电阻，即

$$R_O = \left|\frac{\Delta U_O}{\Delta I_O}\right|_{\substack{\Delta U_I=0 \\ \Delta T=0}} \ (\Omega) \tag{2-21}$$

输出电阻表征了稳压电源带载能力的大小，R_O 越小，带负载能力越强。

分析实例：对图 2-1-25 中直流稳压电源的质量指标进行仿真分析。

分析步骤：

① 稳压系数 K_U：负载 R_L 保持 10kΩ不变，输入电压取允许变化范围为 200~240V，测量两个边界值对应的输出电压值，表 2-2 中已有，代入式（2-18）可得稳压系数：

$$K_U = \frac{(7.59-7.49)/7.49}{(240-200)/200} \approx 0.067$$

② 纹波系数 K_γ：负载 R_L=10kΩ，输入电压为 220V 的条件下，用万用表直流电压挡测得输出直流电压 U_O=7.57V，用万用表交流电压挡测得交流电压有效值 $U_{O\gamma}$=1.717mV，将测量结果代入式（2-20）可得纹波系数

$$K_\gamma = \frac{U_{O\gamma}}{U_O} = \frac{1.717\times10^{-3}}{7.574} \approx 2.27\times10^{-4}$$

③ 输出电阻 R_O：输入电压保持 220V 不变，改变负载电阻，使输出电流在额定输出电流范围内变化，用万用表测量两次输出电流和输出电压。表 2-3 中已有多组数据，可选择表中处于输出电流正常范围边界处的第一组和第五组数据，代入式（2-21）可得输出电阻

$$R_O = \left|\frac{\Delta U_O}{\Delta I_O}\right| = \frac{(7.57-7.49)\text{V}}{(0-149.8)\text{mA}} \approx 0.534\Omega$$

2.2.2　集成稳压器的类型、参数与应用

一、集成稳压器的概念与分类

将稳压电路的基准、取样、比较放大和调整等部分集成在一块芯片上，再添加上限流保护、过压保护、过热保护等辅助电路，就构成了性能更加稳定、外围电路简单的集成稳压器。利用集成稳压器能够设计出体积小，可靠性高、使用简单的直流稳压电源。

集成稳压电路种类很多，按引出端的数目可分为三端集成稳压器和多端集成稳压器。其中，三端集成稳压器的发展应用最广，它只有三个外部接线端子，采用与三极管同样的封装，使用和安装也和三极管一样方便，因此广泛应用于各种电子设备中。三端稳压器按照输出电压是否可调又可分为固定式和可调式两类。

固定式三端集成稳压器的三个外部接线端子为输入端、输出端和公共端，通用产品主要有 CW7800 系列（输出固定正电源）和 CW7900 系列（输出固定负电源）。输出电压由具体型号的后两位数字代表，有 5V，6V，9V，12V，15V，18V，24V 等。其额定输出电流以 78（79）后面的字母来区分。L 表示 0.1 A，M 表示 0.5A，无字母表示 1.5A。如 CW7812 表示稳压输出+12V 电压，额定输出电流为 1.5A。其外形和引脚排列如图 2-2-3 所示。

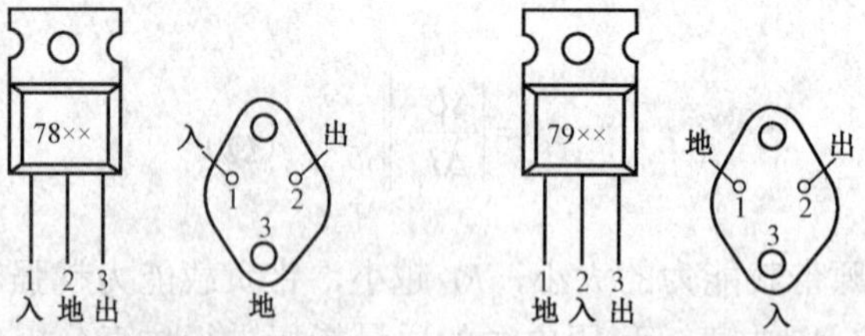

图 2-2-3　固定式三端集成稳压器

可调式三端稳压器的三个外部接线端子为输入端、输出端和调整端，典型产品有输出正电压的 LM117、LM317 系列和输出负电压的 LM137、LM337 系列。同一系列的内部电路和工作原理基本相同，但在参数上有一些差别，而且同一型号不同封装形式的产品其性能参数也有微小差别，在使用时应当小心选择。

以 LM317 为例，其封装有三种形式，外形及引脚排列如图 2-2-4 所示。其中（a）、（b）为金属封装，（c）、（d）为带散热片的塑料封装，散热片均与输出端连在一起。（d）是贴片元件。

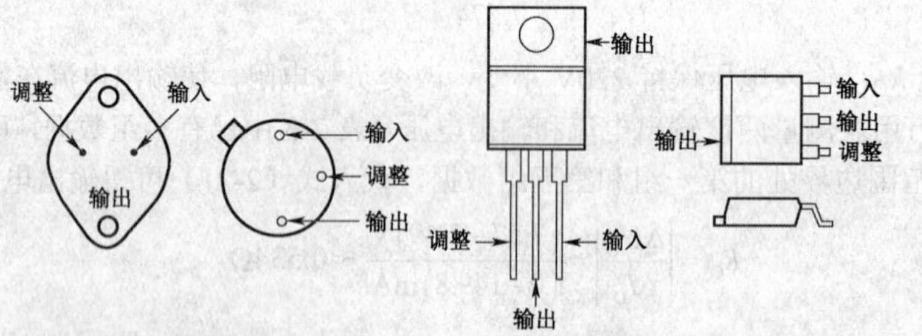

图 2-2-4　三端可调稳压器 LM317 的外形及引脚排列

二、集成稳压器的参数

集成稳压器的参数可分为性能参数、工作参数和极限参数三类。

1．性能参数

集成稳压器的性能参数是指在给定的工作条件下，集成稳压器本身所能达到的性能指标。

其中主要有电压（线路）调整率、电流（负载）调整率和输出电阻等。这些参数的定义与前述直流稳压电源相应的技术指标相同。

2．工作参数

工作参数是指集成稳压器能够正常工作的范围和保证正常工作所必需的条件。工作参数主要有以下几个：

① 最大输入输出电压差（$U_I–U_O$）$_{max}$

输入输出电压差是指集成稳压器输入端和输出端之间的电压降。这个电压降所允许的最大值，就是稳压器的最大输入-输出电压差，若超过此值，会造成稳压器被击穿而损坏。

② 最小输入输出电压差（$U_I–U_O$）$_{min}$

能保持集成稳压器正常稳压的输入输出电压降的最小值，就是最小输入输出电压差，若小于此值，稳压器将失去稳压（电压调整）作用。

③ 输出电压范围（U_{Omin}～U_{Omax}）

可调集成稳压器的输出电压范围是指在规定的输入输出压差内，能获得稳定输出电压的范围。对于固定三端稳压器而言，输出电压则是一个确定的值。

④ 静态工作电流 I_Q

静态工作电流是指在加上输入电压以后，集成稳压器内部电路的工作电流。当输入电压变化或输出电流变化时，静态工作电流也相应地有变化。这个变化值越小越好。

3．极限参数

极限参数反映集成稳压器的安全工作条件。

① 最大输入电压 U_{Imax}

最大输入电压是保证集成稳压器能安全工作的最大输入电压值。它取决于稳压器内部器件的耐压和功耗，使用中不应超过此值。

② 最大输出电流 I_{Omax}

集成稳压器能正常工作的最大输出电流定义为最大输出电流，具有内部过流保护的集成稳压器，当输出电流达到规定的电流极限时，内部过流保护电路将起保护作用。

③最大功耗 P_M

集成稳压器的最大功耗 P_M 表示它所能承受的最大耗散功率。由于集成稳压器静态工作电流较小，所以在输出电流较大时，稳压器的功耗可表示为

$$P \approx (U_I - U_O) I_O$$

需要说明的是，集成稳压器的最大功耗与稳压器的外壳、外加散热器尺寸及环境温度有关。它的热特性可通过集成稳压器的最大功耗 P_M 来反映，只要它的芯片发热程度不超过最高结温或者处于芯片热保护能力之内，即可认为集成稳压器的功耗处于允许范围之内。

三、集成稳压器的基本应用方式

1. 固定式三端稳压器

固定式三端稳压器的基本应用电路如图 2-2-5 所示。

图 2-2-5（a）是用 CW7812 组成的输出 12 伏固定电压的稳压电路。图中 C_i 用以减小纹波以及抵消输入端接线较长时的电感效应，防止自激振荡，并抑制高频干扰。一般取 0.1～1μF。

C_o 用以改善负载的瞬态响应，减小脉动电压并抑制高频干扰，可取 1μF。使用时应注意防止公共端开路，同时 C_i 和 C_o 应紧靠集成稳压器安装。

电路中经常需要同时输出正、负电压的双向直流稳压电源，集成稳压器常用来制作此类电源。图 2-2-5（b）是用 CW 7815 和 CW 7915 系列集成稳压器构成的双向稳压电源，电路中 CW 7815 和 CW 7915 共用整流滤波电路，具有共同的公共端，可以同时输出正、负两种电压。

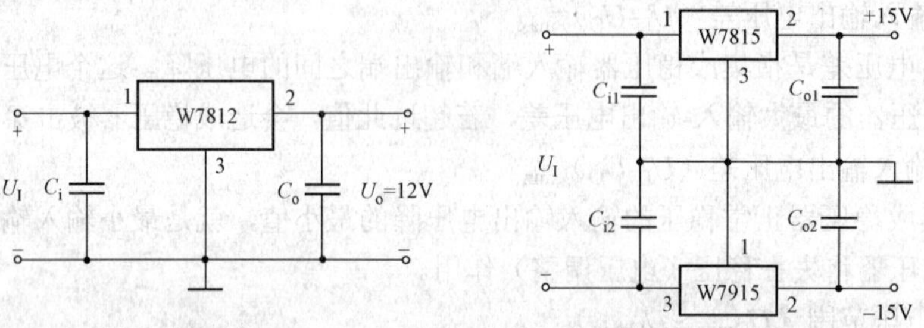

（a）固定电压输出电路　　（b）正负双向电压输出电路

图 2-2-5　三端稳压器典型应用电路

在所需稳压电源输出电压高于集成稳压器的标准输出电压的场合，可以采用升压电路来提高输出电压。图 2-2-6 是提高稳压器输出电压的应用电路。

图 2-2-6（a）是外接稳压管来提高输出电压的电路，由图可以看出

$$U_O = U_{\times\times} + U_Z$$

式中 $U_{\times\times}$ 是集成稳压器的输出电压，U_Z 是稳压管的稳定电压。电阻 R 是稳压管 VZ 的限流电阻，VD 是保护稳压器的续流二极管。正常工作时 VD 处于反向截止状态，当输出端短路时，VD 导通，稳压管两端电压形成的电流可以流经导通的二极管和短路的输出端形成的回路，而不会倒流进稳压器的接地端，造成稳压器损坏。

也可以用外接电阻提高输出电压，如图 2-2-6（b）所示，但由于公共端电流的变化，采用这种方式提高电压的稳压精度较低。

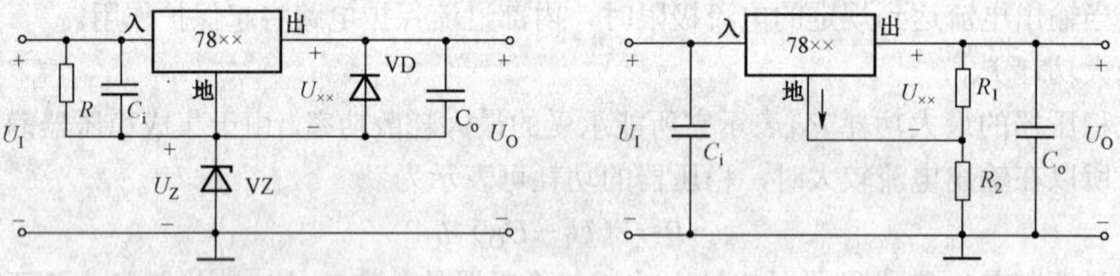

（a）用稳压管提高输出电压　　（b）用电阻提高输出电压

图 2-2-6　提高输出电压的电路

在要求输出电流大于稳压器最大输出电流的情况下可采用扩大输出电流的电路。

图 2-2-7 采用外接功率管来扩展输出电流。显然，图中扩展后稳压电源的输出电流为

$$I_O = I_C + I_{CW}$$

需要指出的是，由于外接扩流管的热稳定性比集成稳压器要差，这种形式的电流扩展会使稳压电路的稳压精度降低。

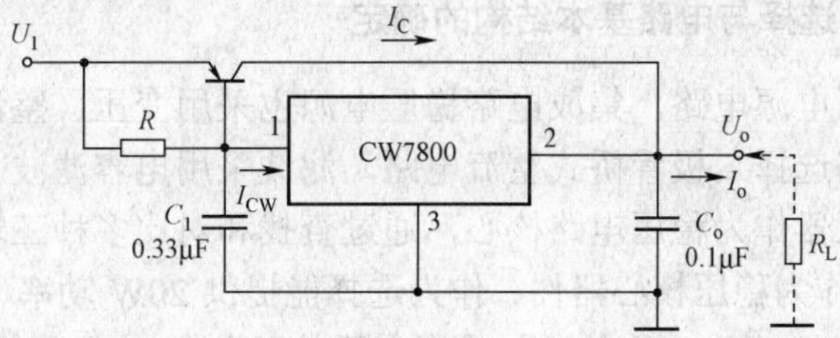

图 2-2-7　大电流输出的稳压电源电路

2. 可调式三端稳压器

图 2-2-8 是可调式三端稳压器的基本应用电路。

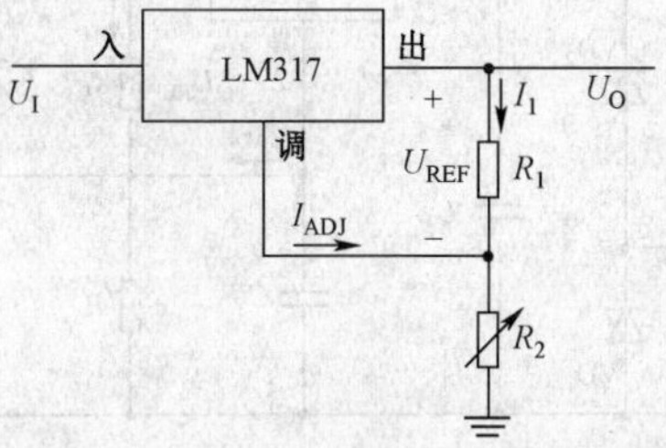

图 2-2-8　可调式三端稳压器基本应用电路

稳压器在输出端和调整端之间提供了一个基准电压 U_{REF}，将基准电压加在固定电阻 R_1 两端，产生恒定的电流 I_1，流经输出调整电阻 R_2 的电流则为（I_1+I_{ADJ}），因此，输出电压为

$$U_O = (1+\frac{R_2}{R_1})U_{REF} + I_{ADJ}R_2$$

芯片的调整电流 I_{ADJ} 被设计得非常小，而且在电网和负载变化的情况下均十分稳定，例如 LM317 的 I_{ADJ} 典型值为 50μA。因此，稳压器可以输出非常稳定的电压。并且，要求不十分精确的电源设计均可以忽略 I_{ADJ}，用（2-22）式估算输出电压。

$$U_O = (1+\frac{R_2}{R_1})U_{REF} \tag{2-22}$$

2.2.3 集成稳压器稳压电源的仿真设计实例

稳压电源设计指标如下：

① 220V 工频电压输入，电网电压可能产生 10%的波动；

② 输出直流电压 U_O：2V～30V 可调；

③ 输出额定电流 I_O：>1A；

④ 最大输出功率 P_O：>15W；

⑤ 稳压系数：<0.01；

⑥ 纹波系数：$<10^{-3}$；

⑦ 输出电阻：<0.1Ω。

一、集成稳压器的选择与电路基本结构的确定

参照分立元件稳压电源电路，集成电路稳压电源也采用变压、整流、滤波、稳压四部分的结构。其中整流电路选择二极管桥式整流电路，滤波采用电容滤波。根据设计指标要求，选择可调集成三端稳压器作为稳压电路核心，通过查找和对比多种三端稳压器的元器件说明书，最终选定 LM317 作为稳压核心器件。作为选择能提供 20W 功率、1.5A 电流输出，输出电压范围为 1.2~37V 的 LM317，它的输入输出电压差要求在 3~40V 的范围内。在 LM317 的说明书中同时提供了多个典型应用电路（此处参考的是德州仪器（Texas Instruments）提供的产品说明书）。参考这些典型应用电路，初步设计下电路基本形式如图 2-2-9 所示。

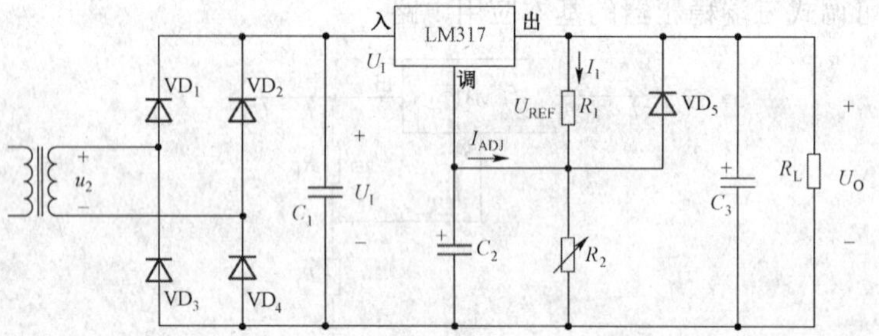

图 2-2-9　稳压电源电路原理图

电路在 LM317 的调整端接了一只电容 C_2 用来抑制纹波，通常其值为 10μF。C_2 的接入同时也给 LM317 带来一定的危险，当输入端或输出端不小心被短接时，都会导致 C_2 经调整端放电，放电时浪涌电流可能毁坏稳压块。为此，应当在 LM317 的输出端与调整端接上一只供电容放电的保护二极管 VD_5，这在输出电压大于 25V 时尤其有必要。在输出端添加一个电容 C_3 是为了改善电路的瞬态响应，通常其值取 1μF。此外，LM317 的输入端不能离滤波电容太远，否则还需要增加一个 0.1μF 的输入旁路电容。

二、电路元件的选择和参数的确定

1. 变压器的选择

考虑到输出电压范围要求在 2~30V，LM317 要求输入输出电压差在 3~40V 之间，将 LM317 的输入电压 U_I 初步设定在约 36V，则最大输入输出电压差为 34V，最小输入输出电压差为 4V，符合 LM317 工作的要求。

可以估算变压器二次线圈的输出电压 $U_2=U_I/1.2\approx30V$，即应当选择 220V/30V 的工频变压器。

2. 二极管的选择

整流二极管的 U_{RM} 应当大于 $\sqrt{2}U_2$ 即 1.414×30=42.42V，并留有一定余量。二极管正向电流应大于负载最大电流 1A，考虑 R_1、R_2 支路的分流，每个管子的正向电流还要更大一些。因此，这里选用普通整流二极管 1N5401（反向耐压 U_{RM}=100V，最大正向平均电流 I_{FM}=3A）。此外，保护二极管 VD_5 主要考虑能承受的反向工作电压和正向浪涌电流，这里选用 1N4001（反向耐压 U_{RM}=50V，峰值浪涌电流 I_{FSM}=30A）。

3. 滤波电容 C_1 的选择

由于 LM317 调整端电流很小，可以认为它的输入输出端电流相等，而且调整电路的分流

也很小，因此滤波电容放电的快慢取决于负载电流的大小。负载电流越大，电容放电越快。考虑最不利的情况，即负载电流 1A 的情况下，仍要保持电容两端电压的平滑。此时相当于在滤波电容两端所接负载 R'_L 为 36V/1A=36Ω。因此滤波电容的选择参照（2-13）式来估算，但应当改式中 R_1 为 R'_L 即

$$\tau = R'_L C_1 \geqslant (3\sim5)\frac{T}{2}$$

计算得 C_1 的最小值

$$C_{1\min} = 5\frac{T}{2R'_L} = 5\frac{0.02\text{s}}{2\times 36\Omega} = 1.39\text{mF}$$

还要考虑电容的耐压值要大于 36V，这里取标准型号系列中 2200μF/50V 的电解电容。

4. 基准电阻 R_1 和调整电位器 R_2 的选择

电阻 R_1 的选择应当考虑两个方面：

① 应使电流 $I_1 >> I_{ADJ}$，即 $U_{REF}/R_1 >> I_{ADJ}$，LM317 的 I_{ADJ} 最大 100μA，由此推出

$$R_1 << U_{REF} / I_{ADJ} = 1.25\text{V} / 100\mu\text{A} = 12.5\text{k}\Omega$$

② R_1 也不宜过小，以免电流超出 LM317 的最大输出电流 1.5A。考虑最不利情况，输出电压最大(30V)，且负载电流最大(1A)时，R_1 中的电流 I_1 不能超过 1.5−1=0.5A。即 $I_1=30/R_1<0.5\text{A}$，由此可知

$$R_1>30/0.5=60\Omega$$

综合以上两方面因素考虑，取 R_1=200Ω。

电位器 R_2 调节到最大时应使 U_O 达到 30V，即

$$U_O = (1+\frac{R_2}{R_1})U_{REF} = (1+\frac{R_2}{200\Omega})1.25 = 30\text{V}$$

从中可解得 R_2=4600Ω，这里选择 5kΩ电位器。

三、电路技术指标仿真测试

根据设计原理图和各元件型号参数的设计结果，在 Multisim 仿真环境下面出仿真原理图，并接上各种测量仪表，如图 2-2-10 所示。

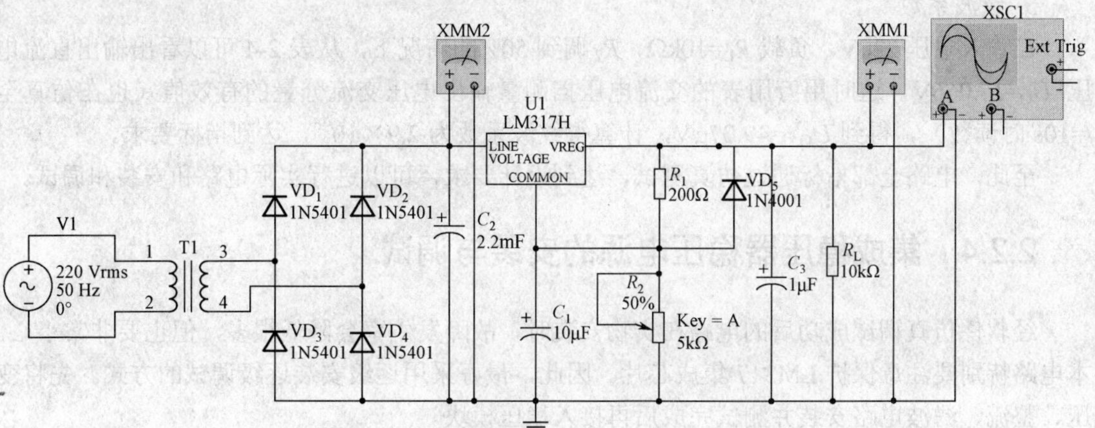

图 2-2-10　集成稳压器稳压电源 Multisim 仿真原理图

1. 整流滤波电路测试

用万用表 XMM1 检测输出电压，用万用表 XMM2 检测 LM317 输入电压。测量中发现 XMM2 示数 40.75V，大于 36V，这是由于$U_2 = U_I / 1.2$这一估算式不十分准确导致的。虽然这也能满足 LM317 最大输入输出电压差小于 40V 的要求，但是电网电压可能向上波动 10%，为安全起见，对变压器二次线圈的匝数应适当修改，将变比降为 220:28。这时，LM317 输入端电压降到 37.9V 左右。在电路实际安装时，则应当根据电路的实际情况再进一步调整。

2. 输出电压范围测试

在保持输入电压 220V，负载 R_L=10kΩ的情况下，将 R_2 调到最小和最大，测量输出电压分别为 1.258V 和 32.787V（注意：因为电路中存在大电容，需要仿真时间比较长电路才能进入稳定状态，因此需要准确数据时应当等待一段时间，至波形稳定后用示波器读数。此处数据用示波器在 t=10s 时测得）。输出电压范围优于 2~30V 的设计要求。

3. 稳压系数测试

在负载 R_L=10kΩ，R_2 调到 50%的情况下，将表示电网的 220V 交流源电压分别上调 10%和下调 10%，测得输出电压分别为 17.078V 和 17.055V（此处数据用示波器在 t=10s 时测得）。可计算得稳压系数约为 0.006，小于 0.01，也达到设计要求。

4. 最大输出电流与输出电阻测试

保持 R_2 输出电压最大时，将负载电阻值从∞逐渐减小，测量输出电压的变化，填入表 2-4（全部数据用示波器在 t=10s 时测得），再计算出对应的输出电流，也填入表中。从表中数据可以看到，直到输出电流 1.7A，稳压电源仍保持了非常稳定的电压。在 0~1.7A 范围内，取表中第一组和最后一组数据，可以算得：电源的输出电阻 R_O=0.02Ω<1Ω。这两个指标达到设计要求。

表 2-4 最大输出电流与输出电阻测试数据

R_L	∞（开路）	10kΩ	1kΩ	100Ω	10Ω
U_O(V)	17.067	17.066	17.066	17.064	17.034
I_O(mA)	0	1.7066	17.066	170.64	1703.4

5. 纹波系数

在输入电压 220V，负载 R_L=10kΩ，R_2 调到 50%的情况下，从表 2-4 可以看出输出直流电压 U_O=17.066V，这时用万用表的交流电压挡测量输出电压交流分量的有效值（也在仿真至 t=10s 时读数），得到 $U_{O\gamma}$=49.07μV，计算得纹波系数为 2.9×10^{-6}，达到指标要求。

至此，电路全部指标通过仿真测试，达到设计要求，可以进行实际电路和安装和调试。

2.2.4 集成稳压器稳压电源的安装与调试

经软件仿真调试成功后的电路在实物安装时，故障发生率会降低很多，但也要非常小心。本电路特别要注意保护 LM317 集成芯片。因此，最好采用逐级安装逐级调试的方式。先将变压、整流、滤波电路安装并测试完成后再接入稳压模块。

全部电路安装完成后，应当采用与仿真测试相同的步骤用真实仪表对电路的技术指标进行测试，如果指标不达标，还需要对电路进行修改。

项目二　习题

2-1　在题图 2-1 所示电路中，U_I=20V，2CW5 的参数为：稳定电压 U_Z=12V，最大稳定电流 I_{Zmax}=20mA。图中电压表中流过的电流忽略不计。试求：

（1）当开关 S 闭合时，电压表 V 和电流表 A_1、A_2 的读数分别为多少？

（2）当开关 S 断开时，其读数分别为多少？

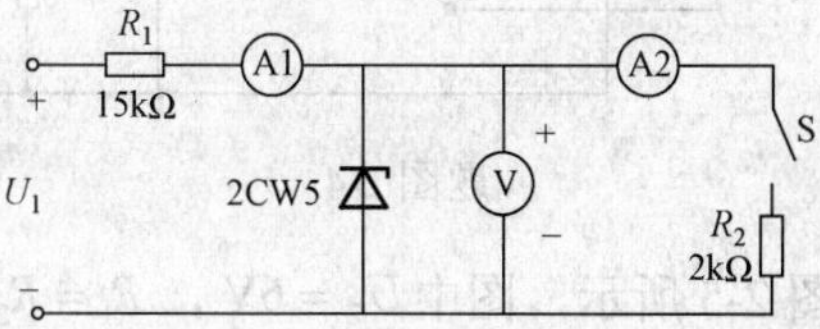

题图 2-1

2-2　稳压电路如题图 2-2 所示。已知稳压管当 I_Z=5mA 时的稳压电压 U_Z=6.8V，I_{Zmin}=0.2mA，U_i 的值是+10V，R=0.5kΩ，问：

（1）当负载开路时，输出电压是多少？

（2）当 R_L=0.5kΩ时的输出电压是多少？

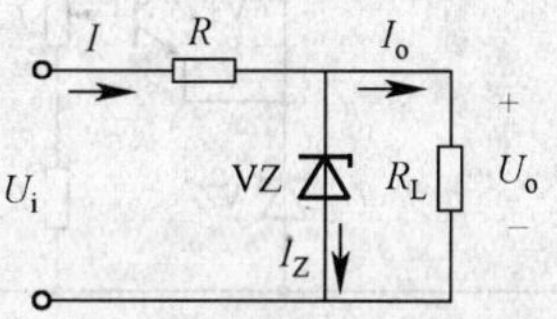

题图 2-2

2-3　整流电路及变压器副边电压 u_2 的波形如题图 2-3 所示，u_2 的有效值 U_2＝20V，设各二极管是理想元件。要求：

（1）画出整流电路输出电压 u_o 的波形

（2）标出图中直流电压表 V 的正负极性，并求其读数。设电压表内阻无穷大。

（3）计算整流电路中二极管承受的最高反向电压。

（4）若二极管 VD_2 因损坏而断开，则电压表的读数变为多少？

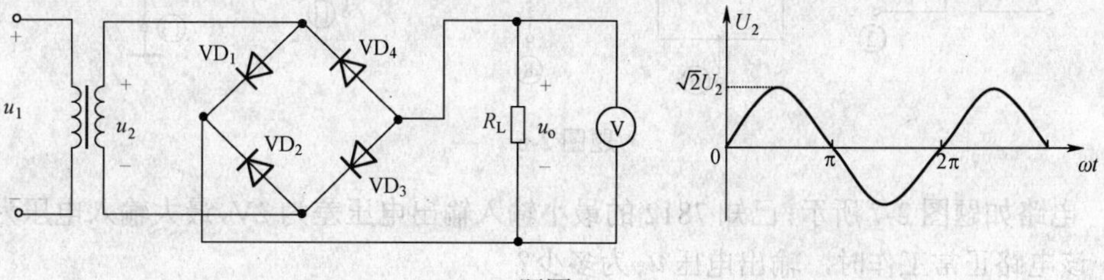

题图 2-3

2-4　桥式整流电路如题图 2-4 所示，有效值$U_2 = 20\text{V}$，$R_L = 40\Omega$，$C = 1000\mu\text{F}$，试求：

（1）正常时，直流输出电压U_o为多少?

（2）如果电路中有一个二极管开路，U_o是否为正常值的一半?

（3）当测得直流输出电压U_o为下列数值时，可能出了什么故障?

① $U_o = 18\text{V}$；② $U_o = 28\text{V}$；③ $U_o = 9\text{V}$。

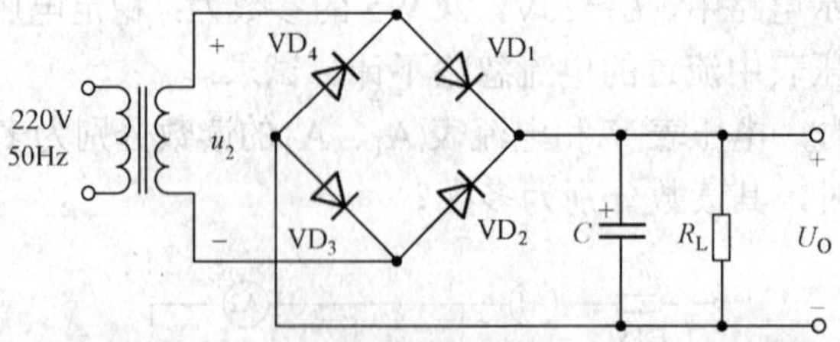

题图 2-4

2-5　串联型稳压电路题图 2-5 所示，图中$U_Z = 6\text{V}$，$R_1 = R_2 = 6\text{k}\Omega$，$R_W = 10\text{k}\Omega$，试问：

（1）输出电压U_o的调节范围为多大?

（2）如果把 VT_2 管的集电极电阻 R_C 由 A 端改接至 B 端，电路能否工作？为什么？

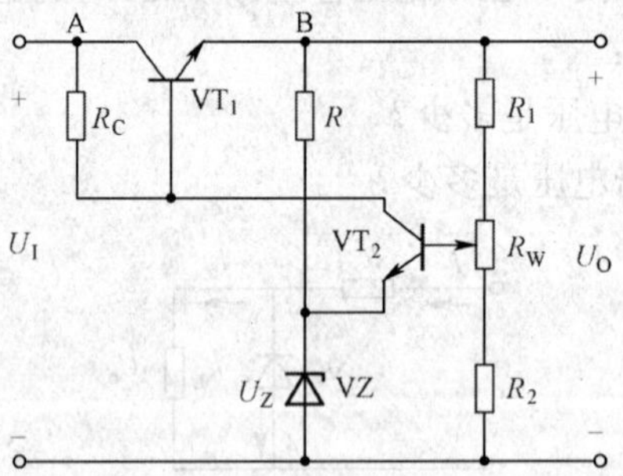

题图 2-5

2-6　电路如题图 2-6 所示。合理连线，构成 5V 的直流电源。

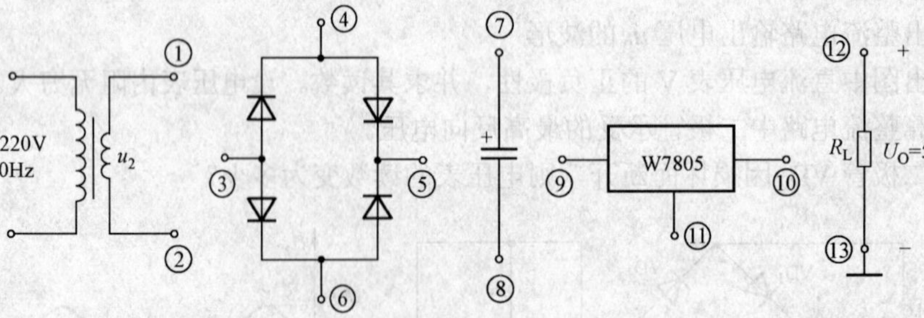

题图 2-6

2-7　电路如题图 2-7 所示，已知 7812 的最小输入输出电压差为 2V，最大输入电压为 18V。

（1）该电路正常工作时，输出电压u_o为多少?

（2）若要电路正常工作，变压器次级电压u_2的最小值是多少？最大值是多少？

（3）如果变压器次级电压 u_2 的有效值为 15V，则整流、滤波后电压 u_3 的数值大略为多少？若测得 u_3 为 13.5V 左右，分析故障原因与部位，并列出检修的步骤。

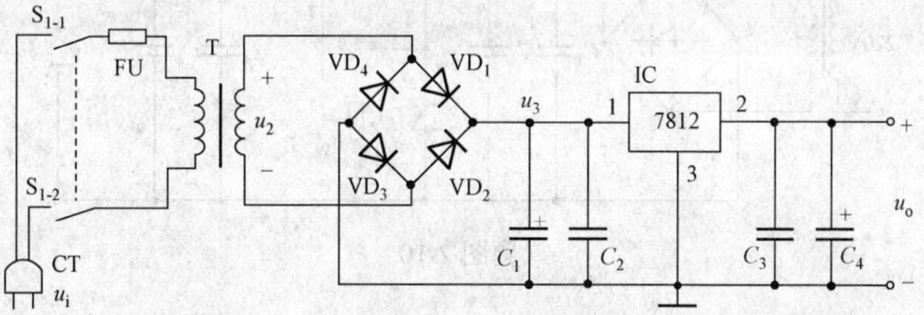

题图 2-7

2-8　稳压电路如题图 2-8 所示，已知 W7805 的输出电压为 5V，I_W=50μA，试求 U_O。

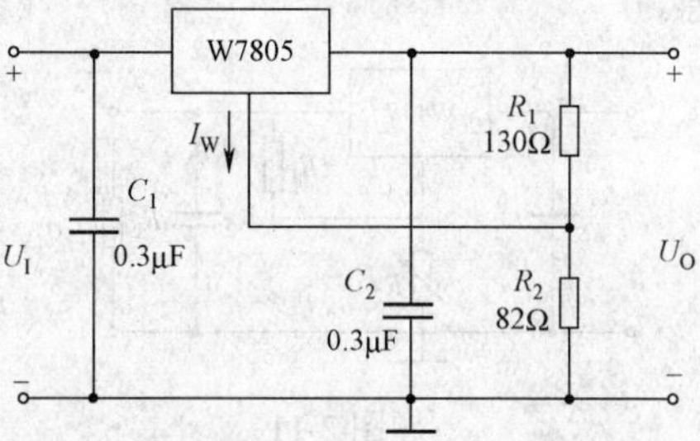

题图 2-8

2-9　由三端集成稳压器构成的直流稳压电路如题图 2-9 所示，已知 W7805 的输出电压值为 5 V，输入电压 $U_i = 16$ V。

（1）说明当负载变化时的稳压过程（设 R_L 减小）。

（2）忽略晶体管基极电流和 U_{BE} 的影响，求输出电压 U_O 。

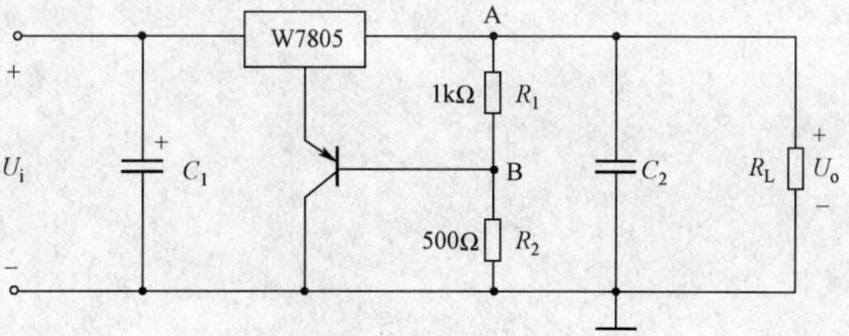

题图 2-9

2-10　三端集成稳压器 7805 组成电路如题图 2-10 所示。已知稳压管稳定电压 U_Z＝5V，允许的电流 I_Z＝5～40mA，R_p＝10kΩ，U_2＝15V，电网电压波动±10%，最大负载电流 I_{Lmax}＝1A。试求：

（1）限流电阻 R 的取值范围；

（2）输出电压 U_O 的调整范围；

（3）三端稳压器的最大功耗（稳压器的静态电流 I_Q 可忽略不计）。

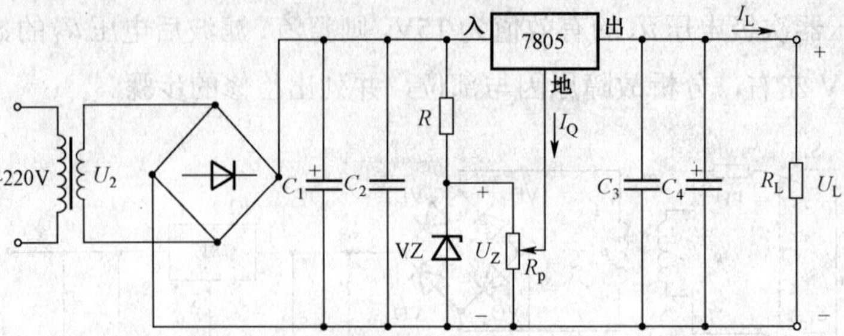

题图 2-10

2-11　在题图 2-11 电路中，$R_1=240\Omega$ ，$R_2=3k\Omega$ ；W117 输入端和输出端电压允许范围为 3～40V，输出端和调整端之间的电压 U_R 为 1.25V。试求：

（1）输出电压的调节范围；

（2）输入电压允许的范围。

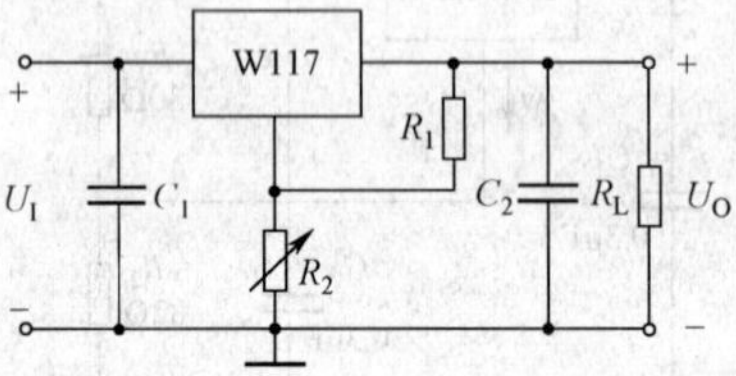

题图 2-11

项目三　助听器电路的分析与仿真

项目内容

本项目通过对助听器电路的分析与仿真，掌握晶体管分立元件基本放大电路类型和工作条件，掌握基本放大电路典型分析方法，掌握负反馈放大电路基本工作特点和设计原则，能自主查阅资料，进行简单放大电路的分析和设计，会使用常用电子仪器仪表对电路进行参数测试及简单故障排除。

本项目分为两个任务：

1. 助听器电路的总体分析
2. 助听器电路各级分析与仿真

任务 1　助听器电路总体分析

学习目标

1. 了解助听器电路的组成，熟悉多级放大电路耦合方式。
2. 熟悉放大电路的基本常识和主要性能指标含义。
3. 能根据放大电路绘制电路方框图，会进行电路分解。
4. 能判断放大电路三种组态。

工作任务

1. 分析图 3-1-1 所示助听器电路各级放大电路中三极管的组态。
2. 分析图 3-1-1 所示助听器电路中级与级间的耦合方式。
3. 分解图 3-1-1 所示助听器电路，绘制电路原理框图。
4. 通过仿真实例观察典型放大电路的输入输出波形。
5. 按照仿真实例步骤进行放大电路性能指标的测量。
6. 分析仿真实例中提出思考的问题。

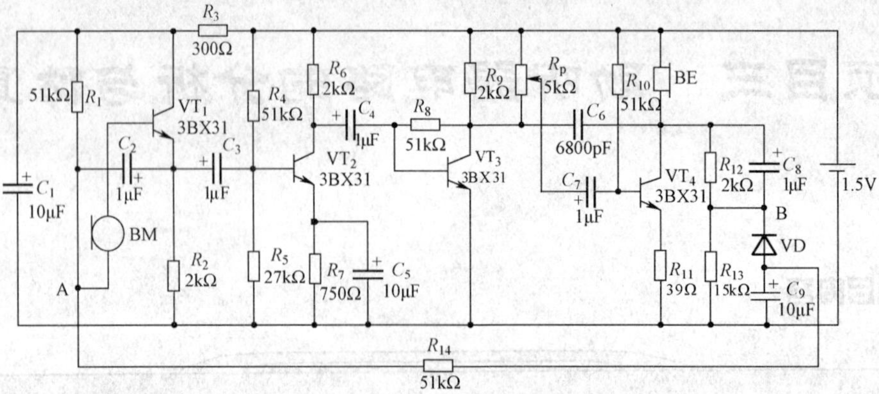

图 3-1-1 助听器电路

实施指导

3.1.1 放大电路的概念与一般结构

一、放大电路的一般概念

放大电路是电子电路中一类非常重要的电路，它用来对信号的电压、电流或功率进行放大，使得信号的幅度或功率足够大且与原来信号的变化规律一致。这一类电路被广泛应用在各种电子设备中，例如：在手机等各种通信设备、电视机等各种家用电器、数字万用表等各种电子仪表中都要用到放大电路。

构成放大电路的核心器件有两类：一类是半导体三极管，又称双极型晶体管（BJT）；另一类是场效应管（FET），它是一种单极型晶体管。这里先对三级管放大电路进行讨论。

根据信号类型的不同放大电路可以分为直流放大电路和交流放大电路。其中交流放大电路用来放大快速变化的电信号，直流放大电路则用来放大直流信号或变化很缓慢的信号。在项目三中只讨论交流放大电路。

交流放大电路要正常工作离不开直流电源的作用，所谓交流信号的放大，实质上是将直流电源的能量转换为交流信号的能量。因此在对放大电路进行分析的时候，既需要分析电路中的交流分量，也要分析电路中的直流分量。为便于分析说明电路，电路中的交、直流信号的表示有特定的规定，如表 3-1 所示。

表 3-1 模拟电路中交直流参数的符号表示法

序号	物 理 量	符 号	备 注
1	纯交流量的瞬时值	i_b u_{be}	物理量小写，下标小写
2	纯直流量	I_B U_{BE}	物理量大写，下标大写
3	含直流成分的交流量的瞬时值	i_B u_{BE}	物理量小写，下标大写
4	交流量的有效值	I_b U_{be}	物理量大写，下标小写
5	交流量的相量表示法	$\dot{I}_b$ $\dot{U}_{be}$	有效值上方加点

此外，在电子电路中，对于直流源通常采用标注电位的习惯画法，即不再画出电源的符号，而是选择它与交流信号的公共端相接的一端为参考电位点，称为“地”（标为“ ⊥ ”），然后标明它的另一端相对于“地”的电位，也就是电源电压。如助听器电路按照这一习惯画法可画成图 3-1-2 所示的形式。

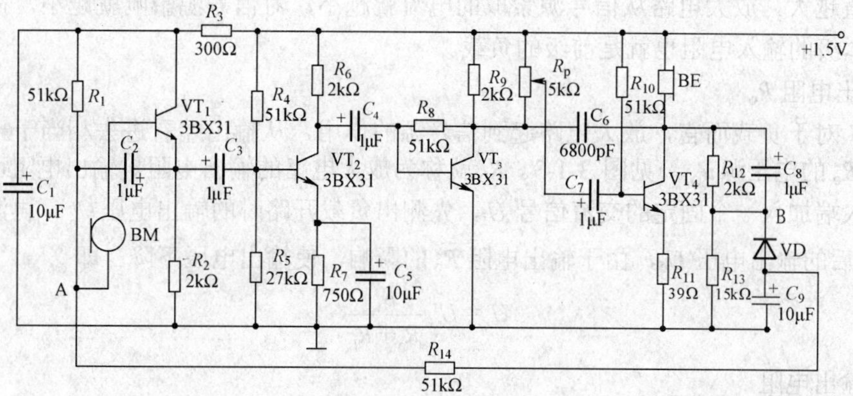

图 3-1-2　助听器电路中直流源的习惯画法

图 3-1-1 所示助听器电路实际上就是一个带级间反馈（经 R_{14} 反馈）的三极管多级放大电路。它放大的是音频的交流信号。图中 BM 是一只拾音器，它的作用是将声音转化为音频电信号，这个信号经多级放大后再从耳机转化成声音输出。使用者从耳机中听到的声音就比原来增强了许多，以此来达到助听的效果。

二、放大电路模型与主要性能参数

若把放大电路视为一个整体，它可以用图 3-1-3 中方框内的部分来表示。方框左边只有两根端线用来接收输入信号，右边同样也只有两根端线用来向负载输出信号，通常称这种电路结构为四端网络，也称二端口网络。图中 u_S，R_S 表示信号源，R_L 表示负载，简单地说，放大电路所起的作用，就是将信号源输出的信号放大以满足负载的需要。

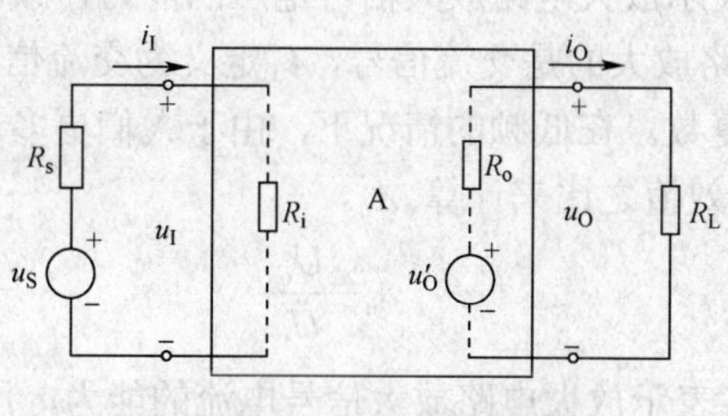

图 3-1-3　放大电路的模型

为了描述放大电路的工作性能，通常采用以下性能参数：

1. 输入电阻 R_i

对于信号源而言，放大电路相当于一个负载，当输入信号电压加到放大电路的输入端时，在其输入端产生一个相应的电流，从输入端往里看进去相当于一个等效的电阻。这个等效电阻就是放大电路的输入电阻。显然，输入电阻为外加正弦输入电压有效值与相应的输入电流

有效值之比，即

$$R_i = \frac{U_i}{I_i} \tag{3-1}$$

它是衡量放大电路对信号源影响程度的一个指标。对于图 3-1-3 所示电压源形式的信号源而言，其值越大，放大电路从信号源索取的电流就越小，对信号源影响就越小。在多级放大电路中，本级的输入电阻也就是前级的负载。

2. 输出电阻 R_o

同样，对于负载而言，放大电路起到信号源的作用，从输出端看进去相当于一个等效的具有内阻 R_o 的电压源 u'_O，见图 3-1-3。R_o 就称为放大电路的输出电阻。输出电阻可以这样测量：在输入端加入一个固定的交流信号 U_i，先测出负载开路时的输出电压 U'_o，再测出接上负载电阻 R_L 后的输出电压 U_o，由于输出电阻 R_o 的影响，使输出电压下降。即

$$U_o = U'_o \frac{R_L}{R_o + R_L}$$

所以输出电阻

$$R_o = \left(\frac{U'_o}{U_o} - 1\right) R_L \tag{3-2}$$

输出电阻是描述放大电路带负载能力的一项技术指标。通常放大电路的输出电阻越小越好。R_o 越小，说明放大电路的带负载能力越强。在多级放大电路中，本级的输出电阻相当于下级的信号源内阻。

两级放大电路级联后，前级放大电路相当于后级电路的信号源，后级放大电路相当于前级放大电路的负载，两级电路的相互影响导致前级放大电路的输出电阻改变和后级放大电路的输入电阻的改变，从而影响整个放大电路的放大倍数。

3. 放大倍数 A_v

放大倍数（也称增益）是表示放大能力的一项重要指标。常用的有电压放大倍数 A_u、电流放大倍数 A_i。

电压放大倍数 A_u 用来表示放大电路放大信号电压的能力，顾名思义它应当是输出电压与输入电压之比。由于放大电路放大的是交流信号，A_u 定义为交流信号的相量之比，见式（3-3），这样定义的 A_u 一般是一个复数。在低频的情况下，由于人们更多地关心电压幅度的变化，也常用输出电压与输入电压有效值之比来计算 A_u。

$$A_u = \frac{\dot{U}_o}{\dot{U}_i} \tag{3-3}$$

同理，电流放大倍数 A_i 表示放大电路放大信号电流的能力，用式（3-4）来定义。

$$A_i = \frac{\dot{I}_o}{\dot{I}_i} \tag{3-4}$$

三、三极管放大电路的三种组态

作为放大电路核心的三极管，它的三个电极总有一个电极处于放大电路的输入端，也总有一个电极处于放大电路的输出端，第三个电极作为公共端为输入输出回路共用。一般情况

下，集电极不能作为输入端使用，基极不能作为输出端使用。

单管三极管放大电路根据各电极用途的分配，可以分为共发射极放大电路、共集电极放大电路、共基极放大电路，用符号表示分别为 CE、CC、CB，如图 3-1-4 所示（以 NPN 型三极管为例）。

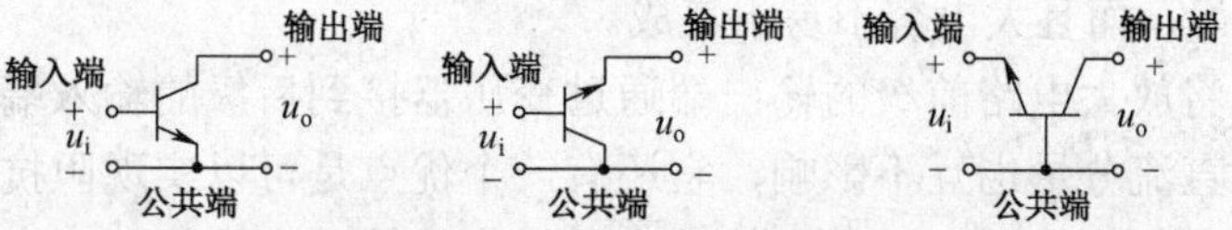

图 3-1-4　三种基本放大电路组态（以 NPN 型三极管为例）

四、多级放大电路与级间耦合方式

为了使信号的放大倍数达到需要的值，往往用一级放大电路是不够的，这就需要使用多级放大电路，如图 3-1-5 就是一个两级放大电路。

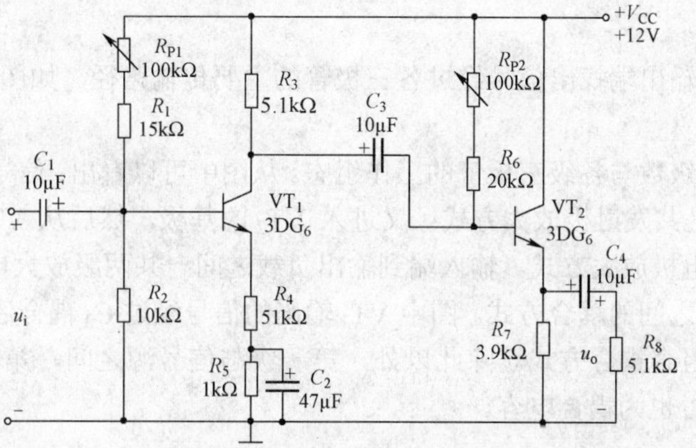

图 3-1-5　两级放大电路示例

多级放大电路方框图，如图 3-1-6 所示。

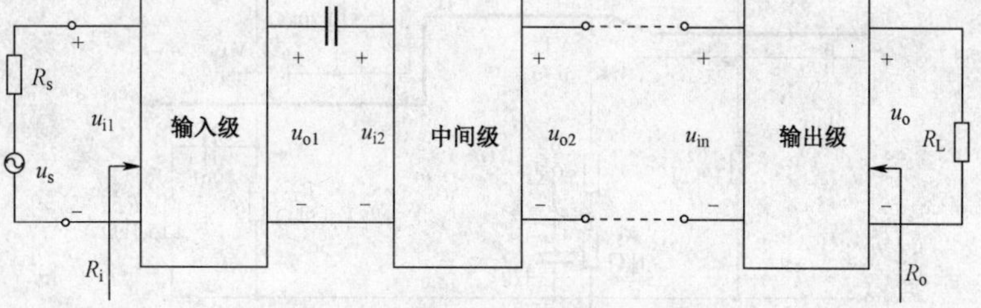

图 3-1-6　多级放大电路结构框图

框图中 R_i 为整体电路的输入电阻，R_o 为整体电路的输出电阻。从框图中可以看出，多级放大电路的输入电阻也就是输入放大电路的输入电阻，而输出电阻也就是末级（输出级）放大电路的输出电阻。而电路总的电压放大倍数为

$$A_u = A_{u1} \cdot A_{u2} \cdots A_{un} \tag{3-5}$$

在计算各级放大电路的电压放大倍数时，应当把后一级的输入电阻视为它的负载。

多级放大电路中级与级之间的连接称为耦合，各级电路之间的耦合方式通常有 3 种：变压器耦合、阻容耦合、直接耦合。

图 3-1-5 电路中两级放大电路之间经过电容 C_3 连接，采用的是阻容耦合方式，这种方式的优点是利用电容器的隔直作用，使两级电路中的直流分量互不影响，而交流信号可以通过。缺点是低频特性不好，而且大电容不易于集成。

变压器耦合是将放大电路前级的输出端通过变压器接到后级的输入端或负载电阻上，它前后两级电路中的直流分量也互不影响，它还有一个优点是可以实现阻抗变换，因而在分立元件功率放大电路中得到广泛应用。它的缺点是低频特性差，不能放大变化缓慢的信号，且非常笨重，不能集成化。

直接耦合是将前一级的输出端直接连接到后一级的输入端，因此级间直流分量相互影响，但它具有良好的低频特性，可以放大变化缓慢的信号。由于电路中没有大容量电容和电感，易于将全部电路集成在一片硅片上，构成集成电路。

分析实例：对图 3-1-5 所示放大电路进行整体结构分析。

分析过程：

① 从输入端到输出端找出信号经过各三极管的主要传输路径，如图 3-1-7 中带箭头的粗实线所示。

② 判断电路的级数与各级三极管的工作组态。从图中可以看出：信号从 VT_1 的基极进入，从集电极输出，这是共发射极放大方式；又进入 VT_2 的基极，然后从 VT_2 的发射极输出，可见 VT_2 工作于共集电极放大方式。输入端到输出负载之间一共两级放大电路。

③ 分析级与级之间的耦合方式。图中 VT_1 输出的信号经过 C_3 耦合后，传递给 VT_2，因此两级之间采用的是阻容耦合方式。除此以外，第一级与信号源之间，第二级与负载之间也采用阻容耦合，C_1、C_4 也为耦合电容。

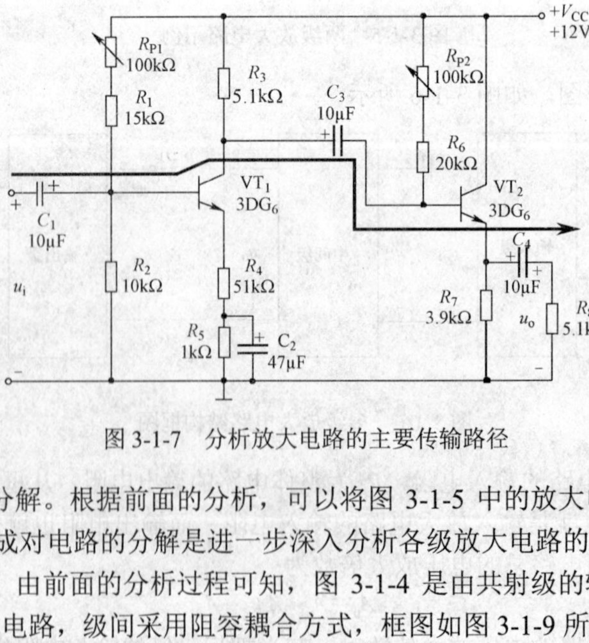

图 3-1-7　分析放大电路的主要传输路径

④ 放大电路的分解。根据前面的分析，可以将图 3-1-5 中的放大电路分解成两个部分，如图 3-1-8 所示。完成对电路的分解是进一步深入分析各级放大电路的基础。

⑤ 总结与框图：由前面的分析过程可知，图 3-1-4 是由共射级的输入级和共集电极的输出级构成的两级放大电路，级间采用阻容耦合方式，框图如图 3-1-9 所示。

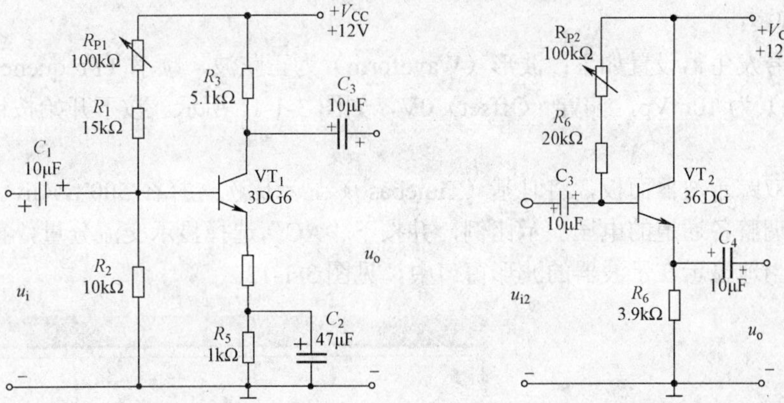

（a）第一级放大电路　（b）第二级放大电路

图 3-1-8　示例电路分解图

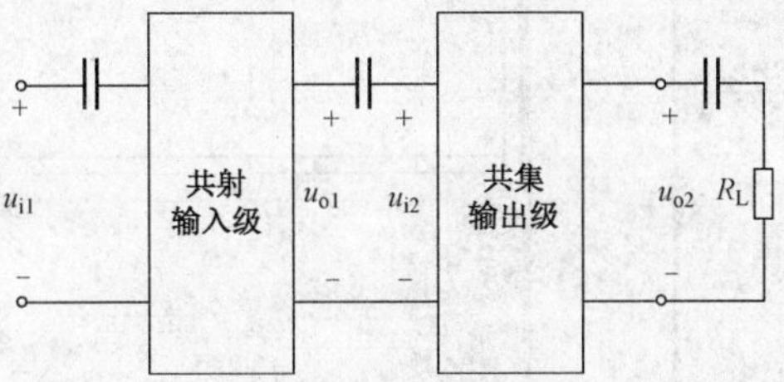

图 3-1-9　放大电路框图

3.1.2　放大电路的波形观察与主要性能指标的测试

仿真实例：对典型放大电路进行仿真观察和测试

仿真步骤：

① 绘制电路：

在 Multisim 的原理图窗口中画出图 3-1-10 所示电路，并在 VT_1 的输入端与“地”之间接入函数信号发生器，并使用四通道示波器的 A、B、C 通道分别观察输入端、两级之间和输出端的波形，示波器 G 端接“地”。注意将与示波器连接的线设置为不同的颜色以方便区分波形。

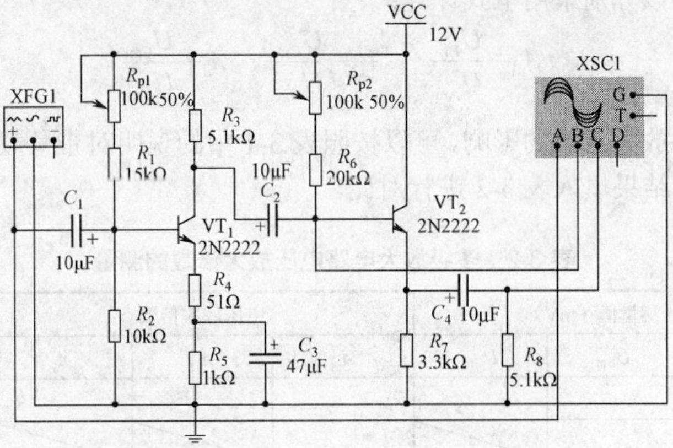

图 3-1-10　典型多级放大电路仿真图

② 波形观察：

将函数信号发生器设置如下：波形（Waveform）为正弦波，频率（Frequency）1kHz，幅度（Amptitude）为 10mVp，偏置（Offset）0V，如图 3-1-11 所示。按下开始按钮，进入电路仿真状态。

双击展开双踪示波器面板，将时基（Timebase）显示比例选择在 500 μs/div。单击通道选择旋钮，分别调整各通道的电压显示比例，并按下“AC”选择显示交流分量，直到三个通道的波形都被适当地显示在示波器的波形窗口中，见图 3-1-12。

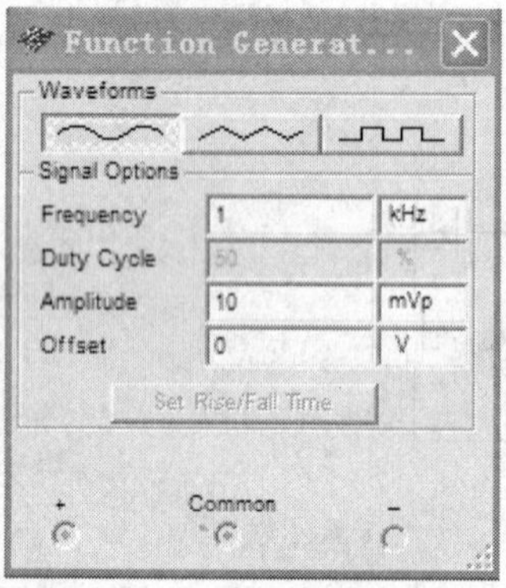

图 3-1-11　信号发生器的设置

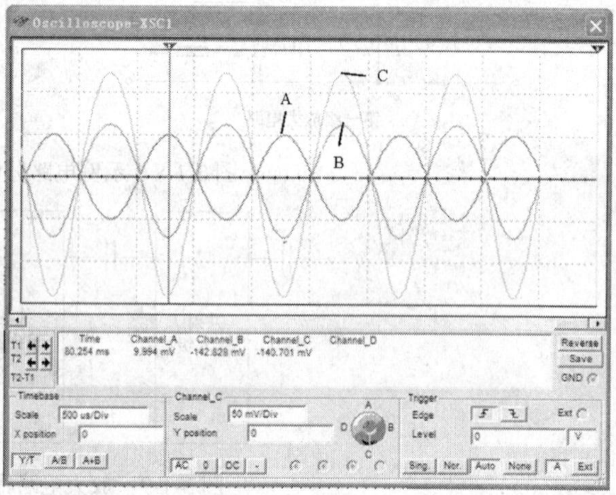

图 3-1-12　示波器波形显示

记录下波形的相位关系：A、B 通道信号相位关系______________，B、C 通道信号相位关系______________，A、C 通道信号相位关系______________。

观察电路的放大能力。移动一根示波器标尺至信号波峰处（图 3-1-12 使用了标尺 1），直接读出三个信号的幅度：U_{Am}=____________，U_{Bm}=____________，U_{Cm}=____________。

③ 主要性能指标测试：

电压放大倍数测量

采用标尺测量两种情况下的信号电压幅度。根据定义，第一级电路、第二级电路和总电路的电压放大倍数应该分别采用下式计算：

$$A_{u1}=\frac{U_{Bm}}{U_{Am}},\quad A_{u2}=\frac{U_{Cm}}{U_{Bm}},\quad A_{u}=\frac{U_{Cm}}{U_{Am}}$$

为了观察负载对放大倍数的影响，可以按照表 3-1 中的说明对带负载和不带负载两种情况进行测量和计算，将结果填入表 3-2 进行对比。

表 3-2　多级放大电路电压放大倍数的测量

	电压测量值（mV）			电压放大倍数			说明
	U_{Am}	U_{Bm}	U_{Cm}	A_{u1}	A_{u2}	A_u	
带负载							
不带负载							断开 C_2 的一端测量
							断开 R_8 的一端测量

思考：从表 3-2 的测量结果可以得出哪些结论？

输入电阻的测量

测试原理：测试原理图如图 3-1-13 所示。在信号源和待测放大电路之间串接一个已知阻值的电阻 R_{ref}，用交流电压表测出图 3-1-14 中的电压 U_{ref} 和 U_i，则输入电阻为：

$$R_i = \frac{U_i}{U_{ref} - U_i} R_{ref} \tag{3-6}$$

其中电阻 R_{ref} 阻值应与被测电阻同一数量级。测试电路如图 3-1-13 所示，电路中 R_9 即为 R_{ref}。此处选择了电压表测量交流电压的有效值，应当双击打开其属性对话框，在 Value 标签页中，将其模式（Mode）设置为交流（AC）。

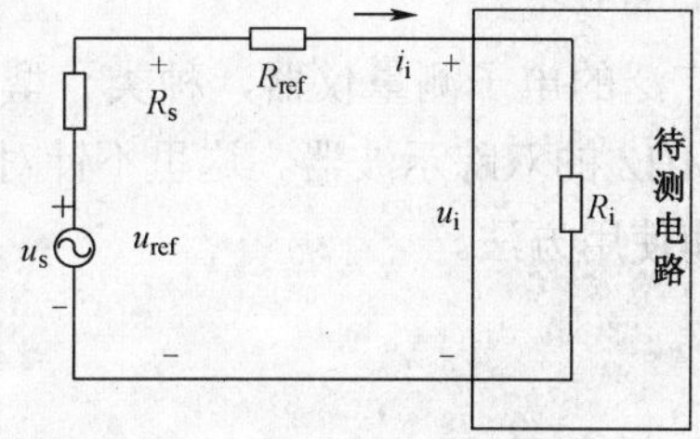

图 3-1-13　放大电路输入电阻测试原理图

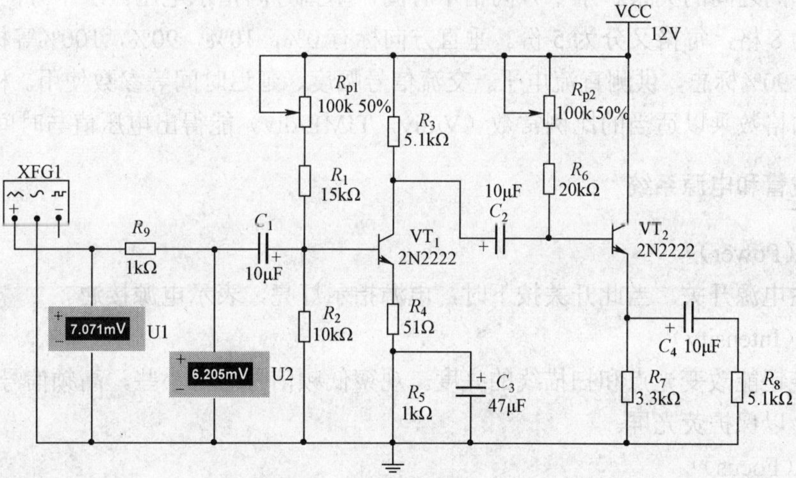

图 3-1-14　输入电阻的测量电路

根据测量结果计算出 R_i=________________。

输出电阻的测量

测量原理：放大电路接入信号源后，用交流电压表分别测量放大电路的开路电压 U_o 和接入负载后负载上的电压 U_{oL}，则输出电阻根据下式：

$$U_{oL} = \frac{R_L}{R_O + R_L} U_o$$

可知：

$$R_o = \frac{U_o - U_{oL}}{R_{oL}} R_L \tag{3-7}$$

取一只电压表与 R_8 并联，测得 U_o=____________；

断开 R_8 的一端，由电压表测得 U_{oL}=____________；

计算得 R_o=____________。

思考：若要测试第一级电路的输出电阻和第二级电路的输入电阻，测试电路该如何设计？

④观察 R_{p1} 和 R_{p2} 的作用

按图 3-1-12 连接电路，调节两个电位器 R_{p1} 和 R_{p2}，观察示波器，研究它们对电路波形和输出电压幅度的影响。

知识拓展 3——双踪示波器的使用

示波器作为一种使用十分广泛的电子测量仪器，种类、型号很多，功能也各异。实际中使用较多的是 40MHz 或者 60MHz 的双踪示波器。这里不针对某一具体型号的示波器，只是概括地介绍示波器的常用功能和使用方法。

一、荧光屏与刻度

荧光屏是示波管的显示部分。屏上水平方向和垂直方向各有多条刻度线，指示出信号波形的电压和时间之间的关系。水平方向指示时间，垂直方向指示电压。水平方向分为 10 格，垂直方向分为 8 格，每格又分为 5 份。垂直方向标有 0%，10%，90%，100%等标志，水平方向标有 10%，90%标志，供测直流电平、交流信号幅度、延迟时间等参数使用。根据被测信号在屏幕上占的格数乘以适当的比例常数（V/div，TIME/div）能得出电压值与时间值。

二、示波管和电源系统

1. 电源（Power）

示波器主电源开关。当此开关按下时，电源指示灯亮，表示电源接通。

2. 辉度（Intensity）

旋转此旋钮能改变光点和扫描线的亮度。观察低频信号时可小些，高频信号时大些。一般不应太亮，以保护荧光屏。

3. 聚焦（Focus）

聚焦旋钮调节电子束截面大小，将扫描线聚焦成最清晰状态。

三、垂直偏转因数和水平偏转因数

1. 垂直偏转因数选择（VOLTS/div）和微调

双踪示波器中每个通道各有一个垂直偏转因数选择挡位开关。垂直偏转因数的单位是 V/cm，mV/cm 或者 V/div，mV/div。它指示的值代表荧光屏上垂直方向一格的电压值。例如此开关置于 1V/div 挡时，如果屏幕上信号光点移动一格，则代表输入信号电压变化 1V。每个挡位开关上往往还有一个小旋钮，微调每挡垂直偏转因数。将它沿顺时针方向旋到底，处于“校准”位置，此时垂直偏转因数值与挡位开关所指示的值一致。逆时针旋转此旋钮，能够微调垂直偏转因数。垂直偏转因数微调后，会造成与挡位开关的指示值不一致，这时不能用来读数，只能用来观察信号。

2. 时基选择（Time/div）和微调

时基选择和微调的使用方法与垂直偏转因数选择和微调类似。时基选择也通过一个挡位开关实现，挡位开关的指示值代表光点在水平方向移动一个格的时间值。例如在 1μs/div 挡，光点在屏上移动一格代表时间值 1μs。“微调”旋钮用于时基校准和微调。沿顺时针方向旋到底处于校准位置时，屏幕上显示的时基值与波段开关所示的标称值一致。逆时针旋转旋钮，则对时基微调。示波器通常提供一个标准信号源，专门用于校准示波器的时基和垂直偏转因数。例如 COS5041 型示波器标准信号源输出 $V_{P\text{-}P}$=2V，f=1kHz 的方波信号。

四、位移旋钮

示波器前面板上的位移（Position）旋钮调节信号波形在荧光屏上的位置。旋转水平位移旋钮（标有水平双向箭头）可左右移动信号波形，旋转垂直位移旋钮（标有垂直双向箭头）可上下移动信号波形。

五、输入通道和输入耦合选择

1. 输入通道选择

示波器输入通道至少有三种选择方式：通道 1（CH1）、通道 2（CH2）、双通道（Dual）。选择通道 1 时，示波器仅显示通道 1 的信号。选择通道 2 时，示波器仅显示通道 2 的信号。选择双通道时，示波器同时显示通道 1 信号和通道 2 信号。测试信号时，首先要将示波器的地与被测电路的地连接在一起。根据输入通道的选择，将示波器探头插到相应通道插座上，示波器探头上的地与被测电路的地连接在一起，示波器探头接触被测点。有的示波器探头上有一双位开关。此开关拨到“×1”位置时，被测信号无衰减送到示波器，从荧光屏上读出的电压值是信号的实际电压值。此开关拨到“×10”位置时，被测信号衰减为 1/10，然后送往示波器，从荧光屏上读出的电压值乘以 10 才是信号的实际电压值。

2. 输入耦合方式

输入耦合方式有三种选择：交流（AC）、地（GND）、直耦（DC）。当选择“地”时，扫描线显示出“示波器地”在荧光屏上的位置。直接耦合用于测定信号直流绝对值和观测极低频信号。交流耦合用于观测交流和含有直流成分的交流信号。

六、触发

被测信号从 Y 轴输入后，一部分送到示波管的 Y 轴偏转板上，驱动光点在荧光屏上按比例沿垂直方向移动；另一部分分流到 X 轴偏转系统产生触发脉冲，触发扫描发生器，产生重复的锯齿波电压加到示波管的 X 偏转板上，使光点沿水平方向移动，两者合一，光点在荧光屏上描绘出的图形就是被测信号图形。由此可知，正确的触发方式直接影响到示波器的有效操作。为了在荧光屏上得到稳定的、清晰的信号波形，掌握基本的触发功能及其操作方法是十分重要的。

1. 触发源（Source）选择

要使屏幕上显示稳定的波形，则需将被测信号本身或者与被测信号有一定时间关系的触发信号加到触发电路。触发源选择确定触发信号由何处供给。通常有三种触发源：内触发

（INT）、电源触发（LINE）、外触发（EXT）。内触发使用被测信号作为触发信号，是经常使用的一种触发方式。由于触发信号本身是被测信号的一部分，在屏幕上可以显示出非常稳定的波形。双踪示波器中通道 1 或者通道 2 都可以作为触发信号。电源触发使用交流电源频率信号作为触发信号。这种方法在测量与交流电源频率有关的信号时是有效的。特别在测量音频电路、闸流管的低电平交流噪声时更为有效。外触发使用外加信号作为触发信号，外加信号从外触发输入端输入。外触发信号与被测信号间应具有周期性的关系。由于被测信号没有作为触发信号，所以何时开始扫描与被测信号无关。 正确选择触发信号对波形显示的稳定、清晰有很大影响。

2. 触发电平（Level）和触发极性（Slope）

触发电平调节又叫同步调节，它使得扫描与被测信号同步。电平调节旋钮调节触发信号的触发电平。一旦触发信号超过由旋钮设定的触发电平时，扫描即被触发。顺时针旋转旋钮，触发电平上升；逆时针旋转旋钮，触发电平下降。当电平旋钮调到电平锁定位置时，触发电平自动保持在触发信号的幅度之内，不需要电平调节就能产生一个稳定的触发。

七、扫描方式（Sweep Mode）

扫描有自动（Auto）、常态（Norm）和单次（Single）三种扫描方式。

自动：当无触发信号输入，或者触发信号频率低于 50Hz 时，扫描为自激方式。

常态：当无触发信号输入时，扫描处于准备状态，没有扫描线。触发信号到来后，触发扫描。

单次：单次按钮类似复位开关。单次扫描方式下，按单次按钮时扫描电路复位，此时准备好（Ready）灯亮。触发信号到来后产生一次扫描。单次扫描结束后，准备灯灭。单次扫描用于观测非周期信号或者单次瞬变信号，往往需要对波形拍照。

任务 2　助听器电路各级分析与仿真

学习目标

1. 熟悉放大电路的一般分析方法。
2. 了解放大电路中的反馈现象，了解反馈在电路中的作用，会区分反馈类型。
3. 具备分析和测试放大电路的直流静态工作点和交流放大特性的能力。
4. 具备发现和排除放大电路中简单故障的能力。

工作任务

1. 利用工程近似法计算典型放大电路的静态工作点；
2. 已知 3BX31 为锗管，设其β值为 50，利用微变等效法计算助听器电路各级性能指标；
3. 计算助听器电路总电压增益范围的具体数值；
4. 判断助听器仿真电路输出波形是否失真，若有失真，指出消除失真的方法；

5. 使用常见电子仪器仪表对助听器各级电路进行仿真测试；
6. 指出助听器电路中所有反馈支路，说明其作用；
7. 用万用表、示波器等常用仪器仪表完成一种典型放大电路的调试与测试。

实施指导

3.2.1　典型共发射极放大电路的分析

一、基本共射放大电路的组成

如图 3-2-1 为基本共发射极放大电路，整个电路可分为输入回路和输出回路两个部分，发射极既属于输入回路，也属于输出回路，为公共端。AO 端口为输入端口，接收待放大的交流信号。BO 端口为输出端口，输出放大后的交流信号。电路中 A 端点为输入端点，B 端点为输出端点，O 端点为公共端点。

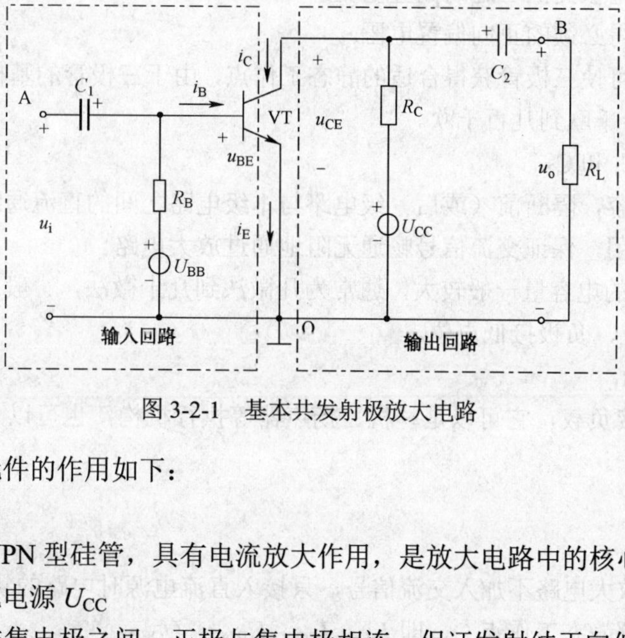

图 3-2-1　基本共发射极放大电路

放大电路中各元件的作用如下：

（1）三极管 VT

图中采用的是 NPN 型硅管，具有电流放大作用，是放大电路中的核心元件。

（2）集电极直流电源 U_{CC}

连接在发射极与集电极之间，正极与集电极相连，保证发射结正向偏置，集电结获得反向偏置，为三极管创造放大条件。U_{CC} 一般为几伏到几十伏。

（3）基极直流电源 U_{BB}

使发射结处于正向偏置，提供基极偏置电流。实际电路中，U_{BB}、U_{CC} 采用同一个电源，用电子电路图的习惯画法可画成图 3-2-2 的形式。

（4）集电极负载电阻 R_C

① 将集电极电流的变化转换成电压的变化，以实现电压放大功能。

② 集电结直流偏置电阻，直流电源 U_{CC} 通过该电阻给集电极提供集电极电流。集电极电流一般在毫安级别，R_C 的取值一般在几百欧到几千欧。

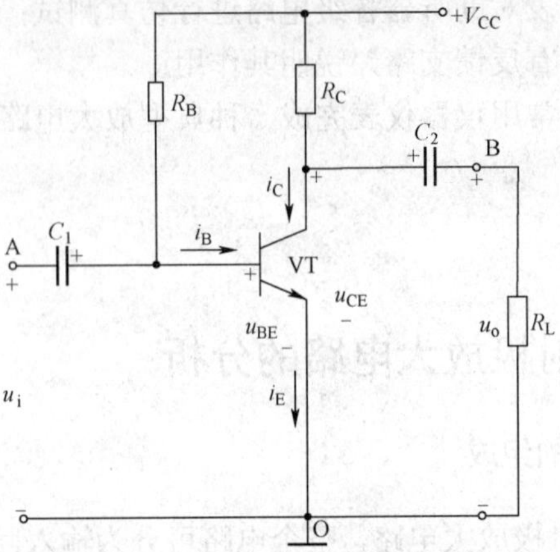

图 3-2-2　单电源供电的共射极放大电路

（5）基极偏置电阻 R_B

① 向三极管的基极提供合适的偏置电流。

② 使发射结获得必须的正向偏置电压。

改变 R_B 的大小可使三极管获得合适的静态工作点，由于三极管的基极电流很小，R_B 的阻值较大，一般取几十千欧到几百千欧。

（6）耦合电容 C_1 和 C_2

① 也称隔直电容，隔断前（或后）级电路与本级电路之间的直流通路。

② 交流耦合作用，保证交流信号畅通无阻地通过放大电路。

因此，C_1 和 C_2 的电容量一般较大，通常为几微法到几十微法，一般用电解电容，连接时电容的正极接高电位，负极接低电位。

（7）负载电阻 R_L

放大电路的外接负载，它可以是耳机、扬声器等执行机构，也可以是后级放大电路的输入电阻。

二、静态分析

所谓静态是指放大电路不加入交流信号，只接入直流电源时电路的状态。

分析目的：求解静态工作点 Q，即 I_{BQ}、I_{CQ}、U_{BEQ}、U_{CEQ}。

由于 I_B、U_{BE} 值在三极管输入曲线上对应一个坐标点 Q，I_{CQ}、U_{CEQ} 在三极管输出曲线上对应同一个坐标点 Q，因此，由这四个值所确定的三极管静态工作条件被形象地称为静态工作点。静态工作点通常决定了三极管的工作状态。不合理的静态工作点可能会给信号的放大带来严重的失真。一般情况下发射结导通直流压降 U_{BEQ} 默认为定值（硅管约 0.7V，锗管约 0.3V），静态分析只需再求出 I_{BQ}、I_{CQ}、U_{CEQ} 即可。

分析手段：采用直流通路求得 I_{BQ}，然后利用直流通路估算或用图解法求得 I_{CQ}、U_{CEQ}。

直流通路是指电路中直流电流所能经过的回路。在直流通路中电容视为开路，电感视为短路。图 3-2-3（a）即为图 3-2-2 电路的直流通路。

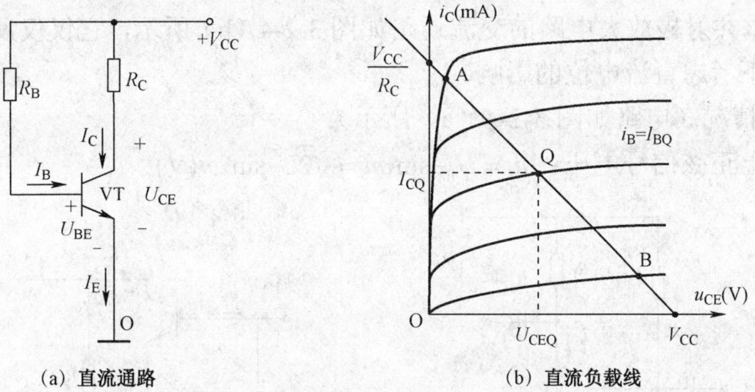

（a）直流通路　　　　（b）直流负载线

图 3-2-3　基本共射极放大电路的直流分析

对于图 3-2-3（a）所示电路的基极回路应用基尔霍夫电压定律可得

$$I_{BQ}=\frac{V_{CC}-U_{BEQ}}{R_B} \tag{3-8}$$

求 I_{CQ}、U_{CEQ} 有两种方法：估算法和图解法。

① 估算法

估算法必须在三极管电流放大倍数β已知的前提下进行，利用公式

$$I_{CQ}=\beta I_{BQ} \tag{3-9}$$

在直流通路的输出回路中应用基尔霍夫电压定律可得

$$U_{CEQ}=V_{CC}-I_{CQ}R_C \tag{3-10}$$

② 图解法

图解法的前提是必须已知三极管的输出特性曲线（输出特性可以由晶体管特性测试仪得到）。对于基本放大电路的输出回路，无论是否在静态情况下，均有

$$u_{CE}=U_{CC}-i_C R_C \tag{3-11}$$

请注意式（3-10）与式（3-11）的区别。式（3-10）描述的是三极管输出端电流电压静态值之间的关系，而式（3-11）描述的是三极管输出端电流电压瞬时值之间的关系，它对应了三极管输出特性曲线图中某一直线的方程，该直线方程称为直流负载线方程，利用该方程，可以在三极管输出特性曲线上画出直流负载线。该直线斜率为$-\frac{1}{R_C}$，与纵坐标轴的交点为$\frac{V_{CC}}{R_C}$，与横坐标轴的交点为 V_{CC}，如图 3-2-3（b）中直线 AB 所示。直流负载线与三极管输出特性曲线族中 $i_B=I_{BQ}$ 曲线的交点即为静态工作点 Q，分别读出 Q 点的横纵坐标值就是 U_{CEQ} 和 I_{CQ}。

三、动态分析

放大电路的动态就是指已经具备合适的静态工作点的放大电路中接入交流信号后的工作状态。可以利用图解法进行动态分析：首先根据直流通路得到静态工作点 Q，然后利用放大电路的交流通路，列出输出回路方程，在三极管的输出特性曲线上画出交流负载线，再根据工作点的移动规律分析输出信号的变化规律。

为了研究问题方便，通常画出电路的交流通路。交流通路就是在电路中交流信号所能经过的回路，在交流通路中，电容视为短路，电感视为开路，直流电压源视为“地”，直流电流

源视为开路。基本共射极放大电路的交流通路如图 3-2-4（b）所示，它仅仅反映交流信号在电路流经的支路，不考虑直流电位的影响。

1. 电路空载情况（电路如图 3-2-4（a）所示）：

设输入端加上正弦信号电压：$u_i = U_{im}\sin\omega t = \sqrt{2}U_i\sin\omega t(\text{V})$

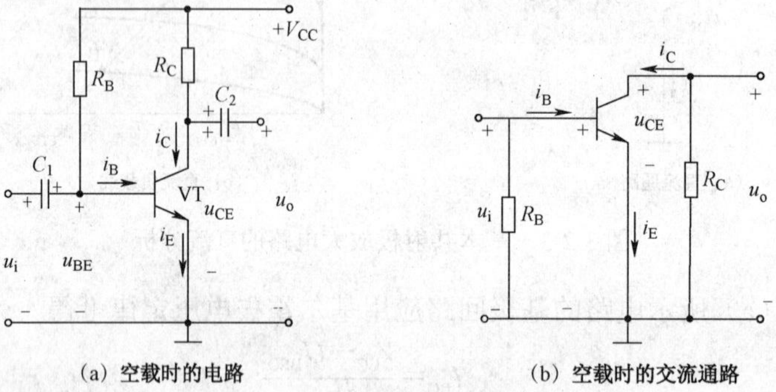

图 3-2-4　空载时电路及交流通路

基极电位由两部分组成：一个是直流电压源 V_{CC} 通过 R_B 产生的 U_{BEQ}，另一个由信号源 u_i 通过电容 C_1 耦合得到，电路中三极管发射极接地，则三极管发射结电压为：

$$u_{BE} = U_{BEQ} + u_i = U_{BEQ} + U_{im}\sin\omega t$$

根据 u_{BE} 的变化规律（图 3-2-5（a）），便可从输入特性曲线上画出对应的 i_B 的波形，如图 3-2-5（b）中曲线。如果输入电压的最大值 U_{im} 为 100 毫伏，从图 3-2-5（c）中可以看到 i_B 将在 30 微安到 10 微安之间变动。

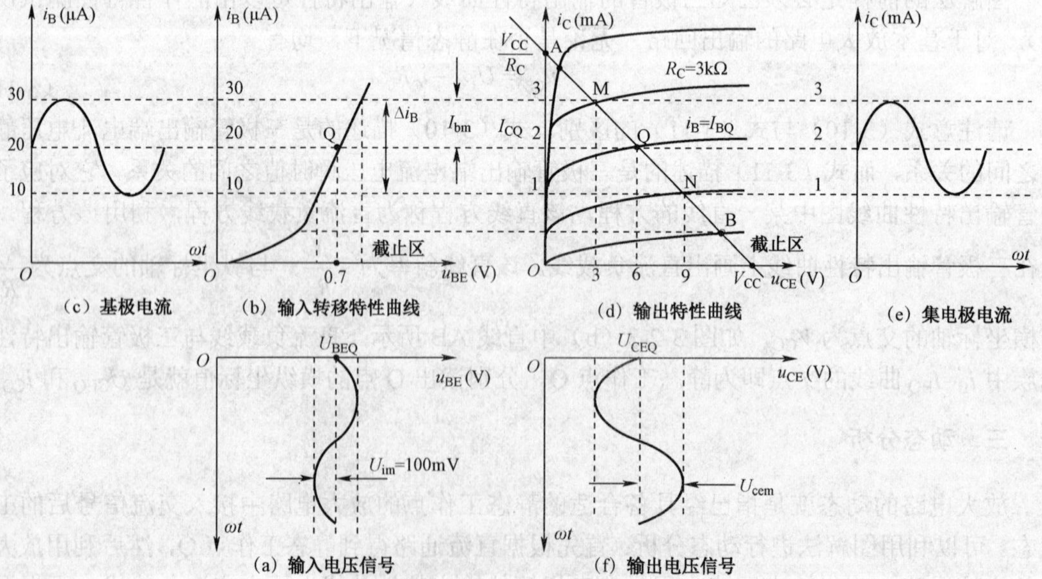

图 3-2-5　空载时共射放大电路的动态情况分析

在小信号工作条件下，信号在 Q 点附近的曲线 Δi_B 范围内变化时，三极管的输入特性曲线可视为直线段。因此，i_B 将在 I_{BQ} 的基础上按正弦规律变化，即

$$i_B = I_{BQ} + I_{bm}\sin\omega t$$

根据式（3-11），因为无负载，则三极管输出特性曲线上画出的负载线即为直流负载线。当 i_B 在 I_{BQ} 的基础上按正弦规律变化时，直流负载线与输出特性曲线的交点也会随之改变，实际工作点在图 3-2-5（d）中的 M 和 N 点之间来回移动。如果输出特性曲线在工作范围内的间隔是均匀的，则 i_C 和 u_{CE} 将分别在 I_{CQ} 和 U_{CEQ} 的基础上按正弦规律变化，即

$$i_C=I_{CQ}+I_{cm}\sin\omega t$$

$$u_{CE} = U_{CEQ} + U_{cem}\sin(\omega t - \pi)$$

这样，就可以在坐标平面上画出相应的 i_C 和 u_{CE} 的波形，如图 3-2-5（e）、（f）所示。

考虑电容 C_2 的隔直作用，u_{CE} 中的交流分量 u_{ce} 的波形就是输出电压 u_o 的波形，且 u_o 与 u_i 相位相反。因此共发射极放大电路具有电压反相作用，即基极电压与集电极电压总是朝相反方向变化。

2. 电路带负载情况

电路带负载时，电路和其交流通路如图 3-2-6 所示，从图 3-2-6（b）可知，动态时集电极电阻与负载电阻处于并联关系，则输出电压方程有：

$$u_{CE} = V_{CC} - i_C(R_C // R_L) \tag{3-12}$$

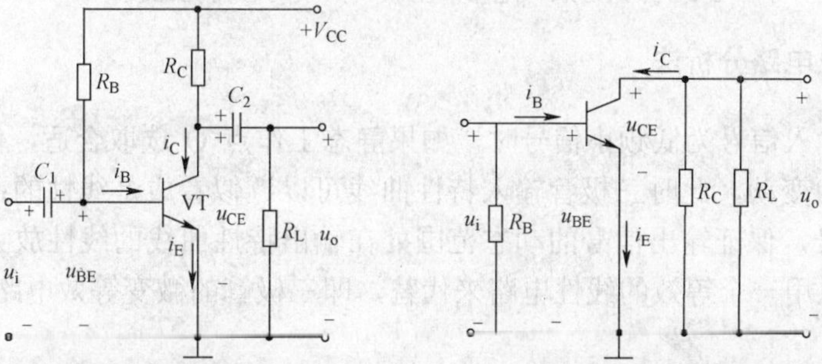

（a）负载时的电路　　（b）负载时的交流通路

图 3-2-6　负载时共射放大电路及交流通路

通常将 R_L 与 R_C 的并联等效负载称为放大电路的交流负载，用 R'_L 表示，即

$$R'_L = R_C // R_L \tag{3-13}$$

根据式(3-12)在三极管输出特性曲线绘制的直线即为交流负载线，负载线的斜率为 $-\dfrac{1}{R'_L}$。

由于在动态时，u_{CE} 和 i_C 的值在静态工作点附近移动，当输入信号变到零（u_i=0）时，u_{CE} 和 i_C 的值变为 U_{CEQ} 和 I_{CQ}，可见交流负载线必通过静态工作点 Q。但由于交流负载 R'_L 小于直流负载 R_L，所以交流负载线比直流负载线更陡一些。

当在放大电路输入端加入交流信号电压后，此时实际工作点将沿交流负载线（在 Q_1 和 Q_2 之间）上下移动，动态变化。从图 3-2-7 中可以看到放大电路带有负载后，集电极电压 u_{CE} 的变化范围，从原来直流负载线上的 MN 之间，缩小到交流负载线上的 Q_1Q_2 之间，尽管 i_C 的变化量△i_C 变化不大，但 u_{CE} 的变化量△u_{CE} 却减小很多，可见带上负载后输出电压的动态范围变小了。

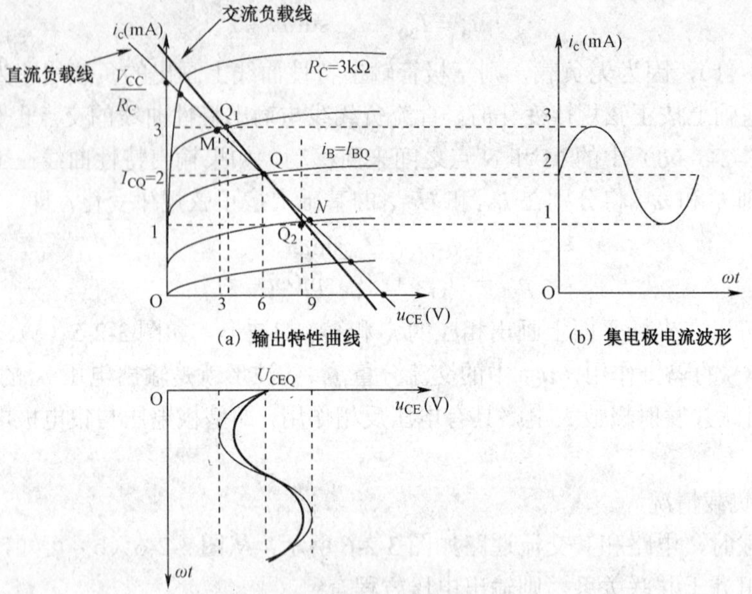

（a）输出特性曲线　（b）集电极电流波形

（c）输出电压信号波形

图 3-2-7　共射放大电路的空载、负载动态情况比较分析

四、微变等效电路分析法

当三极管的输入信号为低频小信号时，如果静态工作点 Q 选取合适，信号则只在静态工作点附近小范围内变动，此时三极管输入特性曲线可以近似看成是线性的；同时如果输出信号也为低频小信号，保证输出信号的动态范围处在输出特性曲线的线性放大区域（$i_C=\beta i_B$）。此时，三极管可以用一个等效的线性电路来代替，即三极管的微变等效电路，如图 3-2-8（b）所示。

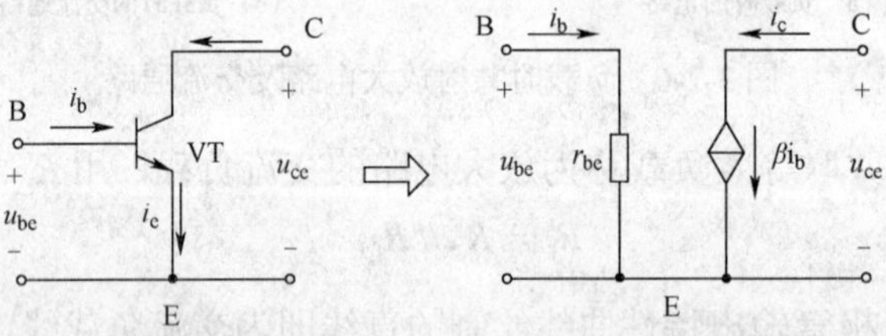

（a）三极管　（b）三极管的微变等效电路

图 3-2-8　三极管的微变等效电路

三极管微变等效电路等效方法：

① 由于 Q 点附近小范围内的输入特性曲线近似为直线，三极管 B、E 间就相当于一个线性电阻 r_{be}（也可表示为 h_{ie}），它的物理意义为：当基极电流发生单位变化时，三极管发射结电压的变化量，即

$$r_{be}=\frac{U_{BE}}{I_B}=\frac{u_{be}}{i_b}$$

r_{be} 在工程上常用式（3-14）来进行估算

$$r_{be} \approx 300 + (1+\beta)\frac{26\text{mV}}{\Delta i_E(\text{mA})} \tag{3-14}$$

其值在几百欧到几千欧之间。

② 由于三极管的电流控制作用，从输出端 C、E 间看三极管是一个受控电流源，且满足 $i_C = \beta i_b$。

用三极管的微变等效电路代替放大电路的交流通路中的三极管，即构成放大电路的微变等效电路，如图 3-2-10 所示。

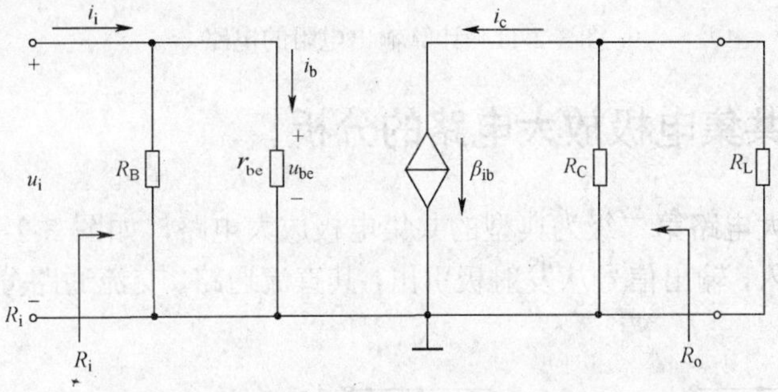

图 3-2-10　基本共射极放大电路的微变等效电路

利用微变等效电路可完成放大电路各项技术指标的计算。

① 电压放大倍数

根据等效电路，可知：输入信号 $\dot{U}_i = \dot{I}_b r_{be}$，输出信号 $\dot{U}_o = -\dot{I}_c(R_C // R_L) = -\beta \dot{I}_b R'_L$，则电压放大倍数为

$$A_u = \frac{\dot{U}_o}{\dot{U}_i} = \frac{-\beta \dot{I}_b R'_L}{\dot{I}_b r_{be}} = -\beta\frac{R'_L}{r_{be}} \tag{3-15}$$

式中：负号表示输出电压与输入电压反相。

② 输入电阻

根据输入电路的定义式 $R_i = \dfrac{U_i}{I_i}$，由放大电路的等效电路可知

$$R_i = R_B // r_{be} \tag{3-16}$$

③ 输出电阻

根据电路理论，电路的输出电阻可以用开路电压除以短路电流的方法来计算。输出端开路时，微变等效电路如图 3-2-11（a）所示，可求得电路的开路电压 $\dot{U}_{oc}$ 为

$$\dot{U}_{oc} = \dot{I}_c R_c$$

输出端短路时，微变等效电路如图 3-2-11（b）所示，可求得电路的短路输出电流 $\dot{I}_{sc}$，显然 $\dot{I}_{sc} = -\dot{I}_c$，因此

$$R_o = \frac{\dot{U}_{OC}}{\dot{I}_{SC}} = \frac{-\dot{I}_c R_C}{-\dot{I}_c} = R_C \tag{3-17}$$

上述方法求输出电阻只适用于理论计算，不适用于实验测量。在测量中将放大电路的输出端短路可能引起输出电流过大而烧坏三极管。在实际测量中，应当使用式（3-2）对应的方法来求取放大电路的输出电阻。

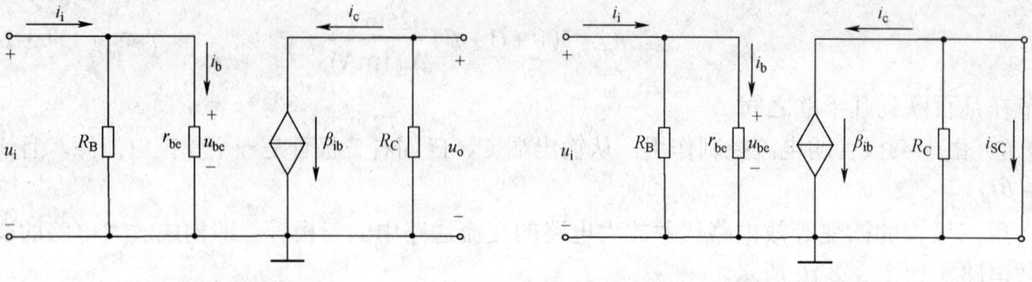

（a）求开路时输出电压　　（b）求短路时的输出电流

图 3-2-11　计算输出电阻的电路

3.2.2　典型共集电极放大电路的分析

图 3-1-2 中的放大电路第二级为典型的共集电极放大电路，如图 3-2-12（a）所示。电路的输入信号从基极输入，输出信号从发射极引出，其直流通路、交流通路分别如图 3-2-12（b）、（c）所示。

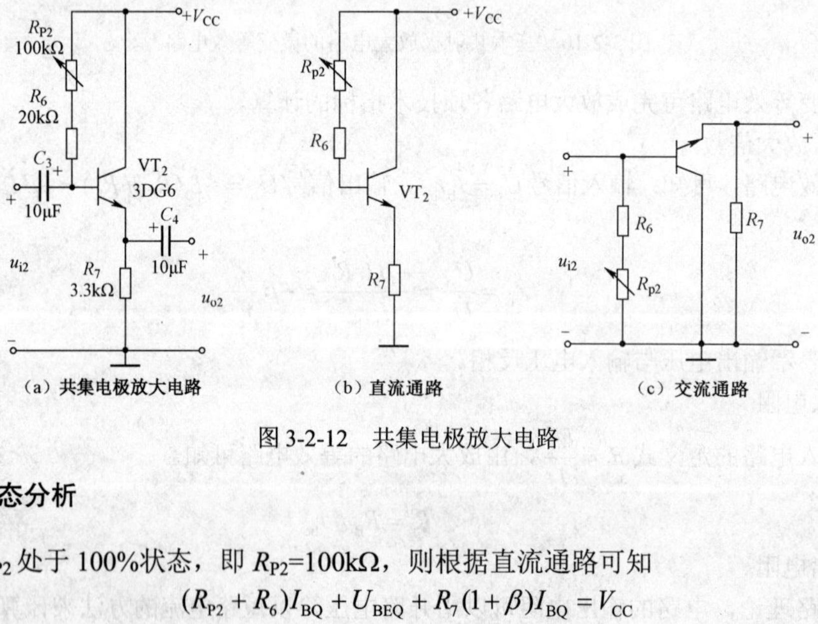

（a）共集电极放大电路　　（b）直流通路　　（c）交流通路

图 3-2-12　共集电极放大电路

一、静态分析

假设 R_{P2} 处于 100%状态，即 R_{P2}=100kΩ，则根据直流通路可知

$$(R_{P2}+R_6)I_{BQ}+U_{BEQ}+R_7(1+\beta)I_{BQ}=V_{CC}$$

可得

$$I_{BQ}=\frac{V_{CC}-U_{BEQ}}{R_{P2}+R_6+(1+\beta)R_7}$$

其中 NPN 硅管的 U_{BEQ} 默认为 0.7V，三极管一旦选定，则电流放大倍数β也就确定，设β=50，代入数据得

I_{BQ}=39μA

$I_{EQ}=(1+\beta)I_{BQ}$=1.989mA

$U_{CEQ}=V_{CC}-(1+\beta)I_{BQ}R_7$=12−6.5637=5.4363V

二、动态分析

这里采用微变等效电路法对电路进行动态分析。首先将交流通路中的三极管用它的微变等效电路代替得到共集电极放大电路的微变等效电路，如图 3-2-13 所示。将交流通路等效变换成微变等效电路时，注意各极电流方向，经过整理后就得到图 3-2-13 右边的微变等效电路。

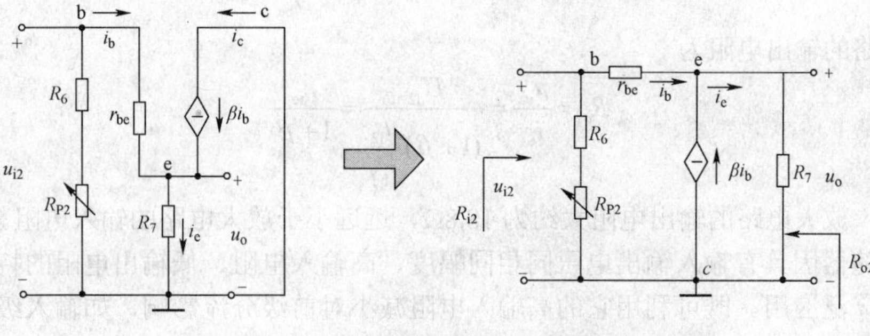

图 3-2-13　共集电极放大电路的微变等效电路

1. 电压放大倍数

根据整理后的微变等效电路可知：

输入信号：$u_{i2} = i_b r_{be} + u_o$；

输出信号：空载时 $u_o = i_e R_7$，若后面接有负载 R_L，则 $u_o = i_e(R_7 // R_L)$。

空载电压放大倍数为

$$A_v = \frac{u_o}{u_{i2}} = \frac{i_e R_7}{i_b r_{be} + i_e R_7} = \frac{(1+\beta)R_7}{r_{be} + (1+\beta)R_7} \tag{3-18}$$

负载时，用 R_L' 代替发射极电阻 R_7 与负载电阻 R_L 并联阻值，则

$$A_v = \frac{u_o}{u_{i2}} = \frac{(1+\beta)R_L'}{r_{be} + (1+\beta)R_L'} \tag{3-19}$$

其中：r_{be} 经过计算为 967Ω，电路中 R_7 为 3.3kΩ，负载电阻 R_L 为 5.1kΩ。

经过计算发现空载电压放大倍数约为 0.994，而带负载的电压放大倍数则为 0.991，都小于 1 但接近于 1，且输出信号与输入信号同相位，所以共集电极放大电路又称电压跟随器，也称射极跟随器。

2. 输入电阻

根据微变等效电路可知三极管的输入电阻为（以负载电路为例）

$$R_i' = \frac{u_{i2}}{i_b} = \frac{i_b r_{be} + (1+\beta) i_b R_L'}{i_b} = r_{be} + (1+\beta)R_L' \tag{3-20}$$

放大电路的输入电阻为

$$R_i = (R_{P2} + R_6) // R_i'$$

将（R_{P2}+R_6）用 R_B 代替，则

$$R_i = R_B // R_i' \tag{3-21}$$

经过计算，放大电路的输入电阻大约为 70kΩ。由此可见，共集电极放大电路的输入电阻与共发射极放大电路相比要大得多。

3. 输出电阻

负载从输出端断开时，由射极输出的电压跟随特性可知，输出的开路电压为

$$u_{OC} \approx u_{i2}$$

负载端短路时，输出电压 u_o 为 0，则 $u_{i2} = i_b r_{be} + u_o = i_b r_{be}$，此时电路输出端的短路电流为

$$i_{SC} = i_e = (1+\beta)i_b = (1+\beta)\frac{u_{i2}}{r_{be}}$$

放大电路的输出电阻为

$$R_o = \frac{u_{oc}}{i_{sc}} = \frac{U_{I2}}{(1+\beta)\dfrac{u_{i2}}{r_{be}}} = \frac{r_{be}}{1+\beta} \qquad (3\text{-}22)$$

经计算，放大电路的输出电阻大约为 18.8Ω，远远小于放大电路的输入电阻。

射极跟随器因具有输入输出电压同相同幅度、高输入电阻、低输出电阻的特点，在模拟电路中得到广泛应用。既可利用它的高输入电阻减小对前级分流影响，如输入级；也可利用它的高输出电阻，提高电路的带负载能力，如输出级；也可作为中间级，以隔离前级、后级之间的影响，并起到阻抗变换的作用。

在模拟电路中，常用的三极管放大电路类型就是共发射极放大电路和共集电极放大电路，而共基极放大电路因其通频带宽的特点常用于高频电路中，有关共基极放大电路的介绍请参见知识拓展 4。

3.2.3 放大电路中的反馈

反馈在电子电路中得到了广泛的应用。正反馈主要应用于各种振荡电路；负反馈则用来改善放大电路的性能，因此，在实际放大电路中几乎都采取负反馈措施。

一、反馈的基本概念

1. 反馈的定义

将放大电路的输出信号（电压或电流）的一部分或全部，通过一定的电路（也称为反馈网络）回送到输入端，并与输入信号叠加后进行放大，从而实现自动调节输出信号的功能，这一过程称为反馈。

实现信号回送的这一部分电路称为反馈电路，它通常由一个纯电阻构成，但也可由多个无源元件通过串、并联方式构成，还可由有源电路构成，在本项目中只讨论由无源元件构成的反馈电路。

要判断一个电路中是否存在反馈，只要判断电路中是否存在将输出信号反馈回输入回路的反馈电路即可。例如助听器电路中的电阻 R_8，明显起到了将 VT_3 的输出信号送回输入端的作用，很容易判断为反馈网络。

2. 反馈电路框图

当放大电路中不存在反馈网络时，该电路称为开环放大电路，此时电路的放大倍数即为放大电路的放大倍数 A；当电路中存在反馈网络时，该电路为闭环放大电路，此时电路的放大增益由放大电路的 A 和反馈网络的反馈系数 F 共同决定。

反馈放大电路的基本结构可用图 3-2-14 方框图来表示。

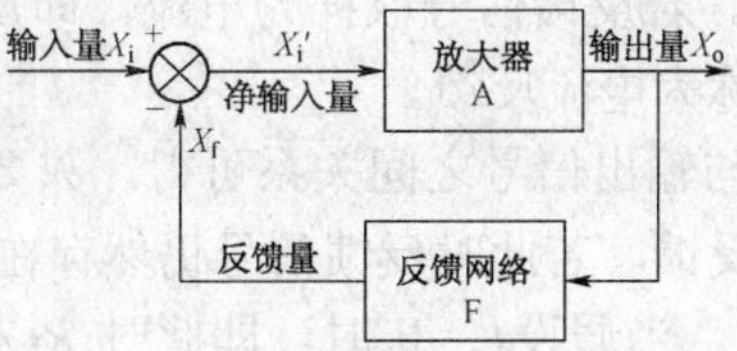

图 3-2-14　反馈放大电路框图

框图中的 X_i 表示信号源输入量，X_i' 表示净输入量，X_f 表示反馈量，X_o 表示输出量，它们可以表示电压，也可以表示电流，视具体电路而定。图中的箭头指示信号的传输方向。符号"×"表示比较环节，在此处，输入信号 X_i 与反馈信号 X_f 进行叠加，形成净输入信号 X_i'，"+"、"−"表示 X_i 与 X_f 参与叠加时的相位关系，此处为反相关系。

依据反馈信号与输入信号的相位关系，可将反馈分为正反馈和负反馈两类。若反馈信号与输入信号相位相同，它将使放大电路的净输入信号增强，这种反馈称为正反馈；若相位相反，则它将使放大电路的净输入信号减小，这种反馈称为负反馈。

框图中各物理量关系式如下：

开环放大倍数 $A=\dfrac{\dot{X}_o}{\dot{X}_i'}$

反馈系数 $F=\dfrac{\dot{X}_f}{\dot{X}_o}$

净输入信号 $\dot{X}_i'=\dot{X}_i-\dot{X}_f$

由此可以计算得负反馈放大电路的闭环放大倍数

$$A_f=\frac{\dot{X}_o}{\dot{X}_i}=\frac{\dot{X}_o}{\dot{X}_f+\dot{X}_i'}=\frac{\dot{X}_o}{F\dot{X}_o+\dfrac{\dot{X}_o}{A}}=\frac{A}{1+AF} \tag{3-23}$$

式（3-23）的闭环放大倍数为输入信号与反馈信号相位相反时的放大倍数，它描述的是负反馈时的电路放大能力。（$1+AF$）称为反馈深度，它是描述反馈强弱的物理量，值越大，表示反馈越深，对放大器的影响也越大，很明显在负反馈中（$1+AF$）总是大于 1。

若是正反馈，则有净输入信号 $\dot{X}_i'=\dot{X}_i+\dot{X}_f$，此时电路的闭环放大倍数为：

$$A_f=\frac{\dot{X}_o}{\dot{X}_i}=\frac{\dot{X}_o}{\dot{X}_i+\dot{X}_f}=\frac{\dot{X}_o}{\dfrac{\dot{X}_o}{A}-F\dot{X}_f}=\frac{A}{1-AF}$$

分母总是小于 1，放大倍数明显高于开环放大倍数。一般情况下正反馈只用于特定场合，应尽量避免正反馈。

在反馈电路中，若出现 $1\pm AF=0$，则有 $A_f=\infty$，此时电路即使没有输入信号，也会有信号输出，这种情况称为自激振荡，将在项目四中详细阐述。

二、反馈类型

1. 电压反馈与电流反馈

在放大电路的输出回路上，依据反馈网络从输出回路上的取样方式，可将反馈分为电压反馈和电流反馈。若反馈信号取样为电压，即反馈信号（电压）大小与输出电压的大小成正比，这样的反馈称为电压反馈。若反馈信号取样为电流，即反馈信号（电流）大小与输出电流的大小成正比，这样的反馈称为电流反馈。

判断方法：依据反馈取样与输出信号之间关系可得，只要假设输出电压$u_0=0$，若此时反馈信号也跟着消失，则为电压反馈。若此时反馈信号仍然存在，则为电流反馈。

例如：在图 3-2-15（a）中，当假设$u_o=0$ 时，即此时 R_f 右端被短接到地，与输出回路失去联系，反馈信号消失，因此它是电压反馈；而在图 3-2-15（b）中，当假设$u_o=0$ 时，显然，输出信号仍将在 R_e 上形成电压，因此电路为电流反馈。

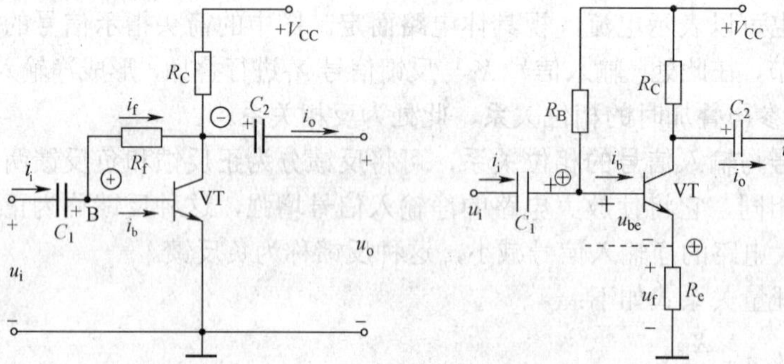

（a）电压并联反馈　　（b）电流串联反馈

图 3-2-15　反馈类型的判断

将两者进行比较，可以发现，电压反馈信号从信号输出端（非公共端）取出，而电流反馈信号不取自信号输出端。这也可以作为判断电压反馈和电流反馈的另一种方法。

2. 串联反馈与并联反馈

从输入回路来看，根据比较的物理量的不同，可以将反馈分为串联反馈和并联反馈。并联反馈中，反馈回输入端的信号和输入信号在同一点叠加，如图 3-2-15（a）所示，净输入信号以电流的叠加形式出现，图 3-2-15（a）中净输入信号 $i_b=i_i-i_f$。串联反馈中，反馈回输入端的信号与输入信号不在同一点叠加，如图 3-2-15（b）所示，净输入信号以电压的叠加形式出现，图 3-2-15（b）中净输入信号 $u_{be}=u_i-u_f$。

3. 正反馈与负反馈

判断反馈极性（正反馈或负反馈）时，通常采用电压瞬时极性法。

先假设输入信号电压在某时刻瞬时上升（用+或上升箭头↑表示），然后根据各级放大电路特性判断反馈网络上各相关点电位瞬时变化趋势，即从放大电路初始输入端出发，经放大到输出端，再经反馈网络回到输入端，依次标出信号传送通路上各点信号电位的瞬时变化趋势；然后在输入端比较原输入信号与反馈信号的变化趋势从而判断反馈回来的信号是增强还是削弱净输入信号，若是削弱净输入信号则是负反馈，否则就是正反馈。

例如图 3-2-15（a）所示电路中，利用瞬时极性法判断电路反馈极性的过程如下：

假设输入端瞬时极性为＋极性，由于三极管集电极上的信号相位与基极的信号相位是相反的，所以，信号经放大后，在集电极上输出的信号相位为－极性。它经 R_f 反馈，由于电阻不改变信号相位，因此，反馈回输入端的反馈信号相位为－极性，即原输入信号与反馈信号的相位相反，显然，反馈信号对电路的作用是使得净输入信号减弱。所以，该反馈为负反馈。

详细反馈过程分析如下：

$$u_i(u_{be})\uparrow \rightarrow i_i\uparrow \rightarrow i_b\uparrow \rightarrow i_c\uparrow \rightarrow u_o(u_{ce})\downarrow \rightarrow u_{Rf}\uparrow \rightarrow i_f\uparrow \rightarrow i_b\downarrow$$

又如在图 3-2-15（b）所示电路中，用瞬时极性法判断电路的反馈极性如下：

假设输入端瞬时极性为+极性，由于电路是从发射极输出，而三极管的基极与其发射极的相位相同，所以，信号经放大后，在发射极上输出的信号相位为+极性。而在此电路中，电路的净输入信号为 $u_{be}=u_i-u_f$，因此，原输入信号与反馈信号两信号叠加后它将使得净输入信号减小。所以，该反馈为负反馈。详细反馈过程分析如下：

$$u_i\uparrow \rightarrow i_b\uparrow \rightarrow u_{be}\uparrow \rightarrow i_c\uparrow \rightarrow i_e\uparrow \rightarrow u_f\uparrow \rightarrow u_{be}\downarrow$$

反馈可以存在于单级放大电路，也可存在于两级或多级放大电路之间，如助听器电路的电阻 R_{14}，它将第四级的输出信号的影响引回到第一级，该电阻称为级间反馈电阻。

三、反馈组态

根据反馈放大电路的结构的不同，通常将反馈分为 4 种组态：电压串联、电流串联、电压并联、电流并联，图 3-2-15 和图 3-2-16 分别列举了这四种反馈组态的电路。

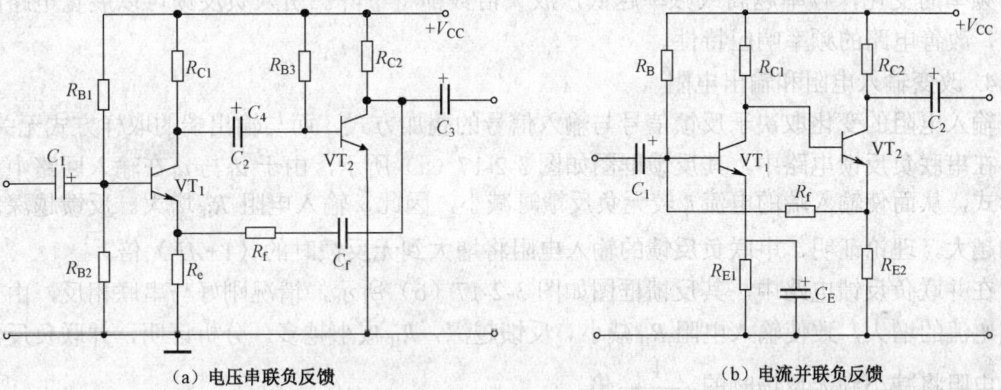

图 3-2-16　两种反馈组态

四、负反馈对放大电路性能的影响

1. 降低了电路的放大倍数

在负反馈电路中，由于 $1+AF>1$，因此，由公式 $A_f=\dfrac{A}{1+AF}$ 可知，此时电路的 $A_f<A$，即引入负反馈后放大电路的放大倍数将下降。$1+AF$ 越大，反馈也就越深，放大倍数的下降程度也就越厉害。

2. 提高了放大倍数的稳定性

引入负反馈后，电路闭环放大倍数为 $A_f=\dfrac{A}{1+AF}$，在闭环放大倍数公式中对变量 A 求导，则可得

$$\frac{dA_f}{dA}=\frac{1}{(1+AF)^2}$$

两边同乘 dA 则有，

$$dA_f = \frac{1}{(1+AF)^2}dA$$

将上式两边同除以 A_f，可得

$$\frac{dA_f}{A_f} = \frac{dA}{(1+AF)^2 A_f} = \frac{1}{1+AF}\frac{dA}{A} \quad (3\text{-}24)$$

在负反馈电路中，由于 $1+AF>1$，所以

$$\frac{dA_f}{A_f} < \frac{dA}{A}$$

式（3-24）表明，引入负反馈后，电路放大倍数的相对变化量仅是未加负反馈时的相对变化量的 $\frac{1}{1+AF}$。即电路的放大倍数的稳定性提高了（$1+AF$）倍，显然，负反馈越深，电路放大倍数的稳定性越高。

3. 拓展了频带宽度

放大电路对不同频率的信号具有不同的放大倍数。在中频段，放大倍数近似相等；随着信号频率的变化，频率越高或频率越低，放大倍数都将下降。引入负反馈可以展宽电路的通频带，改善电路的频率响应特性。

4. 改变输入电阻和输出电阻

输入电阻的变化取决于反馈信号与输入信号的叠加方式，而与输出端的取样方式无关。

在串联负反馈电路中，其反馈框图如图 3-2-17（a）所示，由于 u_f 与 u_i 在输入回路中为串联形式，从而使输入端的电流 i_i' 较无负反馈时减小，因此，输入电阻 R_{if} 增大。反馈越深，R_{if} 增加越大。理论证明，串联负反馈的输入电阻将增大到无反馈时的（$1+AF$）倍。

在并联负反馈电路中，其反馈框图如图 3-2-17（b）所示，情况刚好与串联相反，由于输入端电流的增大，致使输入电阻 R_{if} 减小。反馈越深，R_{if} 减小越多。分析证明，并联负反馈的输入电阻将减小到无反馈时的 $\frac{1}{1+AF}$ 倍。

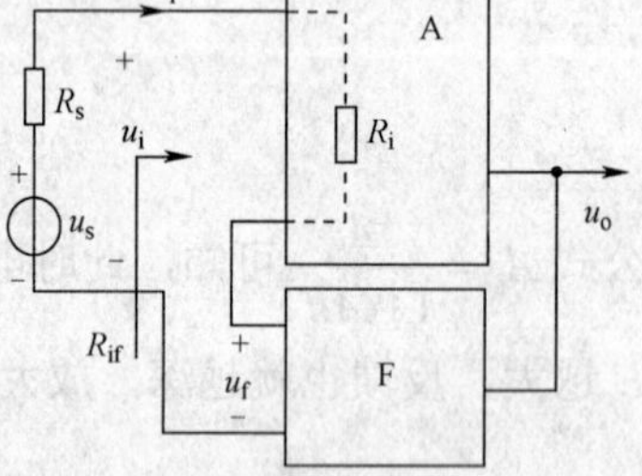

（a）串联负反馈框图

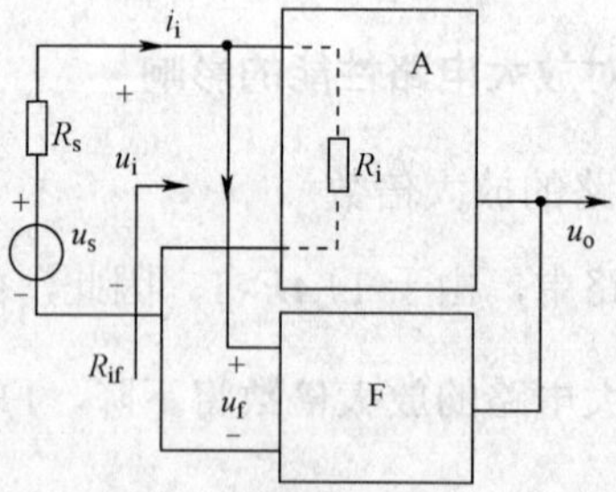

（b）并联负反馈框图

图 3-2-17　负反馈对输入电阻的影响

输出电阻是指从放大电路的输出端口看进去的等效电阻，因此输出电阻的变化主要取决于反馈网络在输出端的取样方式，而与输入端的连接方式无关。

在电压负反馈电路中，其反馈框图如图 3-2-18（a）所示。从输出端来看，放大电路与反馈网络呈并联关系，因此输出电阻将减小，可以证明，有电压反馈时，输出电阻将减少到无

反馈时的$\dfrac{1}{1+AF}$倍。输出电阻的减小意味着在输出电阻上的分压减小，输出电压也更为稳定。换言之，电压负反馈具有稳定输出电压的作用。

在电流负反馈电路中，其反馈框图如图 3-2-18（b）所示。从输出端来看，放大电路与反馈网络呈串联关系，因此输出电阻将增大，可以证明，有电流反馈时，输出电阻将增大到无反馈时的（1+AF）倍。输出电阻的增大意味着在输出电阻上的分流减小，输出电流也更为稳定。换言之，电流负反馈具有稳定输出电流的作用。

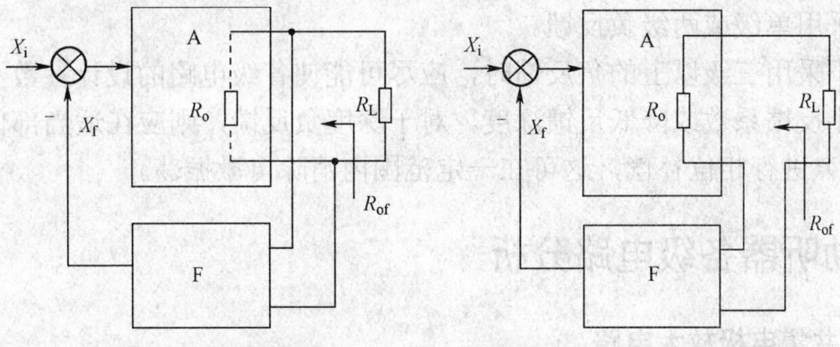

（a）电压负反馈方框图　　（b）电流负反馈方框图

图 3-2-18　负反馈对输出电阻的影响

必须指出，引入负反馈后，它对输入电阻以及输出电阻的影响都是指反馈环内的输入电阻和输出电阻的影响，它对反馈环外的电阻没有影响。

5. 减小非线性失真

因为三极管等非线性器件的存在，使得放大电路的传输特性是非线性的。因此，即使输入的是正弦波，输出也不会是正弦波，会产生波形失真，这种失真称为非线性失真，如图 3-2-19（a）所示。尽管输入的是正弦波，但输出变成了正、负半周幅度不对称的失真波形。当放大电路中加上负反馈后，如图 3-2-19（b）所示，假设反馈网络是由无源元件构成的线性网络，因为负反馈具有削弱信号变化趋势的特点，这样，将得到正、负半周幅度变化相反的反馈信号X_f，而净入信号 $X_i'=X_i-X_f$，由此将波形正常的输入信号转换为波形幅度不对称的净输入信号X_i'。这个波形被放大输出后，正、负半周幅度不对称的程度将减小，输出波形趋于正弦波，非线性失真得到改善。一般来说，反馈越深改善效果越明显。

根据图 3-2-19（b）可知，所谓负反馈实质就是将输出端的变化趋势移相 180°，然后去影响输入端信号的变化，再通过适当放大得到设计所希望的结果。

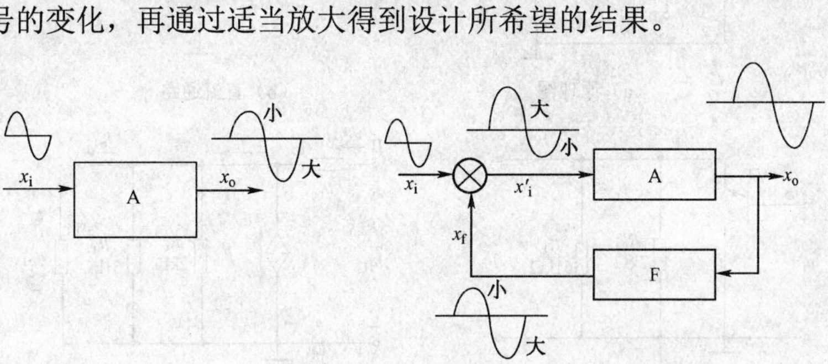

（a）　　（b）

图 3-2-19　负反馈改善放大电路非线性失真示意图

五、负反馈电路的自激振荡及消除

在实际应用中，由于放大电路和反馈网络中存在有杂散电容和杂散电感，对于某些频率的信号通过这些电抗元件时，可能产生意外的 180° 相移，使原本在中低频引入的负反馈由于相移而转成正反馈，一旦这种正反馈的幅度足够强，电路将形成自激振荡，从而破坏电路的放大性能。

为了避免自激的产生，常对负反馈电路采取以下一些措施加以防范。

① 尽可能采用单级或两级负反馈。

② 在不得不采用三级以上的负反馈时，应尽可能使各级电路的设计参数不一致。

③ 适当减小反馈系数或降低反馈深度，对于深度负反馈，则应在适当部位设置电容（或电阻、电容组合）进行相位补偿，这可在一定范围内消除自激振荡。

3.2.4 助听器各级电路分析

一、输入级共集电极放大电路

助听器的输入级电路采用了共集电极放大电路，如图 3-2-20 所示。

为便于分析计算，拾音器 BM 已用信号源 u_s 代替。电阻 R_3 串接在电源与电路之间，起限流作用。电路中 A 点的 $-U_{AGC}$ 取自助听器整体电路的输出级，经电阻 R_{14} 反馈回输入级的基极，对电路进行反馈控制作用，维持电路的稳定，可认为是由受交流信号控制产生的受控直流电压源，若电路输出信号幅度发生增加或减小变化时，$-U_{AGC}$ 将对基极电位有影响，计算静态工作点时可暂不考虑该电压的作用。

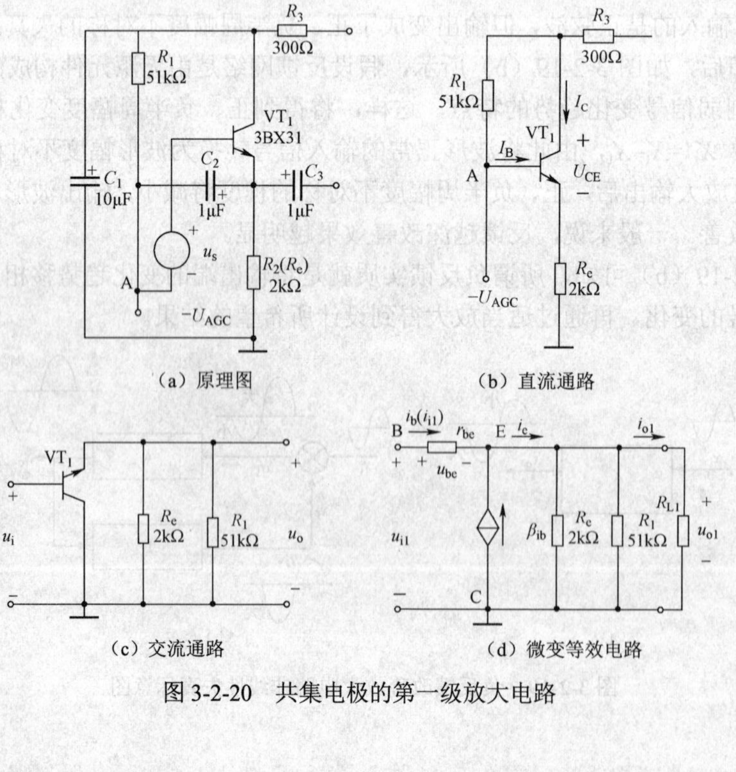

（a）原理图　（b）直流通路　（c）交流通路　（d）微变等效电路

图 3-2-20　共集电极的第一级放大电路

1. 静态工作点的计算

由图 3-2-20（b）所示，忽略$-U_{AGC}$影响，则

$$R_3(1+\beta)I_{BQ}+R_BI_{BQ}+U_{BEQ}+R_e(1+\beta)I_{BQ}=V_{CC}$$

式中：设β=50，3BX31 锗管的 U_{BEQ} 默认为 0.3V。

$$I_{EQ}\approx I_{CQ}=\beta I_{BQ}$$

$$U_{CEQ}=V_{CC}-R_3(1+\beta)I_{BQ}-R_e(1+\beta)I_{BQ}$$

2. 输入电阻 R_{i1} 的计算

根据微变等效电路可知，该级放大电路的输入电阻与三极管的输入电阻相同，作为输入级电路，后面必定带有负载 R_{L1} 即后级的输入电阻 R_{i2}，根据公式（3-21），输入电阻为

$$R_{i1}=r_{be}+(1+\beta)(R_e\,//\,R_1\,//\,R_{L1}) \tag{3-25}$$

式中：$r_{be}=300+(1+\beta)\dfrac{26}{I_E}$，负载电阻则需要计算第二级的输入电阻才可知。

3. 输出电阻 R_{o1} 的计算

根据公式（3-22），计算 $R_{o1}=\dfrac{r_{be}}{1+\beta}$

4. 电压放大倍数：射极跟随器的电压放大倍数约等于 1。

二、采用分压式偏置的第二级放大电路

助听器放大电路中以 VT_2 为核心的第二级放大电路是分压式偏置的共射极放大电路，如图 3-2-21（a）所示。该单元电路的直流通路、交流通路以及微变等效电路分别如图 3-2-21（b）、图 3-2-21（c）、图 3-2-21（d）所示。三极管仍旧采用了 NPN 锗管 3BX31。

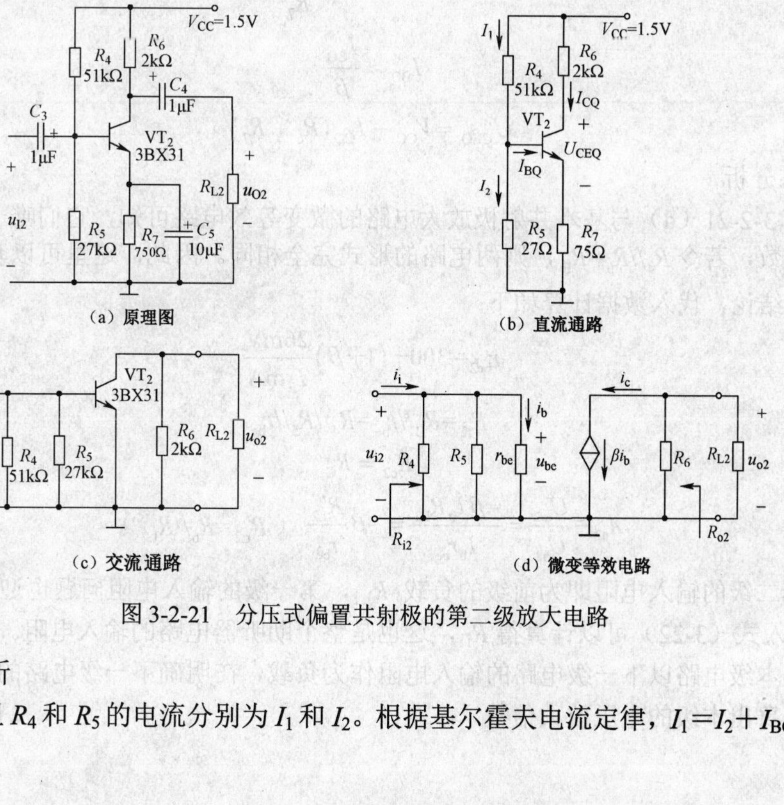

图 3-2-21　分压式偏置共射极的第二级放大电路

1. 静态分析

设流过电阻 R_4 和 R_5 的电流分别为 I_1 和 I_2。根据基尔霍夫电流定律，$I_1=I_2+I_{BQ}$，一般 I_{BQ}

很小，$I_2 \gg I_{BQ}$，所以近似认为$I_1 \approx I_2$。这样，基极电位U_B就完全取决R_5上的分压，即

$$U_B \approx V_{CC}\frac{R_5}{R_4+R_5} \tag{3-26}$$

由于基极电位U_B由电源V_{CC}经R_{B1}和R_{B2}分压所决定，与三极管参数无关，因此这种偏置方式被称为分压式偏置。

分压式偏置方式的优点在于可以使静态工作点更稳定。三极管作为一种半导体器件具有热敏性，当温度变化时，三极管的电流放大系数β、集电结反向饱和电流I_{CBO}、穿透电流I_{CEO}以及发射结压降U_{BE}等都会随之发生改变，从而使静态工作点发生变动。一般来说，当温度升高时，三极管的I_{CQ}增大，静态工作点上移，严重时将使三极管进入饱和区而失去放大能力；温度降低时，静态工作点则下移，可能使三极管进入截止区。

确定的U_B的意义在于若E点静态电位上升，将引起U_{BEQ}的下降。在工作过程中，假定外界温度升高引起I_{CQ}增大，则会引起I_{EQ}增大，电位U_{EQ}上升，进一步导致U_{BEQ}的下降，根据三极管的输入特性，U_{BEQ}下降必将引起I_{BQ}下降，再根据三极管的电流控制关系来阻碍I_{CQ}的增加。这是一个将输出量（I_{CQ}）的变化反映到输入端来对电路进行自动调节的反馈过程，可简单表示为

$$T(℃)\uparrow \rightarrow I_{CQ}\uparrow \rightarrow I_{EQ}\uparrow \rightarrow U_{EQ}\uparrow \rightarrow U_{BEQ}\downarrow \rightarrow I_{BQ}\downarrow \rightarrow I_{CQ}\downarrow$$

在这个过程中，电阻R_E起到了重要的作用，它将输出端电流（I_{CQ}）的变化，转化成了电压（U_{EQ}）的变化，从而影响到输入端。但从图3-2-21（c）的交流通路图也可以看出，由于电容C_E的作用，R_E被交流短路，它对交流信号无反馈作用，因此R_E被称为直流反馈电阻。

用估算法可以进一步求出其他几个静态值。

$$I_{CQ} \approx I_{EQ} = \frac{U_B - U_{BEQ}}{R_7}$$

$$I_{BQ} \approx \frac{I_{CQ}}{\beta}$$

$$U_{CEQ} = V_{CC} - I_{CQ}(R_6 + R_7)$$

2. 动态分析

比较图3-2-21（d）与基本共射极放大电路的微变等效电路可知，它们唯一的区别在于基极电阻的个数，若令$R_4//R_5=R_B$，则两电路的形式完全相同。因此，这里可以套用基本共射极放大电路的结论，代入数据计算如下：

$$r_{be2}=300+(1+\beta)\frac{26\text{mV}}{I_E\text{mA}}$$

$$R_{i2}=R_B//r_{be}=R_4//R_5//r_{be}$$

$$R_{o2}=R_C$$

$$A_{u2}=\frac{\dot{U}_{o2}}{\dot{U}_{i2}}=\frac{-\beta\dot{I}_b R'_{L2}}{\dot{I}_b r_{be}}=-\beta\frac{R'_{L2}}{r_{be}} \quad (R'_{L2}=R_6//R_{L2})$$

由于第二级的输入电阻即为前级的负载R_{L1}，第一级的输入电阻问题也迎刃而解。将R_{i2}作为R_{L1}代入式（3-22）可以计算得R_{i1}，这也是整个助听器电路的输入电阻。

同时，本级电路以下一级电路的输入电阻作为负载，在明确下一级电路的输入电阻R_{i3}之后，才能计算出本级的电压放大倍数。

三、带电压反馈的共射极放大级 VT_3

助听器电路的 VT_3 级是带电压反馈的共射极放大电路，如图 3-2-22（a）所示。R_8 为电路带来了电压并联负反馈，同时为三极管提供合适的集电结偏置，这种偏置方式被称为集电极—基极偏置。该电路的直流通路、交流通路以及微变等效电路分别如图 3-2-22（b）、图 3-2-22（c）、图 3-2-22（d）所示。

1. 静态分析

分析图 3-2-22（b）直流通路，令 $R=R_9//R_P$，则 R 上流过的电流等于三极管的基极电流 I_{BQ} 和集电极电流 I_{CQ} 之和，即 I_{EQ}。可列出如下回路电压方程：

$$I_{EQ}R + I_{BQ}R_8 + U_{BEQ} = V_{CC}$$

又因为 $I_{EQ}=(\beta+1)I_{BQ}$，代入上式可以解得

$$I_{BQ} = \frac{V_{CC} - U_{BEQ}}{(\beta+1)R + R_8}$$

$$I_{CQ} = \beta I_{BQ}$$

$$U_{CEQ}=V_{CC}-(\beta+1)RI_{BQ}$$

这种偏置方式还可以通过一定的反馈过程来稳定工作点。稳定过程可以表述为

$$T(℃)\uparrow \rightarrow I_{CQ}\uparrow \rightarrow U_{CEQ}\downarrow \rightarrow U_{BEQ}, I_{BQ}\downarrow \rightarrow I_{CQ}\downarrow$$

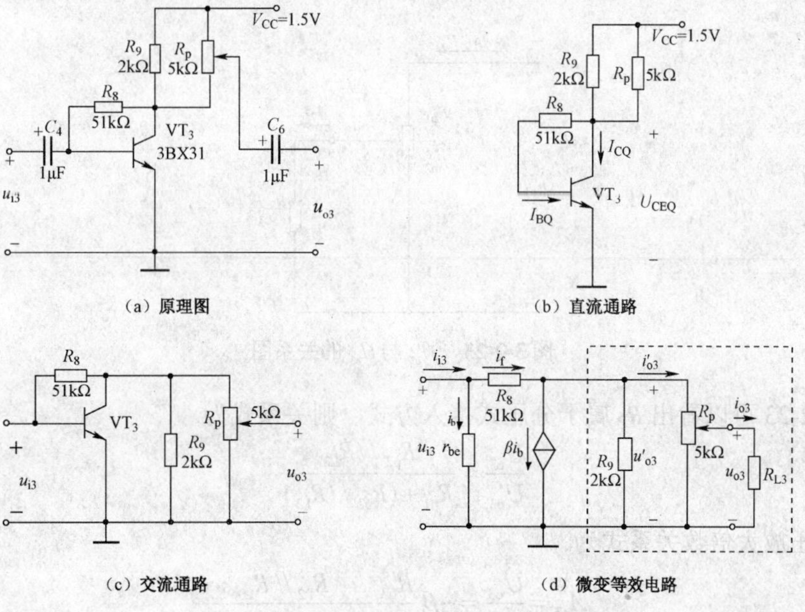

（a）原理图　（b）直流通路

（c）交流通路　（d）微变等效电路

图 3-2-22　带电压反馈的第三级放大电路

2. 动态分析

从图 3-2-22（d）的输入端口可以看出：

$$\dot{I}_b = \frac{\dot{U}_{i3}}{r_{be}} \tag{3-27}$$

电阻 R_8 在此引入了电压并联负反馈。其反馈电流设为 i_f，应有

$$\dot{I}_{\mathrm{f}}=\frac{\dot{U}_{\mathrm{i3}}-\dot{U}'_{\mathrm{o3}}}{R_8} \tag{3-28}$$

从输出回路看，则应有

$$\dot{U}'_{\mathrm{o3}}=(\dot{I}_{\mathrm{f}}-\beta\dot{I}_{\mathrm{b}})R'_{\mathrm{L3}} \tag{3-29}$$

其中 R'_{L3} 为图 3-2-22（d）中虚线框内部分电路的等效电阻，联立以上三式，并消去其中的 $\dot{I}_{\mathrm{f}}$、$\dot{I}_{\mathrm{b}}$ 可得

$$\frac{\dot{U}'_{\mathrm{o3}}}{U_{\mathrm{i3}}}=\frac{\frac{1}{R_8}-\beta\frac{1}{r_{\mathrm{be}}}}{\frac{1}{R'_{\mathrm{L3}}}+\frac{1}{R_8}}$$

由于 R_{B} 值很大，$\frac{1}{R_{\mathrm{B}}}\ll\beta\frac{1}{r_{\mathrm{be}}}$，$\frac{1}{R_{\mathrm{B}}}\ll\frac{1}{R'_{\mathrm{L3}}}$，上式可以近似为

$$\frac{\dot{U}'_{\mathrm{o3}}}{U_{\mathrm{i3}}}=-\beta\frac{R'_{\mathrm{L3}}}{r_{\mathrm{be}}} \tag{3-30}$$

在这种情况下式（3-30）与基本共射极放大电路的电压放大倍数有相近的形式，但为了计算电压放大倍数 $A_{\mathrm{u3}}=\dot{U}_{\mathrm{o3}}/\dot{U}_{\mathrm{i3}}$，还需求出 $\dot{U}'_{\mathrm{o3}}$ 与 $\dot{U}_{\mathrm{o3}}$ 的关系。为分析两者的关系，将微变等效电路中 $\dot{U}'_{\mathrm{o3}}$ 与 $\dot{U}_{\mathrm{o3}}$ 的关系图单独画出来，如图 3-2-23 所示。

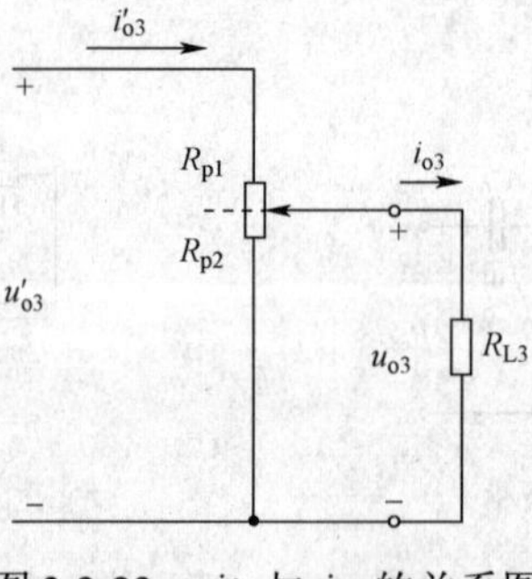

图 3-2-23　$\dot{U}'_{\mathrm{o3}}$ 与 $\dot{U}_{\mathrm{o3}}$ 的关系图

由图 3-2-23 可以看出 R_{P} 属于分压式接入方式，则关系式为

$$\frac{\dot{U}_{\mathrm{o3}}}{\dot{U}'_{\mathrm{o3}}}=\frac{R_{\mathrm{p2}}//R_{\mathrm{L3}}}{R_{\mathrm{p1}}+(R_{\mathrm{p2}}//R_{\mathrm{L3}})}$$

所以本级电压放大倍数关系式为

$$A_{\mathrm{u3}}=\frac{\dot{U}_{\mathrm{o3}}}{\dot{U}_{\mathrm{i3}}}=-\beta\frac{R'_{\mathrm{L3}}}{r_{\mathrm{be}}}\frac{R_{\mathrm{P2}}//R_{\mathrm{L3}}}{R_{\mathrm{P1}}+(R_{\mathrm{P2}}//R_{\mathrm{L3}})} \tag{3-31}$$

当 R_{P} 向上滑至 $R_{\mathrm{P1}}=0$，$R_{\mathrm{P2}}=R_{\mathrm{P}}=5\mathrm{k}\Omega$时

$$A_{\mathrm{u3}}=\frac{\dot{U}_{\mathrm{o3}}}{\dot{U}_{\mathrm{i3}}}=\frac{\dot{U}'_{\mathrm{o3}}}{\dot{U}_{\mathrm{i3}}}=-\beta\frac{R'_{\mathrm{L3}}}{r_{\mathrm{be}}} \tag{3-32}$$

$$R'_{\mathrm{L3}}=R_9//R_{\mathrm{P}}//R_{\mathrm{L3}}$$

此时本级的输出电压全部加载在 R_{L3} 即下级电路输入端，电压放大倍数最大。

R_p 滑至最下端时，$R_{p2}=0$，$\dot{U}_{o3}=0$，显然有：$A_{u3(\min)}=0$。

由此可见，本级的输出电压与电位器 R_p 的动端位置有关，R_p 上调，输出电压增大，至最上端时，$\dot{U}'_{o3}$ 全部加载在 R_{L3} 即下级电路输入端，输出信号最强，音量最大。R_p 下调，放大倍数减小，至最下端时，没有交流信号传递给下级电路，输出信号为零。因此 R_p 用作整个放大电路的音量调节旋钮。

接下来讨论输入电阻：

根据定义，本级输入电阻 $R_{i3}=\dfrac{\dot{U}_{i3}}{\dot{I}_{i3}}=\dfrac{\dot{U}_{i3}}{\dot{I}_b+\dot{I}_f}$，将式（3-25）代入得

$$R_{i3}=\frac{\dot{U}_{i3}}{\dot{I}_b+\dfrac{\dot{U}_{i3}-\dot{U}'_{o3}}{R_8}}=\frac{1}{\dfrac{\dot{I}_b}{\dot{U}_{i3}}+\dfrac{1-\dfrac{\dot{U}'_{o3}}{\dot{U}_{i3}}}{R_8}}$$

再将（3-30）式代入得

$$R_{i3}=\frac{1}{\dfrac{\dot{I}_b}{\dot{U}_{i3}}+\dfrac{1+\beta\dfrac{R'_{L3}}{r_{be}}}{R_8}} \tag{3-33}$$

当 R_p 滑至最下端时，$R'_{L3}=R_9//R_p$；R_p 滑至最上端时，$R'_{L3}=R_9//R_p//R_{L3}$。

由静态值及式（3-14）先计算出 r_{be}，代入（3-33）可计算得 R_{i3}。

由式（3-33）还可以看出 $R_{i3}<r_{be}$，即电路的输入电阻比基本共射极放大电路小，这是电压并联负反馈带来的影响。

输出电阻的计算仍采用输出端开路电压（u_{oc}）除以短路电流（i_{sc}）的方法。

当输出端开路时

$$\dot{U}_{o3}=\dot{U}_{OC}=-\beta\frac{R_9//R_p}{r_{be}}\cdot\frac{R_{p2}}{R_p}\dot{U}_{i3}$$

当输出端短路时，R_{P2} 也被短路，由（3-30）式知

$$\dot{U}'_{o3}=-\beta\frac{R_{L3}}{r_{be}}\dot{U}_{i3}=-\beta\frac{R_9//R_{p1}}{r_{be}}\dot{U}_{i3}$$

$$\dot{I}_{SC}=\frac{\dot{U}'_{o3}}{R_{p1}}=-\beta\frac{R_9//R_{p1}}{r_{be}}\frac{\dot{U}_{i3}}{R_{p1}}$$

$$R_o=\frac{\dot{U}_{OC}}{\dot{I}_{SC}}=\frac{\dfrac{R_9//R_p}{r_{be}}\cdot\dfrac{R_{p2}}{R_p}}{\dfrac{R_9//R_{p1}}{r_{be}}\dfrac{1}{R_{p1}}}$$

整理得

$$R_o=\frac{\dot{U}_{OC}}{\dot{I}_{SC}}=\frac{R_{p2}(R_9+R_{p1})}{(R_9+R_p)}=\frac{R_{p2}(R_9+R_{p1})}{(R_9+R_{p1})}=R_{p2}//(R_9+R_{p1}) \tag{3-34}$$

式（3-34）说明，输出电阻是一个随 R_p 的滑动而改变的值。在图 3-2-22（a）中，当电位

器动端滑至最下端时，$R_{P2}=R_P=5k\Omega$，此时 R_o 最小；当电位器动端滑至最上端时，$R_{P1}=R_P=5k\Omega$，出信号输出端与集电极电源相连，该电源在交流通路中视为“地”，无交流信号输出，电压放大倍数为 0，输出电阻也为 0（注意：在交流通路和微变等效电路画图时，电位器上下端已颠倒）。

根据上述分析，可知本级的输出电压与电位器 R_P 的动端位置相关，电压放大倍数受 R_P 的滑动控制，从而控制整个放大电路的音量输出。

四、带电流反馈的共射极输出放大级

助听器电路的 VT_4 级是带电流反馈的共射极输出级，如图 3-2-24（a）所示。可以证明，图 3-1-1 中 R_{12}、R_{13}、C_7、C_8 和 VD 这部分电路在 VT_4 的集电极引起的交直流分流均较小，因此图 3-2-24（a）中已忽略这部分电路对输出级的影响，就以耳机作为电路的最终负载。并且为了分析的方便，用 600Ω的负载 R_L 替代了耳机。该电路的直流通路、交流通路以及微变等效电路分别如图 3-2-24（b）、图 3-2-24（c）、图 3-2-24（d）所示。

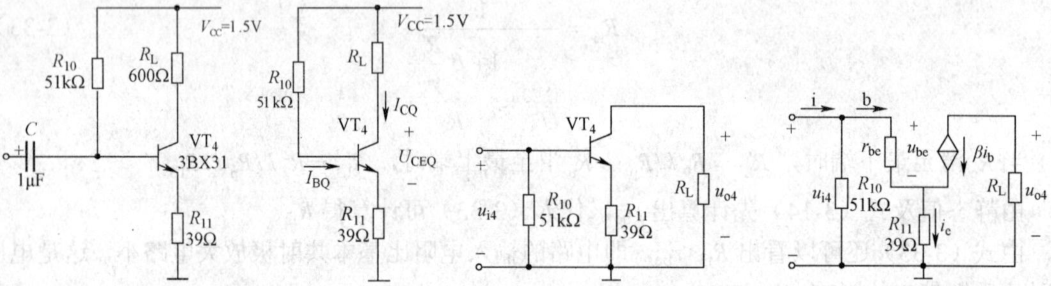

（a）原理电路　（b）直流通路　（c）交流通路　（d）微变等效电路

图 3-2-24　带电流反馈的输出级放大电路

与基本共射极放大电路相比较可以看出，这个电路增加了发射极电阻 R_{11}。R_{11} 既属于输入回路也属于输出回路，和第三级的 R_8 一样，对电路也具有反馈作用，属于电流反馈元件。

1. 静态分析

由直流通路图 3-2-24（b）可以得到以下方程：

$$R_{10}I_{BQ}+U_{BEQ}+(1+\beta)I_{BQ}R_{11}=V_{CC}$$

解之可得：$I_{BQ}=\dfrac{V_{CC}-U_{BEQ}}{R_{10}+(1+\beta)R_{11}}$。

进一步计算得：

$$I_{CQ}=\beta I_{BQ}$$

$$U_{CEQ}=V_{CC}-R_LI_{CQ}-R_{11}I_{EQ}\approx V_{CC}-(R_L+R_{11})I_{CQ}$$

2. 动态分析

根据微变等效电路图 3-2-24（d）有

$$\dot{U}_{i4}=r_{be}\dot{I}_b+R_{11}\dot{I}_e=\left[r_{be}+(1+\beta)R_{11}\right]\dot{I}_b \tag{3-35}$$

$$\dot{U}_{o4}=-\beta\dot{I}_bR_L$$

其中 $r_{be}=300+(1+\beta)\dfrac{26\text{mV}}{I_E}$

则电压放大倍数

$$A_{u4}=\frac{\dot{U}_{o4}}{\dot{U}_{i4}}=\frac{-\beta\dot{I}_b R_L}{\dot{I}_b r_{be}+(1+\beta)\dot{I}_b R_{11}}=-\frac{\beta R_L}{r_{be}+(1+\beta)R_{11}}$$

与基本共射极放大电路相比较，电路的电压放大倍数减小了很多。

输入电阻的分析方法如下：

令 $R'_{i4}=\dfrac{\dot{U}_{i4}}{\dot{I}_b}$，则 $R_{i4}=R_{10}//R'_{i4}=R_{10}//\dfrac{\dot{U}_{i4}}{\dot{I}_b}$，将式（3-35）代入得

$$R_{i4}=R_{10}//\left[r_{be}+(1+\beta)R_{11}\right]$$

与公式（3-15）比较，反馈电阻的加入，提高了电路的输入电阻。

从微变等效电路来看，用输出端开路电压除以短路电流的方法无法计算输出电阻。由于 $\dot{U}_{o4}=-\beta\dot{I}_b R_L$，当本级电路的其他条件和输入信号一定时，输出电压正比于负载 R_L，这意味着，本级放大电路的输出端相当于一个恒流源，输出电阻无穷大，当然，由于三极管本身具有输出电阻 r_{ce}，实际输出电阻不可能无穷大。

五、助听器电路的总增益

对于助听器电路，各级放大电路的电压放大倍数计算公式已推出，现在代入数据即可将几个电压放大倍数算出。

第一级：$A_{u1}\approx 1$

第二级：$A_{u2}=-\beta\dfrac{R'_{L2}}{r_{be2}}=-\beta\dfrac{R_6//R_{i3}}{r_{be2}}$

第三级：$A_{u3(\min)}=0$，　$A_{u3(\max)}=-\beta\dfrac{R'_{L3}}{r_{be3}}=-\beta\dfrac{R_9//R_p//R_{i4}}{r_{be3}}$

第四级：$A_{u4}=-\dfrac{\beta R_L}{r_{be}+(1+\beta)R_{11}}$

因此，电路的总电压放大倍数为：

$$A_{u(\min)}=A_{u1}\cdot A_{u2}\cdot A_{u3(\min)}\cdot A_{u4}$$

$$A_{u(\max)}=A_{u1}\cdot A_{u2}\cdot A_{u3(\max)}\cdot A_{u4}$$

即由于音量调节旋钮 R_p 的作用，助听器的电压增益可以在一定的范围内调整。

3.2.5　典型放大电路的调试与测试

为了使放大电路工作于最佳的状态，通常需要对电路进行反复调试，否则可能引起信号的失真。调试时常用的仪表有万用表和示波器，为了说明的方便，以下通过一个仿真实例来说明放大电路调试与测试的过程。在实物测量时，数据可能与仿真时有所出入，但基本方法则是完全一致的。

仿真实例：典型分压式共射极放大电路调试与测试，电路如图 3-2-25 所示。

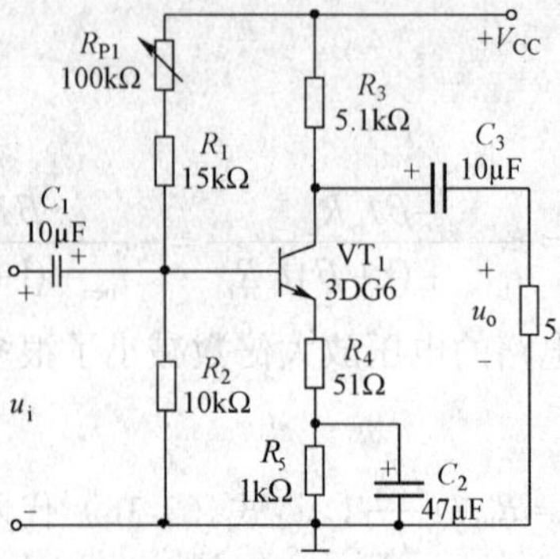

图 3-2-25　分压式偏置放大电路

仿真步骤：

1. 绘制电路

在 Multisim 仿真软件中，绘制电路原理图如图 3-2-26 所示，在电路输入端连接函数发生器，用双踪示波器测试电路输入输出波形，用直流电压表和电流表测量静态工作点。

2. 调整 R_{p1}，观察波形失真

将信号发生器调整到输出 1kHz，20mVp。暂时断开示波器与输入端的连接，将 R_{p1} 从最小调整至最大，并将示波器的状态设置为交流（AC），观察电路输出端波形的变化。

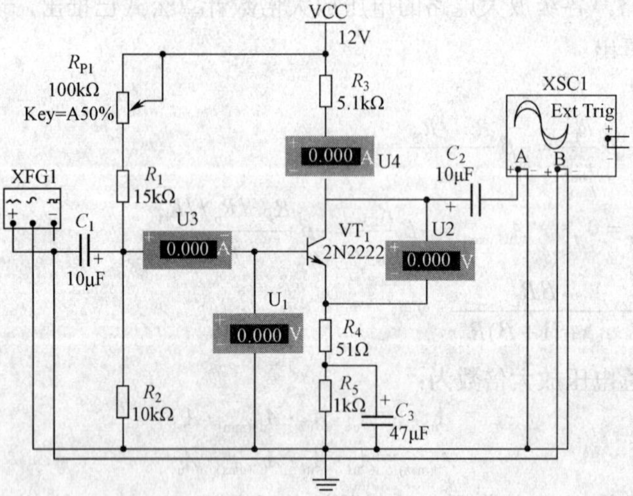

图 3-2-26　Multisim 中放大电路绘图

当 R_{p1} 为 0%时，调整示波器的时基和幅度显示比例，使波形以合适的大小显示，可以看到示波器上输出信号波形出现了如图 3-2-27（a）所示的失真；以 1%的步长逐渐增大 R_{p1}，失真程度减小，当 R_{p1} 增加到 13%时，信号幅度最大，而且正负波形对称，是完整的正弦波，如图 3-2-27（b）所示；再增大 R_{p1}，波形幅度又逐渐减小，同时又出现失真，当 R_{p1} 增加到 70%时，幅度已经很小，要重新调整示波器的幅度显示比例，才能使波形合理显示，如图 3-2-27（c）所示。R_{p1} 增加到 100%时，幅度已经降到 1mV 以下，电路已失去放大能力。

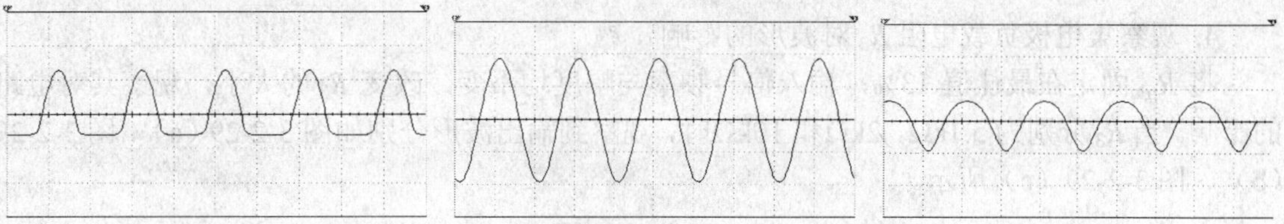

（a）饱和失真　　（b）最佳放大状态　　（c）截止失真

图 3-2-27　观察放大电路的失真

3. 测量静态工作点，分析失真原因

将图 3-2-27 的三种情况下电路的静态工作电压测量出来，数据填入表 3-3，并计算出工作电流，也填入表中。

表 3-3　失真分析对比表

R_{p1}	波形	U_B(V)	U_{CE}(V)	I_B(μA)	I_C(μA)
0%	底部失真	1.545	0.062	76	790
13%	无失真	1.266	1.324	6.904	606
70%	顶部失真	0.522	4.945	0.526	9.770

从表 3-3 可以分析出电路波形失真的原因：

表格第一行中，U_{CE}=0.062V，而三极管导通时，U_{BE} 约为 0.6~0.7V（硅管），这说明 B 点电位已高于 E 点，三极管进入饱和区，从表中还可以看到此时 I_C 很大，说明静态工作点在输出特性曲线图中太高，如图 3-2-28 中的 Q_1 点，导致输入信号与静态值叠加后，顶部波形进入饱和区，经反相后输出波形的底部被削去。这种失真因此被称为饱和失真。

表格的第三行中，由于 U_B=0.522V，发射结接近于截止状态，导致 I_B 和 I_C 都很小，说明静态工作点在输出特性曲线图中太低，如图 3-2-28 中的 Q_2 点，导致输入信号与静态值叠加后，底部波形进入截止区，反相后输出波形的顶部被削去。这种失真因此被称为截止失真。

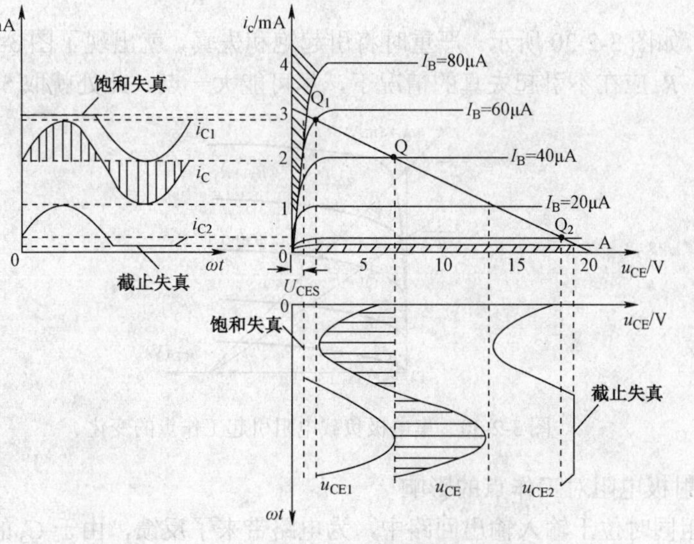

图 3-2-28　放大电路失真的图解分析

4. 观察集电极负载电阻 R_3 对波形的影响

将 R_{p1} 固定在最佳值 13%，输入信号频率与幅度均不变，改变 R_3 的大小，观察其对电路的影响。当 R_3 分别为 5.1kΩ，2kΩ和 10kΩ时，观察到输出波形分别如图 3-2-29（a）、图 3-2-29（b）、图 3-2-29（c）所示。

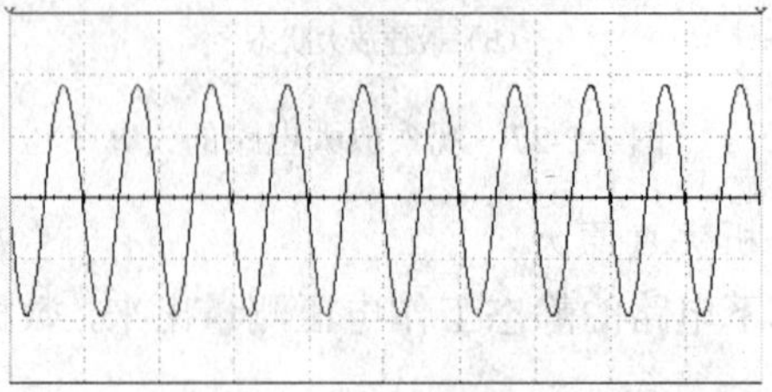

（a）R_3=5.1kΩ

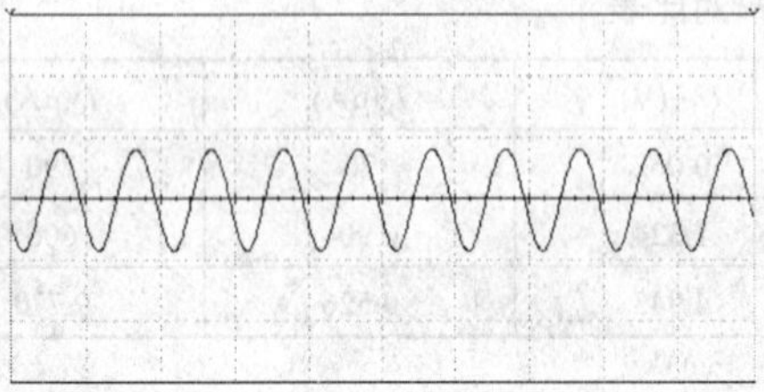

（b）R_3=2kΩ

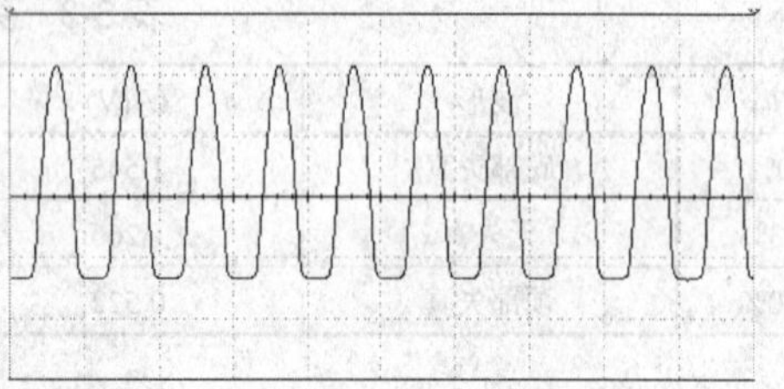

（c）R_3=10kΩ

图 3-2-29　集电极负载电阻对电路的影响

图 3-2-29 说明集电极负载电阻对电路的影响很大，如果 R_3 取值过小，由于电路此时的电压放大倍数为 $A_V=-\beta\dfrac{R_3}{r_{be}+(1+\beta)R_4}$（此公式请读者自行证明），将引起电路的放大倍数减小，如图 3-2-29（b）所示。

如果 R_3 取值过大，由于电路的直流负载线斜率为 $-\dfrac{1}{R_3}$，则会引起静态工作点向左移动，向饱和区靠近，如图 3-2-30 所示。严重时将引起饱和失真，就出现了图 3-2-29（c）中的情况。

由此可见，R_3 应在不引起失真的情况下，尽可能大一点。此处就取 5.1kΩ。

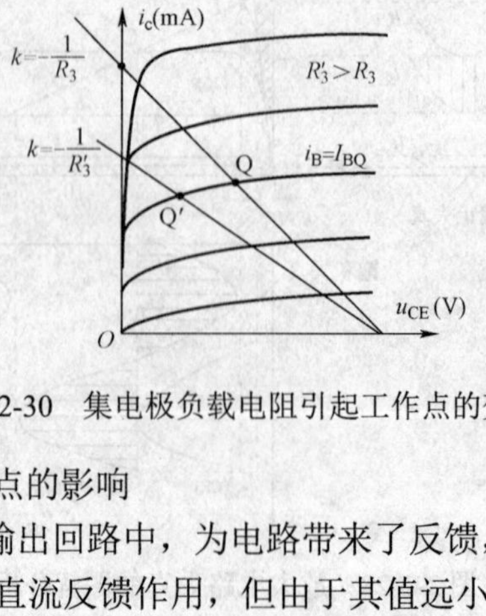

图 3-2-30　集电极负载电阻引起工作点的变化

5. 观察发射极电阻对工作点的影响

发射极电阻同时位于输入输出回路中，为电路带来了反馈，由于 C_3 的旁路作用，R_5 只有直流反馈作用，而 R_4 虽兼有交直流反馈作用，但由于其值远小于 R_5，所以主要考虑它的交流负反馈作用。

保持电路其他参数不变，观察 R_5 对工作点的影响，将 R_5 的值分别设定为 2kΩ，1kΩ 和 500Ω，以 R_3 的波动代表电路的不稳定因素，测量电路静态电流 I_C 的变化。完成表 3-4 的测量。

表 3-4　发射极电阻对工作点（I_C）的影响

	I_C（mA）			R_3=5.1kΩ时输出交流电压幅度（mV）	I_C 相对变化率
	R_3=5.1kΩ	R_3=4kΩ	R_3=3kΩ		
R_5=2kΩ	0.332	0.333	0.334	687	0.60%
R_5=1kΩ	0.607	0.612	0.616	915	1.48%
R_5=500Ω	0.788	0.957	1.072	已失真	12.01%

表中 I_C 的相对变化率是用 R_3=5.1kΩ和 R_3=3kΩ时的两组数据计算出来的。从测量结果可以看出，发射极直流反馈电阻 R_5 越大，则工作点的稳定性越好，但考虑到电容 C_3 的交流旁路作用并不是绝对的，实际上 R_5 对交流信号也有一定的负反馈作用，导致输出信号的减小。从表 3-4 中也可以看出，R_5=2kΩ时，交流信号幅度较小。因此 R_5 阻值的选取应适中，兼顾稳定性与增益。此处就选择 1kΩ。

6. 交流电压放大倍数的测量

保持输入信号的幅度为 20mV，观察电路的交流电压放大倍数与负载的关系。在输出端空载、接 R_L=10kΩ和 R_L=1kΩ负载的三种情况下，测量输出电压并计算电压放大倍数，填入表 3-5。由于输入输出电压的相位相反，如图 3-2-31 所示，电压放大倍数为负值。

表 3-5　负载与电压放大倍数的关系

	输出电压幅度 U_{OM}（mV）	电压放大倍数 A_u
$R_L=\infty$	935	−47
R_L=10kΩ	655	−33
R_L=1kΩ	176	−8.8

表 3-5 说明，负载电阻的值越小，则电压放大倍数越小。

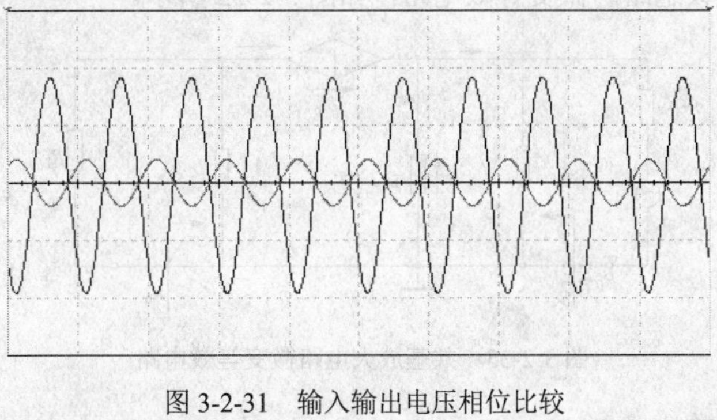

图 3-2-31　输入输出电压相位比较

此外，可以测试交流反馈电阻对放大倍数的影响。保持输出端开路（也可以接上一定负载测量），改变交流反馈电阻 R_4 的值，观察记录输出电压的变化，填入表 3-6。

表 3-6　交流反馈电阻对电压放大倍数的影响

	输出电压幅度 U_{OM}（V）	电压放大倍数 A_u
R_4=40Ω	1.04	−52
R_4=51Ω	0.935	−47
R_4=60Ω	0.865	−43

表 3-6 数据说明，负反馈越强，电路的放大倍数越小。但放大倍数的减小通常可以换来电路工作的稳定，所以适当引入负反馈是值得的。

知识拓展 4——共基极放大电路

在电子线路中，为了防止自激，设计者经常采用三极管放大电路的不同组态级联来设计电路，如共射—共集放大电路、共射—共基放大电路。共基放大电路与共射、共集不同，它以基极为电路的公共端，信号从发射极输入，经放大后从集电极输出，如图 3-2-32（a）所示。

1. 静态工作点的估算

由图 3-2-32（b）共基放大电路直流通路可知，该图与共发射极接法的分压式偏置电路的直流通路完全相同，所以静态工作点的估算方法也完全一样，这里就不再赘述。

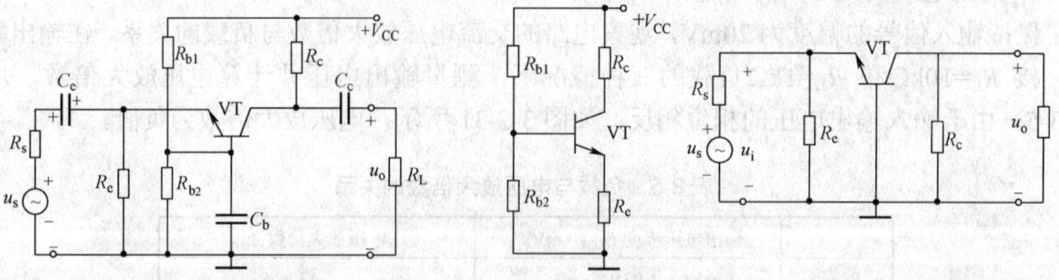

（a）共基放大电路　　（b）直流通路　　（c）交流通路

图 3-2-32　共基放大电路

2. 动态分析

首先画出共基放大电路的微变等效电路，如图 3-2-33 所示。

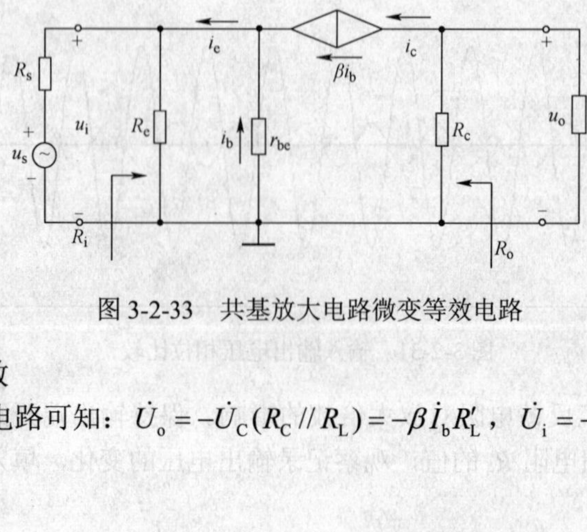

图 3-2-33　共基放大电路微变等效电路

（1）电压放大倍数

由图 3-2-33 等效电路可知：$\dot{U}_o = -\dot{U}_C(R_C // R_L) = -\beta \dot{I}_b R'_L$，$\dot{U}_i = -\dot{I}_b r_{be}$

所以

$$A_v=\frac{\dot U_o}{\dot U_i}=\frac{-\beta \dot I_b R'_L}{-\dot I_b r_{be}}=\frac{\beta R'_L}{r_{be}}$$

式中：$R'_L = R_c // R_L$

上式表明，共基极放大电路输入输出电压相位相同，电压放大倍数与共射极放大电路相同（共射极放大电路输入输出相位相反）。

（2）输入电阻

在图 3-2-33 中，从输入端看进去有三条支路并联：即 R_e 支路、r_{be} 支路和受控源的等效电阻支路。根据并联电路中，各支路电阻与电流成反比的特点，可知在 r_{be} 支路和受控源的等效电阻支路的并联网络中，受控源支路的等效电阻为 r_{be} 的 $1/\beta$ 倍。因此，放大电路的输入电阻为

$$R_i = R_e // r_{be} // \frac{r_{be}}{\beta} = R_e // \frac{r_{be}}{1+\beta}$$

（3）输出电阻

首先将输出端开路求开路电压 u_{oc}，有 $u_{oc}=-\beta i_b R_c$，然后将输出端短路求电路的短路输出电流 i_{sc}，即为 $i_{sc}=i_c=-\beta i_b$，所以输出电阻为

$$R_o=\frac{u_{oc}}{i_{sc}}=R_c$$

知识拓展 5——场效应管放大电路

场效应管与三极管根本不同之处在于它是电压控制元件。场效应管除了三极管具有的体积小、耗电省、寿命长等特点外，还具有输入电阻很高，输入电流趋近于零、热稳定性能好、噪声低等特点。

场效应管在材料上与三极管一致，也由 PN 结组成。按照结构的不同分为结型和绝缘栅型两种。这里只讨论场效应管的导电特性、导电类型、放大作用及由它组成的基本放大电路。

一、结型场效应管

1. 外形与分类

结型场效应管外形如图 3-2-34（a）所示。与三极管相比，同样有三个电极，分别为漏极（D）、源极（S）和栅极（G），分别对应三极管的集电极、发射极以及基极。不同之处是三极管的发射极与集电极不能互换，但结型场效应管的漏极和源极可以互换。

场效应管与三极管一样也因导电类型的不同分为 N 沟道和 P 沟道两类，在符号中用栅极（G）箭头方向区分，如图 3-2-34（b）、（c）所示。

2. 结构

结型场效应管的结构如图 3-2-34 所示。在一块半导体（如图 3-2-34（b）的 N 型）两侧做出两个高掺杂的区域（如 P 区），从而形成了两个 PN 结。两个 PN 结中间的区域称为导电沟道，在沟道两端分别引出的两个电极称为源极（S）和漏极（D），两侧掺杂区相接后引出的电极称为栅极（G）。由于沟道结构对称，因此漏极和源极可以互换使用。具有 N 沟道的结型场效应管称为 N 沟道结型场效应管。图中电路符号的箭头方向是由 P 指向 N。具有 P 沟道的结型场效应管称为 P 沟道结型场效应管。图中电路符号的箭头方向是由 N 指向 P。

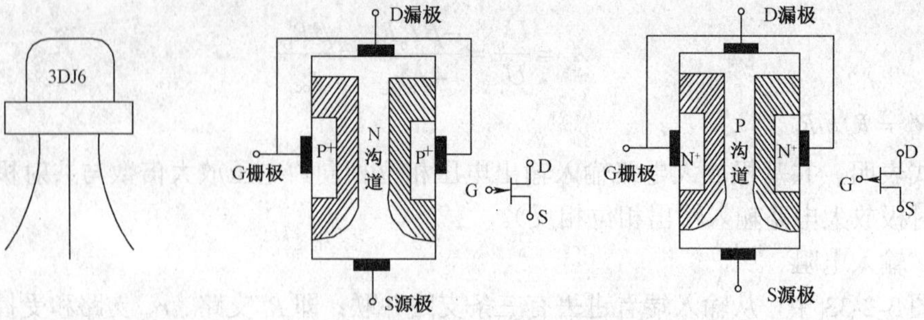

（a）结型场效应管JFET外形　（b）N沟道结型场效应管JFET　（c）P沟道结型场效应管JFET

图 3-2-34　结型场效应管 JFET 的外形、结构示意图及符号

3. 工作原理

N 沟道结型场效应管工作原理示意图如图 3-2-35 所示。图中在栅极和源极加入一个反向偏置电源 U_{GS} 保证栅源极之间高输入阻抗，而在漏源极之间加入正向偏置电源 U_{DS} 保证自由电子在足够宽度的沟道中持续从源极流向漏极，从而形成漏极电流 I_D。

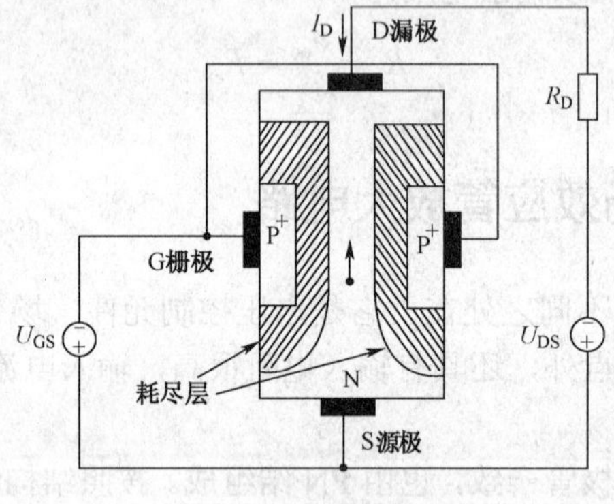

图 3-2-35　N 沟道结型场效应管工作原理示意图

当输入电压 U_{GS} 改变时，PN 结的反偏电压随之改变，引起沟道两侧耗尽层的宽度改变；这种宽度改变将通过控制 N 型导电沟道的宽度（也就是沟道电阻）的变化起到控制漏极电流 I_D 大小的作用。因此，改变反向电压 U_{GS} 即可控制漏极电流 I_D 大小，所以结型场效应管是一种电压控制的电流源器件。

由于漏源电压 U_{DS} 的存在，使沟道上各点电位不同，靠近漏极处电位最高，PN 结上的反偏电压最高，耗尽层最宽；而沟道上靠近源极的地方，PN 结上反偏电压最低，耗尽层最窄。导致导电沟道不等宽，靠近漏极处沟道最窄，靠近源极处沟道最宽，沟道形状呈楔形。

当改变 U_{GS} 或 U_{DS}，使靠近漏极处两侧耗尽层相遇，称为预夹断。预夹断后漏极电流 I_D 将基本不随 U_{DS} 的增大而增大，趋近于饱和而呈现恒流特性。场效应管用于放大时，就工作在恒流区（放大区）。如果在预夹断后，继续增加 U_{GS} 的负值到一定程度时，两边耗尽层合拢，导电沟道完全夹断，$I_D \approx 0$，称场效应管处于夹断状态。

结型 N 沟道场效应管和 P 沟道场效应管的工作原理一样，它们的区别在与管子的工作电压极性相反。P 沟道结型场效应管的工作原理就不再赘述。

4. 特性曲线

场效应管的特性曲线常用的有输出特性曲线和转移特性曲线，如图 3-2-36 所示。

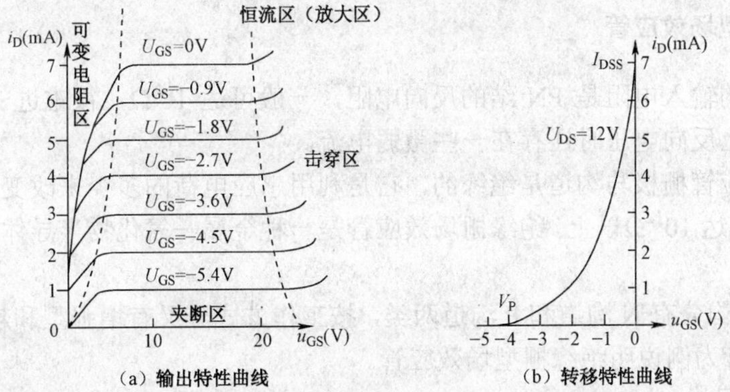

图 3-2-36　N 沟道结型场效应管特性曲线

（1）输出特性

指在 U_{GS} 一定时，I_D 随 U_{DS} 变化的关系曲线，又称漏极特性曲线。如图 3-2-36（a）所示为某 N 沟道结型场效应管的输出特性曲线。每对应一个 U_{GS} 确定值，就有一条 I_D-U_{DS} 曲线，若干个不同 U_{GS} 确定的 I_D-U_{DS} 曲线就构成了场效应管的输出特性曲线。特性曲线可分为四个区域：

① 可变电阻区

曲线上升的部分，在此区域 I_D 基本上随 U_{GS} 线性增加，管子的漏－源之间可等效为一个电阻。此电阻的大小为漏源电压 U_{DS} 与漏极电流 I_D 之间的比值，它随 U_{GS} 而变，故称为可变电阻区。

② 恒流区

曲线基本与横轴平行的部分。在此区域，I_D 只受 U_{GS} 控制，基本与 U_{DS} 无关，故称为恒流区，也称饱和区。曲线由上升变为平坦时的转折点即为预夹断点。曲线的间隔反映了 U_{GS} 对 I_D 的控制能力，这正体现了场效应管电压控制电流的放大作用。

③ 夹断区

当 $U_{GS} < U_P$ 时，场效应管的沟道被两个 PN 结夹断，等效电阻极大，$I_D \approx 0$。

④ 击穿区

当 U_{DS} 增加到一定程度，栅、漏极之间的 PN 结会发生反向击穿，使 I_D 急剧增加，如不加以控制，会造成管子损坏，应避免进入该区域。

（2）输入转移特性

指在漏源电压 U_{DS} 一定时，U_{GS} 对 I_D 的控制特性。如图 3-2-36（b）所示。由图可知，当 U_{GS}=0 时，I_D 最大，称为饱和漏电流，用 I_{DSS} 表示。随着 $|U_{GS}|$ 的增大，I_D 变小，当 I_D 接近于零时所对应的 $|U_{GS}|$ 称为夹断电压，用 U_P 表示。在恒流区，不同的 U_{GS} 对应的转移特性曲线基本重合，图中给出的是 U_{GS}=12V 时的转移特性。在场效应管工作于正常的恒流区时，可用下式表示漏极电流 I_D 与栅极电压 U_{GS} 的关系：

$$I_D = I_{DSS}\left(1-\frac{U_{GS}}{U_P}\right)^2$$

根据以上分析可知，结型场效应管放大作用的实质就是通过栅源极电压的变化来控制漏极电流的变化。

二、绝缘栅型场效应管

结型场效应的输入电阻是 PN 结的反向电阻，一般可达 $10^8\Omega$，很难进一步提高，而且在栅、源极之间加上反向电压时还存在一些微弱电流。

绝缘栅场效应管栅极与沟道是绝缘的，它是利用感应电荷的多少来改变导电沟道的宽度，因此，输入电阻高达 $10^{12}\Omega$以上。绝缘栅场效应管是一种金属—氧化物半导体结构的场效应管，简称 MOS 管。

MOS 管按结构分有 N 沟道和 P 沟道两类，按工作方式分又有增强型和耗尽型两类。下面以 N 沟道 MOS 管为例说明绝缘栅型场效应管。

1. 结构与符号

增强型 N 沟道绝缘栅型场效应管（MOS 管）结构如图 3-2-37（a）所示。在一块 P 型硅片（衬底）上，扩散形成两个 N 区作为漏极和源极，两个 N 区中间的半导体表面上有一层二氧化硅薄层，氧化层上的金属电极称为栅极（G）。由于栅极与其他两个电极是绝缘的，故称为绝缘栅。图中符号的箭头方向表示衬底与沟道间是由 P 指向 N，据此可识别该管为 N 沟道。N 沟道耗尽型 MOS 管与 N 沟道增强型 MOS 管相同，不同的是在制作管子时，在二氧化硅绝缘层里面掺入了大量的正离子，如图 3-2-37（c）所示。

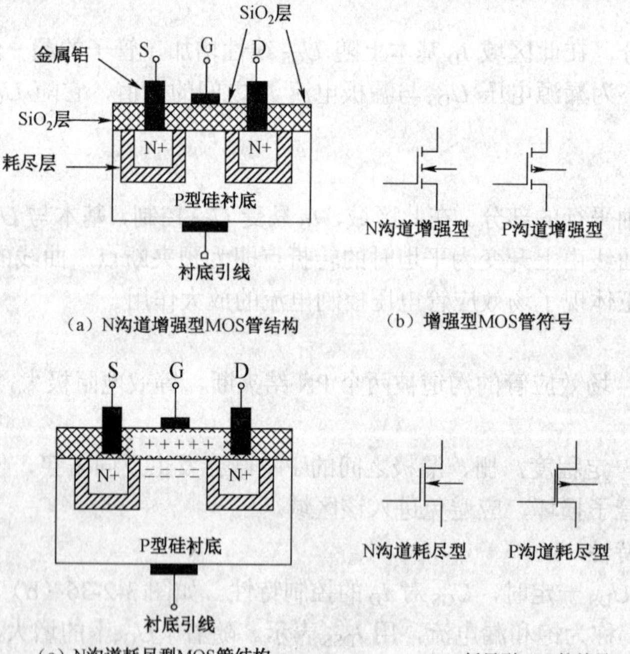

（a）N沟道增强型MOS管结构　（b）增强型MOS管符号

（c）N沟道耗尽型MOS管结构　（d）耗尽型MOS管符号

图 3-2-37　N 沟道 MOS 管结构及 MOS 管符号

2. 工作原理

当 U_{GG}=0 时，漏极和源极之间形成反向串接的 PN 结，没有导电沟道，如图 3-2-37（a）所示，场效应管不能导通。

当 U_{GG}>0 时，在 U_{GG} 作用下，产生一个垂直衬底表面的电场，如图 3-2-38 所示，吸引 P 型衬底的电子并排斥空穴。

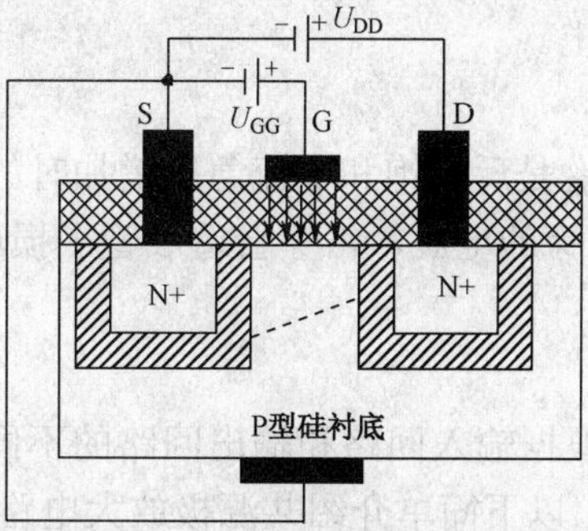

图 3-2-38　N 沟道增强型 MOS 管工作原理示意图

当 U_{GG} 到达 U_T（称为开启电压）时，在栅极附近积累的电子足够多时，形成一个 N 型薄层即导电沟道，称为“反型层”，漏、源极之间有电流 I_D 通过。与结型场效应管类似，漏源电压 U_{DD} 将使感生沟道产生不等宽性。

显然，当 U_{DD} 一定时，U_{GG} 越高，电场就越强，导电沟道越宽，沟道电阻也就越小，漏极电流 I_D 就越大。因此可以通过改变 U_{GG} 电压高低来控制 I_D 的大小。

当 U_{GG}=0 时存在导电沟道的是耗尽型场效应管；U_{GG}=0 时不存在导电沟道的是增强型场效应管。

绝缘栅型场效应管的特性曲线在这里不一一描述，请参阅相关书籍。

三、场效应管的主要参数

1. 夹断电压 U_P

在漏、源极间电压 U_{DS} 为一定的条件下，使 I_D 减小到一个微小电流（如 50μA）时，栅、源极之间所加电压称为夹断电压 U_P。此参数适用于结型场效应管和耗尽型 MOS 管。

2. 开启电压 U_T

在漏、源极间电压 U_{DS} 为某一定值的条件下，产生导电沟道所需的栅、源极间电压 U_{GS} 的最小值就是开启电压 U_T。它适用于增强型 MOS 管。

3. 饱和漏电流 I_{DSS}

当栅、源极间电压 $U_{GS}=0$ 时，$U_{DS}>|U_P|$ 时的漏极电流称为饱和漏电流 I_{DSS}。它适用于结型场效应管和耗尽型 MOS 管。

4. 低频跨导 g_m

在 U_{DS} 一定时，漏极电流 I_D 的变化量与引起这个变化量的栅源电压 U_{GS} 的变化量之比定义为跨导，即

$$g_m = \left.\frac{\Delta I_D}{\Delta U_{GS}}\right|_{U_{DS}=\text{常数}}$$

g_m 是表征栅源电压对漏极电流控制能力的重要参数，相当于三极管的电流放大系数β，其数值可通过在转移特性曲线上求取工作点处切线的斜率而得到，也可以在输出特性曲线上求得，单位为 mS（毫西门子）。g_m 的大小与管子工作点的位置有关。

5. 直流输入电阻 R_{GS}

栅、源极之间的电压与栅极电流之比定义为直流输入电阻 R_{GS}。绝缘栅场效应管的 R_{GS} 比

结型场效应管大，可达 $10^9\Omega$以上。

6. 栅源击穿电压 $U_{(BR)GS}$

对于结型场效应管，$U_{(BR)GS}$是反向饱和电流急剧增加时的 U_{GS}值；对于绝缘栅场效应管，$U_{(BR)GS}$是使二氧化硅绝缘层击穿的电压，击穿会造成管子损坏。

四、场效应管放大电路

与三极管一样，场效应管根据输入回路和输出回路的不同可分为共源极放大电路、共栅极放大电路和共漏极放大电路。以下简单介绍共源极放大电路。

场效应管必须在恒流区才能进行线性放大，漏极电流 I_D才能受栅源电压 U_{GS}控制，因此场效应管必须设置合适的静态工作点，常用的偏置电路有自给偏压电路和分压式偏置电路两种。

1. 自给偏压方式共源放大电路

如图 3-2-39（a）所示，为保证场效应管沟道中的多数载流子在电场作用下由源极向漏极漂移，就必须给栅、源极间加反向的偏置电压，而在漏、源极间加正向电压。场效应管的栅极通过电阻 R_g接地，源极通过电阻 R_s接地。这种偏置方式靠漏极电流 I_D在源极电阻 R 上产生的电压为栅、源极间提供一个偏置电压 U_{GS}，故称为自偏压电路。

静态时，源极电位 $V_S=I_DR_s$，由于栅极电流为零，R_g上没有电压降，栅极电位 $V_g=0$，所以栅源偏置电压 $U_{GS}=V_G-V_S=-I_DR_s$。显然，只要选择合适的源极电阻 R_s，就可获得合适的偏置电压和静态工作点了。耗尽型 MOS 管 $U_{GS}=0$ 时已经存在导电沟道，也可采用这种形式的偏置电路。增强型场效应管不适合自偏压方式。

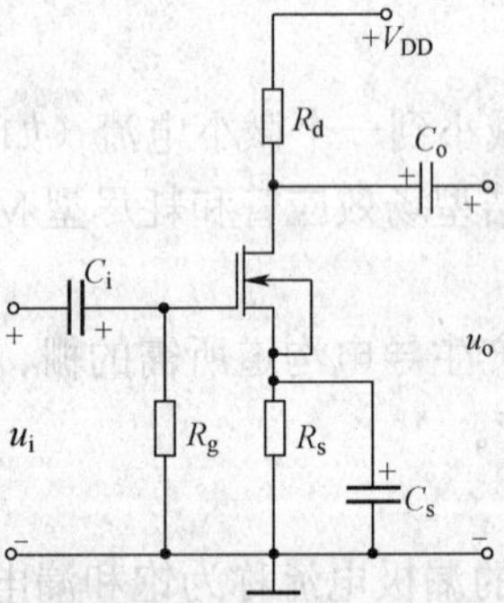

（a）自给偏置电路

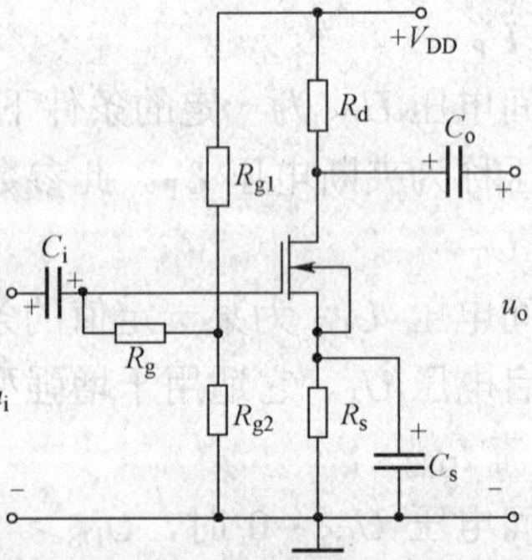

（b）分压式偏置电路

图 3-2-39　共源极放大电路的两种偏置方式

根据以上分析可以求得静态电流 I_D

$$I_D=-\frac{U_{GS}}{R_S}$$

漏源电压可以由 $U_{DS}=V_{DD}-I_{DQ}(R_d+R_s)$ 求得。

动态时，可利用微变等效法来分析电路性能。首先作出场效应管的微变等效电路，然后作出共源极放大电路的微变等效电路进行分析。输入端因场效应管的栅极输入电流近乎为 0，可认为场效应管的输入电阻为无穷大，视为开路；而输出端的电流受栅源电压控制，可认为是一个电压控制的电流源，如图 3-2-40 所示为场效应管的微变等效电路。

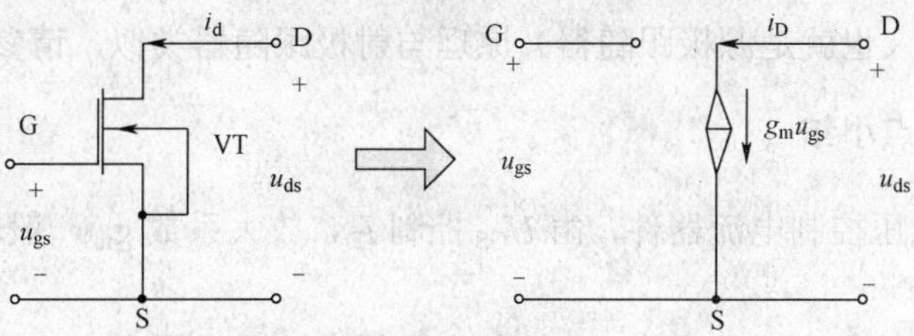

图 3-2-40　场效应管的微变等效电路

将共源极放大电路与三极管的共射放大电路类似等效，得到如图 3-2-41 所示的微变等效电路。源极电阻 R_s 因旁路电容的存在，在动态时被短路。

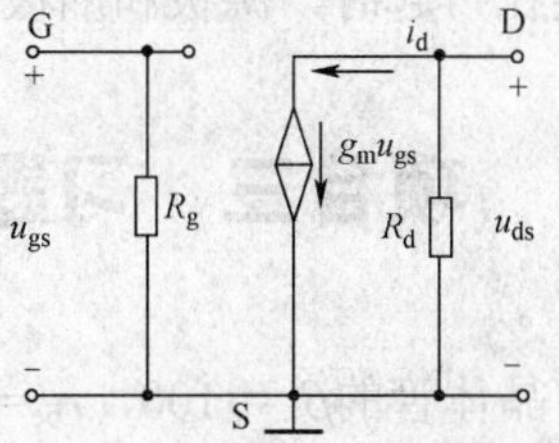

图 3-2-41　自偏压共源极放大电路的微变等效电路

从图 3-2-41 微变等效路中可以看出，放大电路的输入电阻由偏置电阻 R_g 决定，而输出电路则由 R_d 决定，电路的电压放大倍数为

$$A_u = \frac{u_o}{u_i} = -\frac{-g_m u_{gs} R_d}{u_{gs}} = g_m R_d$$

2. 分压式偏置共源极放大电路

分压式自偏压电路是在自给偏压放大电路的基础上加上分压电阻 R_{g1} 和 R_{g2} 构成的，如图 3-2-39（b）所示。这个电路的栅源电压除与 R_s 有关外，还随 R_{g1} 和 R_{g2} 的分压比而改变，适应性较大。它既适用于耗尽型场效应管，又适用于增强型场效应管。

由于场效应管栅、源极间电阻极高，根本没有栅极电流流过电阻 R_g，所以，栅极电位为电源 V_{DD} 在 R_{g1}、R_{g2} 上的分压，即

$$V_G = \frac{R_{g2}}{R_{g1}+R_{g2}} V_{DD}$$

$$U_{GS} = V_G - V_S = \frac{R_{g1}}{R_{g1}+R_{g2}} - I_D R_s$$

又由于

$$I_D = I_{DSS}\left(1-\frac{U_{GS}}{U_P}\right)^2$$

联立上两式可求得 I_{DQ} 以及 U_{GSQ}。只要适当选择 R_{g1}、R_{g2} 的阻值，就可获得正、负及零三种偏压。R_g 用来减小 R_{g1}、R_{g2} 对信号的分流作用，保持场效应管放大电路输入电阻高的优点。再由 $U_{DS}=V_{DD}-I_D(R_d+R_s)$ 可求得 U_{DS} 值。

分压式偏置电路的动态分析过程与自偏压电路类似，不再赘述。

共漏极放大电路（也就是源极跟随器）原理与射极跟随器类似，请参阅相关书籍。

五、场效应管特点小结

1. 场效应管是电压控制电流器件，由 U_{GS} 控制 I_D，放大系数 g_m 一般较小，因此场效应管的放大能力较差。

2. 场效应管栅极输入电流几乎为 0，输入电阻很高，适合用于多级放大的输入级。

3. 场效应管只有多子参与导电，通常称为单极性器件，而三极管有多子和少子两种载流子参与导电，所以也称为双极性半导体。这也是场效应管比三极管的温度稳定性好，抗辐射能力强的原因，在环境条件（温度等）变化很大的情况下应选用场效应管。

4. 场效应管在源极未与衬底连在一起时，源极和漏极可以互换使用。

项目三　习题

3-1　已知题图 3-1 所示电路中晶体管的β ＝100，r_{be}=1kΩ。

（1）现已测得静态管压降 U_{CEQ}＝6V，估算 R_b 约为多少千欧？

（2）若测得 $\dot{U}_i$ 和 $\dot{U}_o$ 的有效值分别为 1mV 和 100mV，则负载电阻 R_L 为多少千欧？

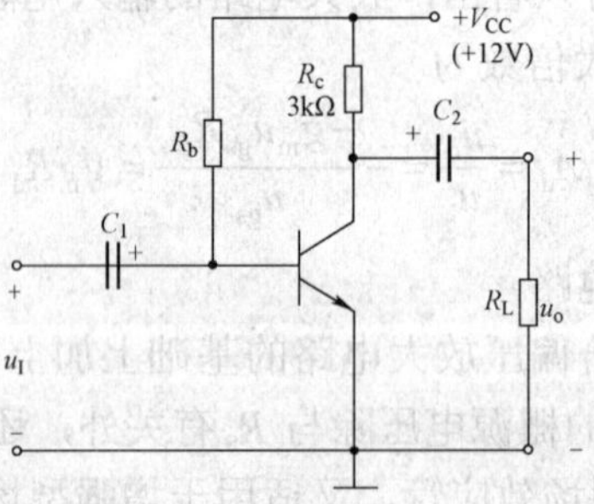

题图 3-1

3-2　电路如题图 3-2 所示，晶体管的β＝80，r_{be}=1kΩ。

（1）求静态工作点 Q；

（2）分别求出 R_L＝∞和 R_L＝3kΩ时电路的 A_u 和 R_i；

（3）求输出电阻 R_o。

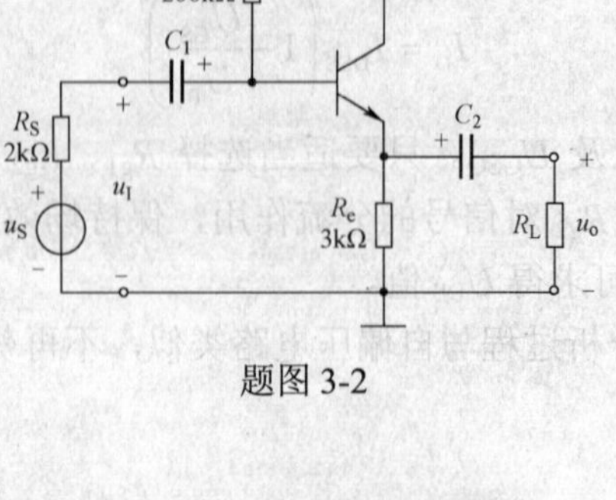

题图 3-2

3-3　找出题图 3-3 中电路各反馈网络，并判断反馈类型。

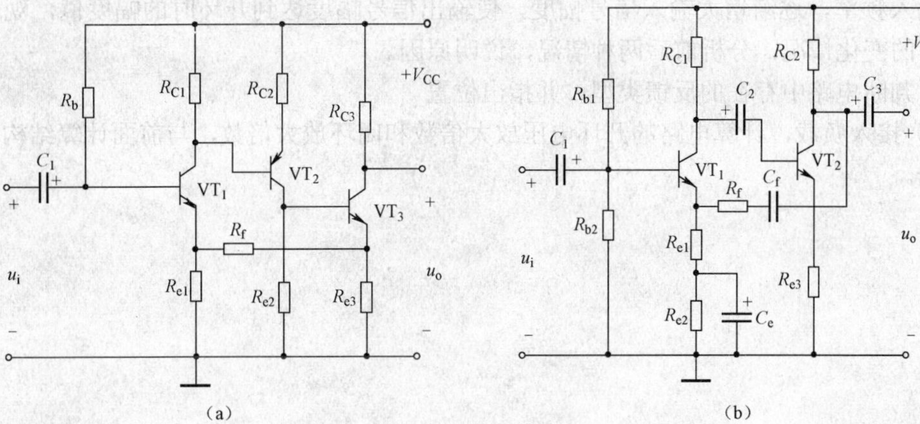

题图 3-3

3-4　试分析题图 3-4 电路，回答以下问题。

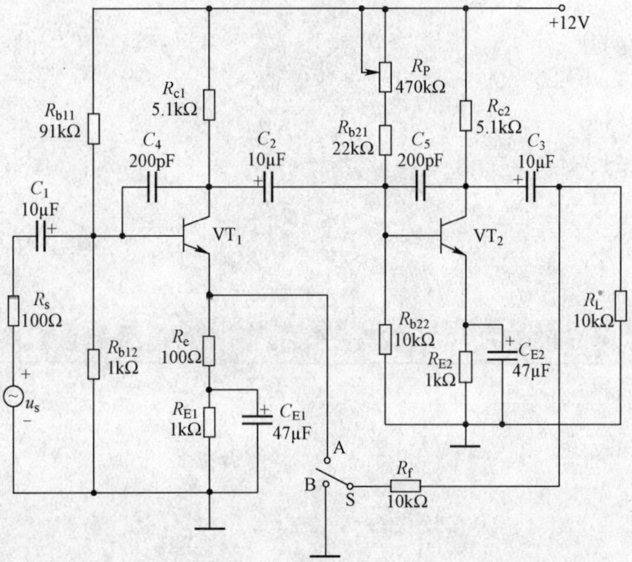

题图 3-4

（1）电路中各元件的作用；

（2）断开负载，将 S 与 B 点相连，计算两级放大电路各自的静态工作点 Q；

（3）断开负载，将 S 与 B 点相连，忽略前、后级影响，计算各级的动态参数；

（4）断开负载，将 S 与 B 点相连，计算电路的整体电压放大倍数 A_v；

（5）断开负载，断开 S 与 B，连接 S 与 A 点，计算各级电路的动态参数；

（6）断开负载，断开 S 与 B，连接 S 与 A 点，电路整体的电压放大倍数 A_{vf}；

（7）改变电源电压从+12V 降低到+10V，重做（4）、（5），比较 A_v、A_{vf} 的稳定度；

（8）利用 Multisim10.0 软件对电路进行仿真测试，观察电路断开 R_f 支路时波形失真的情况，并记录刚刚发生失真时的静态工作点和输入信号的幅度值；然后将电阻 R_f 与 A 点相连，不改变输入频率，逐渐增大输入信号幅度，使输出信号幅度达到开环时的幅度值，观察此时输出波形的变化情况，分析前后两种情况，说明原因。

（9）判断电路中存在的反馈类型，并指出位置。

（10）接入负载，计算电路的开环电压放大倍数和闭环放大倍数，与前面计算结构比较，得出结论。

项目四　函数信号发生器的设计与制作

项目内容

各种波形曲线均可以用三角函数方程式来表示。能够产生多种波形（如三角波、锯齿波、矩形波（含方波）、正弦波）的电路被称为函数信号发生器。函数信号发生器在电路实验、测量控制、通信、广播、电视系统中有着广泛的应用。在工业、农业、生物医学等领域内，如高频感应加热、熔炼、淬火、超声波诊断、核磁共振成像等，都需要功率或大或小、频率或高或低的振荡器。

本项目旨在通过三个工作任务，由浅入深地认识与分析正弦波、方波、三角波等波形产生电路，并能制作出简易的函数信号发生器。

本项目分为三个任务：

1. 正弦波振荡电路的分析与测试
2. 方波与三角波产生器的设计与仿真
3. 简易函数信号发生器的制作与测试

任务 1　正弦波振荡器的分析与测试

学习目标

1. 了解正弦波振荡电路的结构组成与工作原理。
2. 研究正弦波振荡电路的起振条件。
3. 掌握用运放构成的 RC 正弦波振荡电路特点。
4. 制作并测试正弦波振荡电路。

工作任务

1. 理论分析正弦波振荡电路的组成条件，工作原理。
2. 理论计算正弦波振荡电路的输出信号频率。
3. 识别、选用、测试组成 RC 正弦波振荡电路所需的元器件，列出元件清单。
4. 在面包板或专用电子实验板上试制 RC 正弦波振荡电路。
5. 操作双踪示波器和万用表对试制的 RC 正弦波振荡电路的性能参数进行测试。
6. 将测得的数据与理论分析结果进行对比，并调试电路使其性能达到设计计算值。
7. 撰写 RC 正弦波产生电路的测试报告。

实施指导

4.1.1 振荡电路的基本组成及产生振荡的条件

一、产生正弦波振荡的条件

正弦波振荡电路是一种不要外接输入信号就能将直流能源转换成具有一定频率、一定幅度的正弦波形的交流能量输出的电路。

在负反馈放大电路的方框图中，如图 4-1-1 所示，不外加信号即 $\dot{X}_i = 0$，如果能使 $\dot{X}_f$ 与 $\dot{X}_i$ 两个信号大小相等，极性相同，构成正反馈，则此电路就能维持稳定输出。那么 $\dot{X}_f = \dot{X}_{id}$ 就可以引出自激振荡的条件：

因为：$\dot{X}_o = A\dot{X}_{id}$，$\dot{X}_f = \dot{F}\dot{X}_o$

当 $\dot{X}_{id} = \dot{X}_f$ 时

$$\dot{A}\dot{F} = 1 \tag{4-1}$$

式（4-1）即为振荡电路的振荡条件。这个条件实际上包含下面两个条件：

① 幅值平衡条件：

$$|\dot{A}\dot{F}| = 1 \tag{4-2}$$

这个条件要求反馈信号幅度的大小与输入信号的幅度相等。

② 相位平衡条件：

$$\phi_A + \phi_F = 2n\pi \quad (n=0、1、2\cdots)$$

这个条件要求反馈信号的相位与所需输入信号相位相同，即电路必须满足正反馈。

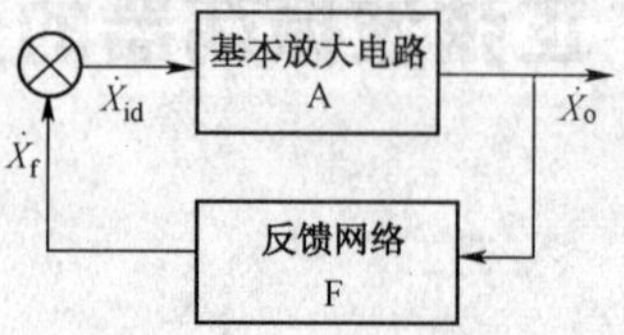

图 4-1-1　振荡条件示意图

二、振荡的建立与稳定

振荡电路没有外加信号，怎样得到维持振荡的起振信号呢？这是因为电路刚接通电源时，由于元器件的噪声等因素，会出现一些微弱的信号，它们包含各种频率成分。通过具有选频特性的电路，可使某一特定频率 f_0 的信号满足自激振荡条件，而其他频率信号不能满足自激振荡的条件。此外，起振阶段还要求 $|\dot{A}\dot{F}|>1$，所选中的频率为 f_0 的信号幅度就会由小逐渐变大，即正弦波振荡电路就会自行起振。因此，$|\dot{A}\dot{F}|>1$ 是振荡电路的起振条件。

由于放大元件的非线性或电路中特有的稳幅措施，当振荡电路的输出电压幅度增大到一定程度时，放大电路的电压放大倍数就会随之下降，最后达到 $|\dot{A}\dot{F}|=1$，振荡幅度不再增大，电路自动稳定在某一振荡幅度上工作。

三、振荡电路的基本组成部分

上面的分析说明，要产生正弦波振荡，必须有结构合理的电路，才能使放大电路转化为振荡电路。一般振荡电路由以下四部分组成。

1. 放大电路

在振荡过程中，必然有能量的损耗，导致振荡衰减。通过放大电路，可以控制电源不断向振荡系统提供能量，以维持等幅振荡。因此放大电路实质上起能量转换的作用。

2. 反馈网络

使电路形成正反馈，满足相位平衡条件。

3. 选频网络

选频网络的作用是使通过正反馈网络的反馈信号中，只有所选定的信号才能使电路满足自激振荡的条件，对于其他频率的信号，由于不能满足自激振荡条件，从而受到抑制，其目的在于使电路产生单一频率的正弦波。

4. 稳幅环节

用于稳定振荡信号的振幅，改善波形。它可以采用热敏元件或其他限幅电路，也可利用放大电路自身元件的非线性特性来完成。

根据选频网络不同，正弦波振荡电路分为 RC 正弦波振荡电路、LC 正弦波振荡电路和石英晶体正弦波振荡电路。

4.1.2　分析 RC 正弦波振荡电路的原理与特性

RC 正弦波振荡电路有桥式振荡电路、双 T 网络式和移相式振荡电路等类型，这里只讨论桥式振荡电路。

一、电路原理图

图 4-1-2 是 RC 桥式振荡电路的电路原理图，这个电路包含了正弦波振荡电路的四个组成部分，即由集成运放构成的同相输入放大电路（关于集成运算放大器的具体内容详见 4.2 节），由 RC 串并联网络构成的正反馈网络和选频网络，以及由二极管构成的稳幅环节。

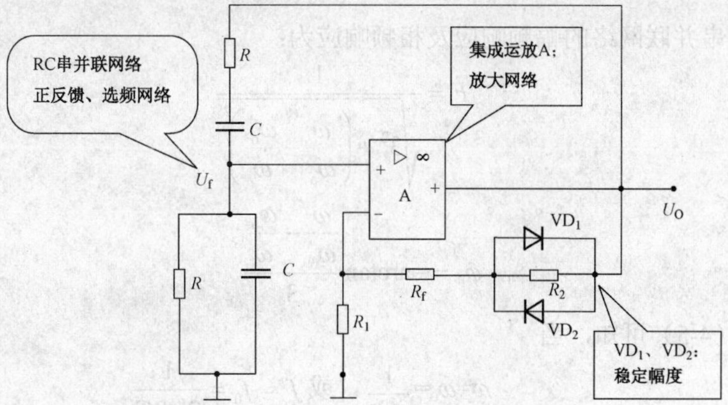

图 4-1-2　RC 桥式正弦波振荡电路

二、RC 串并联网络的频率特性

RC 振荡电路中采用了如图 4-1-3 所示的由电阻电容串并联组成的选波频网络。以 U_1、U_2 分别表示网络的输入、输出电压。串并联网络的反馈系数 $\dot{F}=\dot{U}_2/\dot{U}_1$

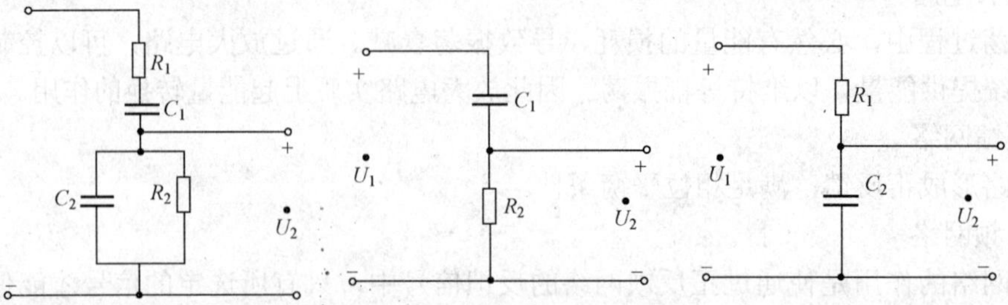

（a）R-C串并联电路　（b）低频等效电路　（c）高频等效电路

图 4-1-3　RC 串并联网络及其高低频等效电路

$$\dot{F}=\frac{\dot{U}_2}{\dot{U}_1}=\frac{Z_2}{Z_1+Z_2}=\frac{R_2/\!/\dfrac{1}{j\omega C_2}}{\left(R_1+\dfrac{1}{j\omega C_1}\right)+\left(R_2/\!/\dfrac{1}{j\omega C_2}\right)}$$

$$=\frac{1}{\left(1+\dfrac{R_1}{R_2}+\dfrac{C_2}{C_1}\right)+j\left(\omega R_1C_2-\dfrac{1}{\omega R_2C_2}\right)}$$

取 $R_1=R_2=R$，$C_1=C_2=C$，所以

$$\dot{F}=\frac{1}{3+j\left(\omega RC-\dfrac{1}{\omega RC}\right)}$$

如令 $\omega_0=1/RC$，为网络的固有频率，因此上式变为

$$\dot{F}=\frac{1}{3+j\left(\dfrac{\omega}{\omega_o}-\dfrac{\omega_o}{\omega}\right)} \tag{4-3}$$

由上式可得 RC 串并联网络的幅频响应及相频响应为：

$$\dot{F}=\frac{1}{\sqrt{3^2+\left(\dfrac{\omega}{\omega_o}-\dfrac{\omega_o}{\omega}\right)^2}} \tag{4-4}$$

$$\varphi_F=-\arctan\frac{\dfrac{\omega}{\omega_o}-\dfrac{\omega_o}{\omega}}{3} \tag{4-5}$$

由式（4-4）及（4-5）可知，当

$$\omega=\omega_o=\frac{1}{RC}\text{，或 } f=f_0=\frac{1}{2\pi RC} \tag{4-6}$$

幅频响应的幅值为最大，即

$$F_{\max}=\frac{1}{3} \tag{4-7}$$

而相频响应的相位角为零，即$\phi_F=0°$。

上述分析说明，当$\omega=\omega_0=\dfrac{1}{RC}$时，输出电压的幅值最大，并且输出电压是输入电压的1/3，同时输出电压与输入电压同相位。根据式（4-4）、（4-5）画出串并联选频网络的幅频响应及相频响应，如图4-1-4所示。

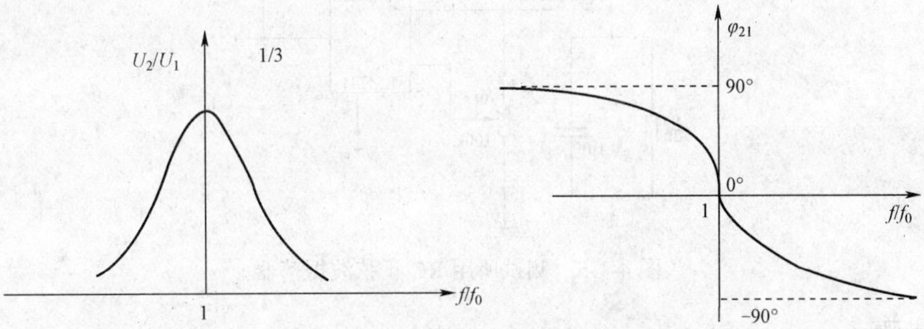

图4-1-4　RC串并联网络的频率特性

三、振荡波形与振荡频率

由于振荡频率是由相位平衡条件所决定的。因此由RC串并联网络的频率特性可知，只有当$\omega=\omega_0=\dfrac{1}{RC}$，$\varphi_A=0,\varphi_F=0$时，才能满足相位平衡条件，所以振荡频率由式（4-6）决定，即$f_0=\dfrac{1}{2\pi RC}$。当放大环节的放大倍数值A_f略大于3时，其输出波形为正弦波。当$\dot{A}_f$远大于3时，输出波形失真，接近于方波。

四、稳幅措施

利用二极管的非线性自动稳幅的电路：二极管VD_1、VD_2与电阻R_2并联，不论输出在正半周还是负半周，总有一个二极管导通，则电压放大倍数

$$A=1+\frac{R_f+R_2//r_d}{R_1}$$

r_d为二极管的正向交流电阻。起振时输出电压幅值较小，根据二极管的特性，此时它的正向交流电阻r_d阻值较大，使得放大倍数较大，有利于起振，当输出电压幅值增大后，通过二极管的电流增大，使r_d减小，放大倍数下降，从而达到自动稳幅的目的。

4.1.3 RC正弦波振荡电路的测试

测试实例：典型RC正弦波振荡电路测试（图4-1-5）

实际所用测试振荡电路如图4-1-5所示。图中用R_W调节集成运算放大器构成的比例运算放大器的放大倍数。输出电压经R_1，R_2，C_1，C_2构成的选频网络加至集成运算放大器的同相

输入端，形成正反馈。选频网络中 $R_1=R_2=R$，$C_1=C_2=C$，选频网络决定了振荡电路输出信号的频率 $f_0=\dfrac{1}{2\pi RC}$，改变 R、C 可改变振荡器输出信号的频率。电路中 VD_1、VD_2 起稳定输出电压的幅度的作用。

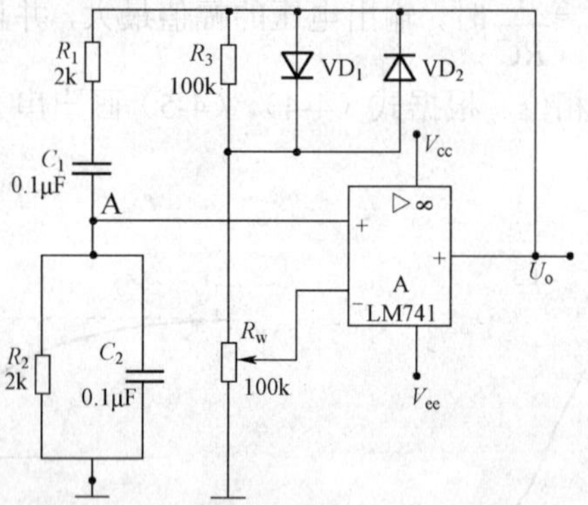

图 4-1-5　测试所用 RC 正弦波振荡器

测试步骤：

① 准备测试所需设备与器材，见表 4-1。

表 4-1　RC 振荡电路测量所需设备与器材

序　号	名　　称	规　格	数　量	备　　注
1	模拟电子实验箱	AB-1	1	提供 15V 直流电压、实验线路板
2	双踪示波器	CA8020	1	观测输入输出波形
3	万用表	MF-47	1	测试电压、电流，元器件检查
4	集成运算器芯片	LM741	1	
5	二极管	1N4001	2	
6	电位器	100k	1	
7	电阻	2k、100k	3	
8	电容	0.1μF	2	

② 按图 4-1-5 所示电路在面包板或实验箱里安装质量符合要求的测试电路。

③ 自行设计测试数据记录表格。

④ 选频网络幅频特性的测试：不接入±15V 电源，断开 A 点与运放同相输入端的连接，在振荡器输出端加入 1V 的音频信号，测试 A 点输出的音频电压有效值 V_A，改变信号频率观测 V_A 值的变化情况。当 V_A 最大时所对应的频率为 f_0，记录 V_A 随 f 变化的数据，可得选频网络的幅频特性曲线。测得的 f_0 为振荡器的振荡频率。

⑤ 测试起振条件：将 A 点与运放同相端相连，接通电源后，调节 R_W，使振荡器刚好起振；然后断开 A 点，在集成运算放大器的同相端输入频率为 f_0 的音频信号 u_i，测试输入电压 u_i，正反馈电压 $u_F(u_A)$ 和输出电压 u_0，则可计算放大器的增益及反馈系数。

⑥ 总结整理测试数据与结果：通过本次实际测试应可得到结论：RC 正弦波振荡器的振荡频率由选频网络的频率特性决定，且 $f=\dfrac{1}{2\pi RC}$；振荡器的起振条件为 $|\dot{A}\dot{F}|\geqslant 1$。

知识拓展 6——其他常见振荡电路

RC 振荡器的振荡频率受 R 的限制，其频率一般小于 1MHz；而许多电子设备中需要更高频率的正弦波信号，例如收音机和电视机中所需的本机振荡信号，因而人们采用 LC 谐振网络作为选频网络，这样的振荡电路称为 LC 振荡电路，而 LC 振荡电路常用来产生高频正弦波，一般在数百 kHz 以上，按反馈电压取出方式不同，可分为变压器反馈式，电感、电容三点式 LC 正弦波振荡电路。

一、变压器反馈式 LC 振荡电路

1. 电路原理图

图 4-1-6 是变压器反馈式 LC 振荡器的基本电路。由放大电路、LC 选频网络和变压器反馈电路三部分组成。图中三个线圈作为变压器耦合。线圈 L_1 与电容器 C 组成并联谐振回路，起选频作用。变压器的一个副边绕组 L_3 作正反馈通路。另一个副绕组将产生的正弦波送给负载 R_L。

C_b、C_e 是耦合电容和旁路电容。放大器为共射放大器。

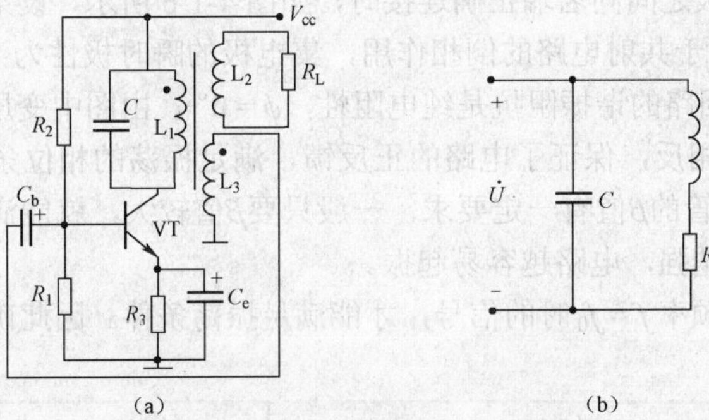

图 4-1-6　变压器反馈式 LC 振荡器

2．工作原理

图 4-1-6（b）为一个 LC 并联回路，其中 R 表示电感线圈和回路其他损耗总的等效电阻。LC 回路的阻抗可写成：

$$Z=\frac{\frac{1}{j\omega C}(R+j\omega L)}{\frac{1}{j\omega C}+R+j\omega L} \tag{4-8}$$

通常有 $R<<\omega L$。所以

$$Z\approx\frac{\frac{L}{RC}}{1+j\frac{1}{R}(\omega L-\frac{1}{\omega C})} \tag{4-9}$$

令 $Z_0=\frac{L}{RC}$　$\omega_0=\frac{1}{\sqrt{LC}}$

$$f_0 = \frac{1}{2\pi\sqrt{LC}} \tag{4-10}$$

令$Q = \frac{1}{R}\sqrt{\frac{L}{C}}$（称为回路的品质因数）。则

$$Z = \frac{Z_0}{1 + jQ\left(\frac{\omega}{\omega_0} - \frac{\omega_0}{\omega}\right)} = \frac{Z_0}{1 + jQ\left(\frac{\omega}{\omega_0} - \frac{\omega_0}{\omega}\right)} \tag{4-11}$$

其幅频特性和相频特性分别为：

$$|Z| = \frac{Z_0}{\sqrt{1 + \left[Q\left(\frac{f}{f_0} - \frac{f_0}{f}\right)\right]^2}} \tag{4-12}$$

$$\phi = -\arctan\left[Q\left(\frac{f}{f_0} - \frac{f_0}{f}\right)\right] \tag{4-13}$$

从频率特性中可看出，当信号源的频率$f=f_0$（即回路发生谐振）时，则$|Z|=Z_0$，$\phi=0°$；Z为最大且为纯阻。

当变压器的初、次级之间同名端正确连接时，如图 4-1-6 所示，设某一瞬间基极对地信号电压为正极性“＋”，由于共射电路的倒相作用，集电极的瞬时极性为“－”，即$\phi=180°$。当信号频率$f=f_0$时：LC 回路的谐振阻抗是纯电阻性，$\phi=0°$，由图中变压器的同名端可知，反馈信号与输出电压极性相反，保证了电路的正反馈，满足振荡的相位条件。为了满足振幅平衡条件 $AF \geqslant 1$，对晶体管的β值有一定要求，一般只要β值较大，就能满足振幅平衡条件，反馈线圈匝数越多，耦合越强，电路越容易起振。

分析表明，只有当频率$f=f_0$时的信号，才能满足振荡条件。因此确定了该振荡电路的振荡频率为

$$f = f_0 = \frac{1}{2\pi\sqrt{LC}} \tag{4-14}$$

3. 电路优缺点

（1）易起振，输出电压较大。由于采用变压器耦合，易满足阻抗匹配的要求。

（2）调频方便，一般在 LC 回路中采用接入可变电容器的方法来实现，调频范围较宽，工作频率通常在几兆赫左右。

（3）输出波形不理想。由于反馈电压取自电感两端，它对高次谐波的阻抗大，反馈也强，因此在输出波形中含有较多高次谐波成分。

二、三点式 LC 振荡电路

电感三点式振荡电路也称为哈特莱振荡电路，其电路图如图 4-1-7 所示。用带中间抽头的电感线圈与电容组成 LC 并联选频网络（或称谐振回路），放大电路为共射放大器。C_1、C_2、C_E 对交流都可视为短路。因此在交流等效电路中，电感线圈的三个端点分别与晶体管的三个电极相连，因此这种电路被称为电感三点式正弦波振荡电路。用瞬时极性法很容易确定电路满足相位平衡条件。

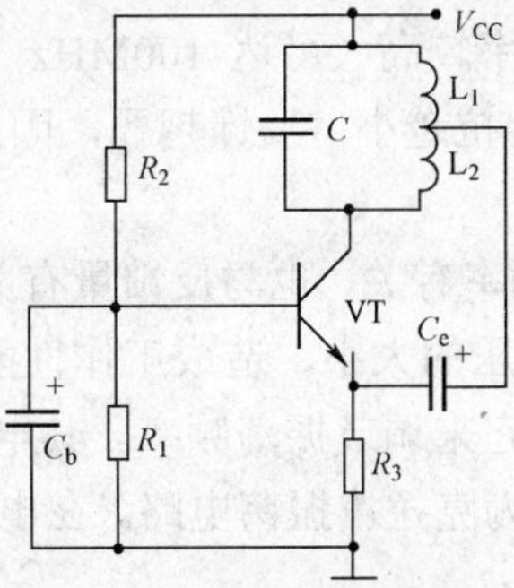

图 4-1-7　电感三点式振荡器

从图 4-1-7 可以看出，反馈电压取自 L_1 的两端，并通过 C_e 的耦合后加到晶体管的 e、b 间，所以改变线圈抽头的位置，即改变 L_1 的大小，就可以调节反馈电压的大小，当满足 $|\dot{A}F|>1$ 时，电路便可起振。

电感三点式正弦波振荡电路的振荡频率基本上等于 LC 并联回路的谐振频率，即

$$f=\frac{1}{2\pi\sqrt{LC}}=\frac{1}{2\pi\sqrt{(L_1+L_2+2M)}} \tag{4-15}$$

式中 M 为线圈 L_1 与 L_2 之间的互感。

由于 L_1 和 L_2 之间的耦合很紧，故电路具有易起振，输出幅度大等优点。通常改变电容 C 能获得较大的频率调节范围。此种电路一般用于产生几十兆赫以下的频率。但由于反馈电压取自电感 L_1 的两端，它对高次谐波的阻抗大，反馈也强，因此在输出波形中含有较多的高次谐波成分，输出波形不理想。

三、电容三点式 LC 振荡电路

电容三点式振荡电路，也称为考毕兹振荡电路，其电路图如图 4-1-8 所示。从图中可以看出，LC 并联选频回路的电容由 C_1 和 C_2 串联组成。C_b、C_e 为耦合电容。对于交流通路而言，串联电容的三个点分别与晶体管的三个极相连，反馈电压由 C_2 上取出。与电感三点式振荡电路的情况相似，由瞬时极性法判断可知，这样的连接也能保证实现正反馈。

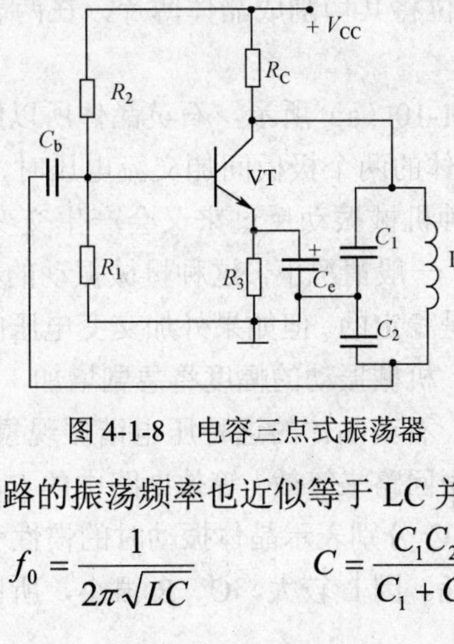

图 4-1-8　电容三点式振荡器

电容三点式正弦波振荡电路的振荡频率也近似等于 LC 并联谐振回路的谐振频率，即

$$f_0=\frac{1}{2\pi\sqrt{LC}} \qquad C=\frac{C_1C_2}{C_1+C_2}$$

该电路具有容易起振，振荡频率较高（可达 100MHz 以上）的优点。由于反馈电压是从电容 C_2 两端取出的，频率越高，容抗越小，反馈越弱，因此可以削弱高次谐波分量，输出波形较好。

因为 C_1、C_2 的大小既与振荡频率有关，也与反馈量有关，调节频率时改变 C_1（或 C_2）时会影响反馈系数，从而影响反馈电压的大小，造成工作性能不稳定。因此，通常再与线圈 L 串联一个电容较小的可变电容，用它来调节振荡频率。其电路图如图 4-1-9 所示。是一个电容反馈三点式改进型振荡电路，也称为克拉泼振荡电路。在电感上串联一个小电容 C_0，这样 LC 回路的电容 C 主要由 C_0 决定（$C \approx C_0$）。

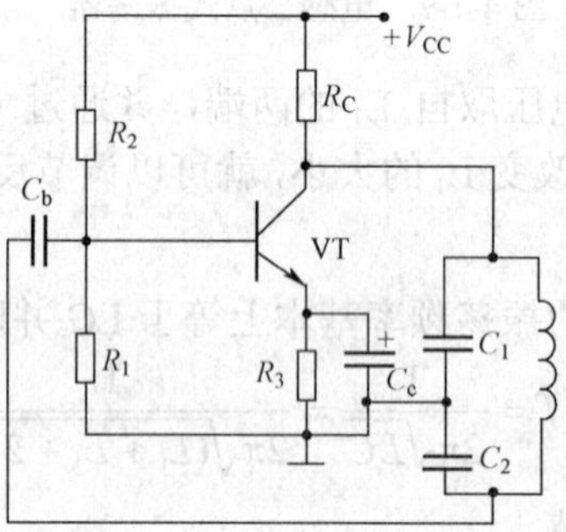

图 4-1-9　改进型电容三点式振荡器

四、石英晶体振荡电路

由振荡电路的分析可知，它的振荡频率基本是由选频网络的元件参数所决定，所以提高选频网络的稳定性，也就提高了振荡电路振荡频率的稳定性。但是在 LC 振荡电路中，由于一般 LC 电路的 Q 值只有几百，尽管采用了各种稳频措施，其频率稳定度 $\Delta f/f_0$ 很难突破 10^{-5} 数量级，而石英晶体的 Q 值可达 10^4~10^6，用来代替 LC 谐振回路，构成石英晶体振荡器，它的频率稳定度可达 10^{-9}～10^{-11} 数量级。

1. 石英晶体的基本特性与等效电路

石英晶体的主要成分是二氧化硅 SiO_2，是一种各向异性的结晶体，其物理、化学性能相当稳定。从石英晶体上按一定方位将其切割成晶体薄片，在两表面接上电极，就构成了石英晶体谐振器。

石英晶体的电路符号如图 4-1-10（a）所示，石英晶体所以能作为振荡电路是基于它的压电效应，所谓压电效应即是在晶体的两个极板间加交流电压时，晶体就会产生机械振动，而这种机械振动反过来又会产生交变电场，在电极上出现交变电压。一般情况下，这种机械振动的振幅是比较小的，其振动频率则是稳定的。但如果外加交变电压的频率与晶体的固有频率相等时，机械振动的幅度将急剧增加，这种现象称为压电谐振。

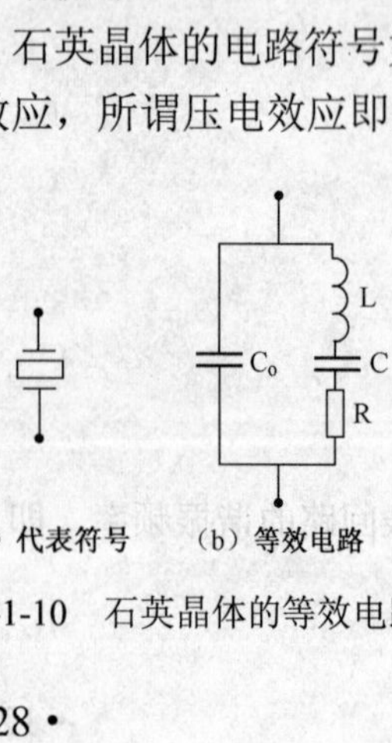

（a）代表符号　　（b）等效电路

图 4-1-10　石英晶体的等效电路

石英晶体的这种压电谐振现象可用如图 4-1-10（b）的 LC 谐振回路来等效。等效电路中的 C_o 表示金属极板间的静电电容，L、C 分别表示晶体振动时的惯性和弹性，R 模拟振动时的磨擦损耗。因 L 较大，C、R 很小，所以回路的品质因数 Q 很大。

当忽略 R 的作用时，等效电路的总等效电抗为

$$X=\frac{-\frac{1}{\omega C_0}\left(\omega L-\frac{1}{\omega C}\right)}{-\frac{1}{\omega C_0}+\left(\omega L-\frac{1}{\omega C}\right)}=\frac{\omega^2 LC-1}{\omega(C_0+C-\omega^2 LC_0 C)} \tag{4-16}$$

（1）当式（4-16）中分子为 0 时，等效阻抗最小，此时发生串联谐振。回路的串联谐振频率为

$$f_{\mathrm{s}}=\frac{1}{2\pi\sqrt{LC}} \tag{4-17}$$

（2）当式（4-16）中分母为 0 时，等效阻抗最大，此时发生并联谐振。回路的并联谐振频率为

$$f_{\mathrm{p}}=\frac{1}{2\pi\sqrt{L\left(\frac{C_0 C}{C_0+C}\right)}}=\frac{1}{2\pi\sqrt{LC}}\sqrt{1+\frac{C}{C_0}} \tag{4-18}$$

2. 石英晶体振荡电路

并联型石英晶体振荡电路如图 4-1-11 所示，石英晶体作为电容三点式振荡电路的感性元件。电路的振荡频率基本取决于石英晶体的谐振频率。

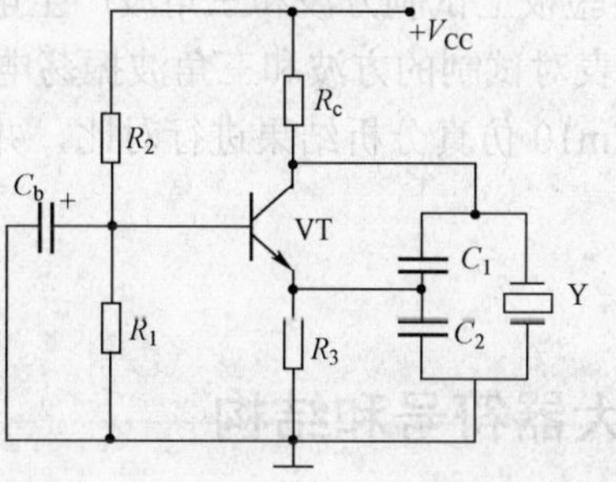

图 4-1-11　并联型晶体振荡电路

串联型晶体振荡电路如图 4-1-12 所示。当电路振荡频率等于石英晶体的串联谐振频率时，晶体阻抗最小且为纯阻，此时电路满足相位平衡条件，且正反馈最强，电路产生正弦波振荡，其振荡频率即为石英晶体的串联谐振频率 f_{s}。

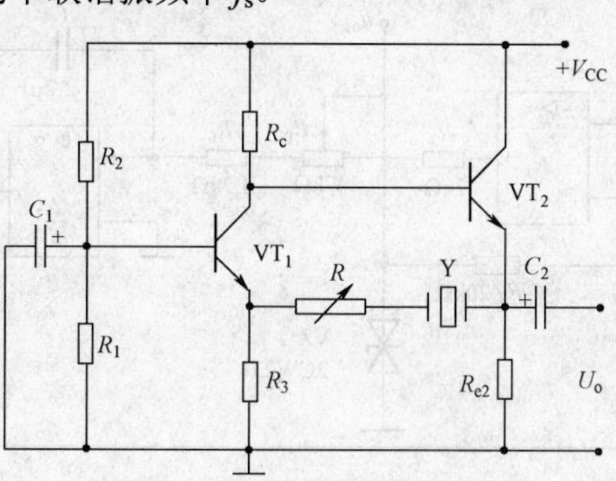

图 4-1-12　串联型晶体振荡电路

任务 2　方波–三角波发生器的分析与测试

学习目标

1．了解典型集成运算放大器的内部结构和工作原理；
2．了解差动放大器的分析方法；
3．熟悉集成运算放大器的理想特性；
4．掌握集成运算放大器的非线性应用和线性应用；
5．完成方波—三角波发生器的分析与测试。

工作任务

1．简单分析集成运放电路的组成原理和特性；
2．用 Multisim10 对集成运算放大器基本运算电路进行仿真实践；
3．识别、选用、测试集成运算放大器；
4．在面包板或专用电子实验板上试制方波和三角波产生电路；
5. 操作双踪示波器和万用表对试制的方波和三角波振荡电路的性能参数进行测试；
6. 将测得的数据与 Multisim10 仿真分析结果进行对比，并撰写总结报告。

实施指导

4.2.1　集成运算放大器符号和结构

一、集成运算放大器的符号

图 4-2-1 电路就是一种典型的方波—三角波发生器原理电路，在这个电路中，有两个常用的模拟集成器件，其电路符号如图 4-2-2（a）所示，这就是集成运算放大器。

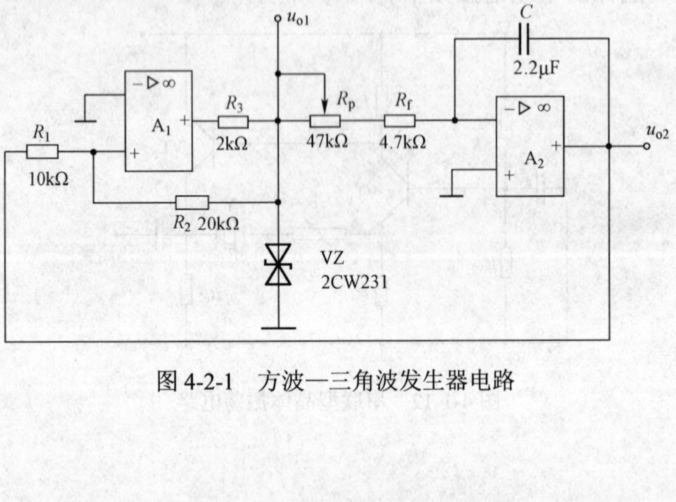

图 4-2-1　方波—三角波发生器电路

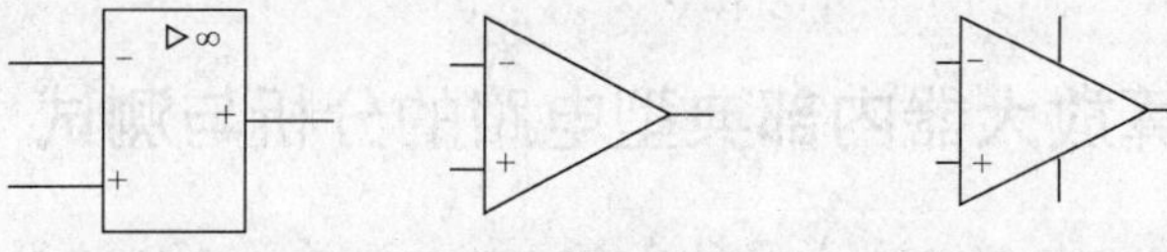

图 4-2-2　集成运算放大器符号

在图 4-2-2 中，(a) 是集成运算放大器的国标符号，图 4-2-2 (b)、图 4-2-2 (c) 是集成运算放大器的常用符号，其中图 4-2-2 (c) 画出了直流电源端。

关于集成电路的知识参见知识拓展 7。

集成运算放大器有两个输入端和一个输出端。图中“－”表示反相输入端，“＋”表示同相输入端。所谓同相输入端，是指输出信号与该输入端所加信号相位相同；而反相输入端是指输出信号与该输入端所加信号相位相反。

二、集成运算放大器的结构

集成运算放大器的发展速度极快，内部电路结构复杂，并有多种形式，但基本结构具有共同之处。集成运算放大器内部电路由高电阻输入级、中间电压放大级、低电阻输出级和偏置电路四部分组成，如图 4-2-3 所示。

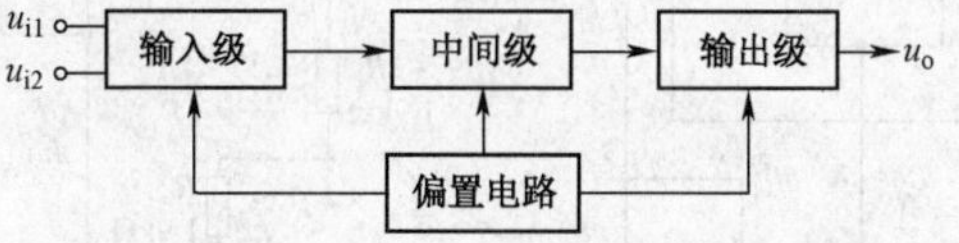

图 4-2-3　集成运算放大器内部电路框图

1. 高电阻输入级

输入级是决定集成运算放大器质量好坏的关键，对于高电压放大倍数的直接耦合放大电路，要求输入级温漂小、共模抑制比高、有极高的输入阻抗。因此，集成运算放大器的输入级都由具有恒流源的差动放大电路组成。

2. 中间电压放大级

运算放大器的放大倍数主要是由中间级决定的，因此，要求中间级有较高的电压放大倍数。一般，放大倍数可达到几万倍甚至几十万倍。中间级一般采用有恒流源负载的共射极放大电路。

3. 低电阻输出级

输出级应具有较大的电压输出幅度、较高的输出功率和较低的输出电阻的特点，大多采用甲乙类互补对称功率放大电路，主要用于提高集成运算放大器的负载能力，减小大信号作用下的非线性失真。

4. 偏置电路

偏置电路用来为各级放大电路提供合适的偏置电流，使之具有合适的静态工作点。一般由各种电流源组成。

此外，集成运算放大器还有一些辅助电路，如过流保护电路等。

4.2.2 集成运算放大器内部典型电路的分析与测试

图4-2-4是一种简单集成运算放大器内部电路图。它具有集成运算放大器典型的三级结构：VT_1、VT_2 组成差动放大输入级，信号双端输入，单端输出；VT_7、VT_8 组成恒流源电路，作为差动放大器的发射极负载；为了提高整个电路的电压增益，电压放大级由 VT_3、VT_4 组成复合管共射极电路，这两个三极管可以等效于一个 NPN 管，其电流放大倍数为两管电流放大倍数的乘积；由 VT_5、VT_6 组成两级电压跟随器构成电路的输出级，它不仅可以提高带负载的能力，而且可进一步使直流电位下降。R_7 和二极管 VD 组成低电压稳压电路以供给 VT_9 基准电压，它与 VT_9 一起构成电流源电路以提高 VT_5 的电压跟随能力。这里着重讨论差动放大电路及恒流源的作用。

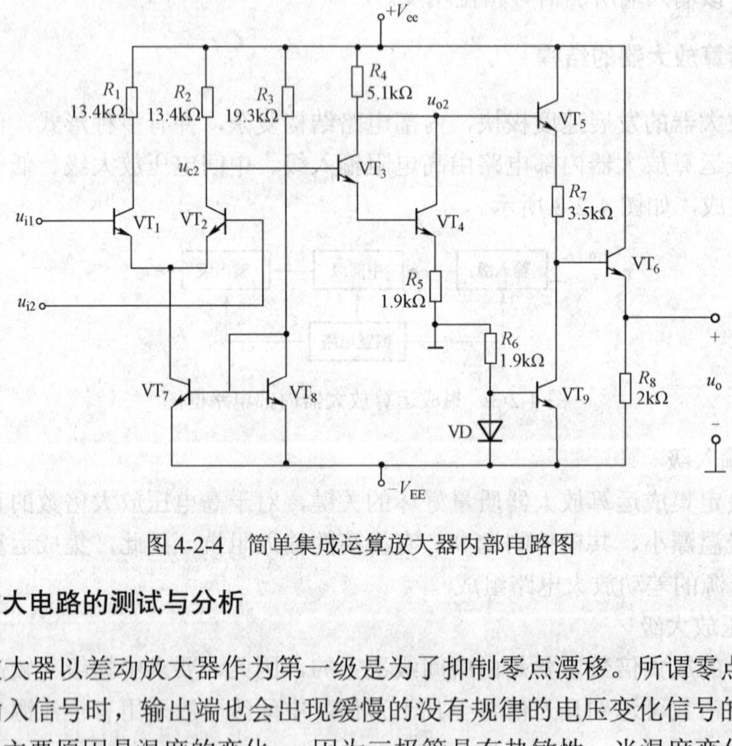

图 4-2-4 简单集成运算放大器内部电路图

一、差动放大电路的测试与分析

集成运算放大器以差动放大器作为第一级是为了抑制零点漂移。所谓零点漂移是指当放大电路在没有输入信号时，输出端也会出现缓慢的没有规律的电压变化信号的现象，简称零漂。造成零漂的主要原因是温度的变化 。因为三极管具有热敏性，当温度变化时，三极管的静态工作点发生微小偏移，这个微小的变化量将与信号叠加在一起，成为一种干扰。零漂问题在多级放大电路中表现得尤为严重，因为第一级电路的漂移将会被后面各级逐级放大，严重时在输出端能将信号淹没。第一级采用差动放大器抑制零漂最为有效。

为了了解差动放大电路的特性，接下来对它进行测试和分析。

1. 器材准备

直流电源（能提供±12V 直流电压）、函数信号发生器、双踪示波器、交流毫伏表、直流电压表、万用电表、晶体三极管 9013×3、电阻器、电容器若干。

2. 测试电路

测试电路如图 4-2-5 所示，它由两个元件参数相同的基本共射放大电路组成。当开关 S 拨向左边时，构成典型的差动放大器。R_e 为两管共用的发射极电阻。

当开关 K 拨向右边时，构成具有恒流源的差动放大器。它用晶体管恒流源代替发射极电阻 R_e，可以进一步提高差动放大器抑制共模信号的能力。

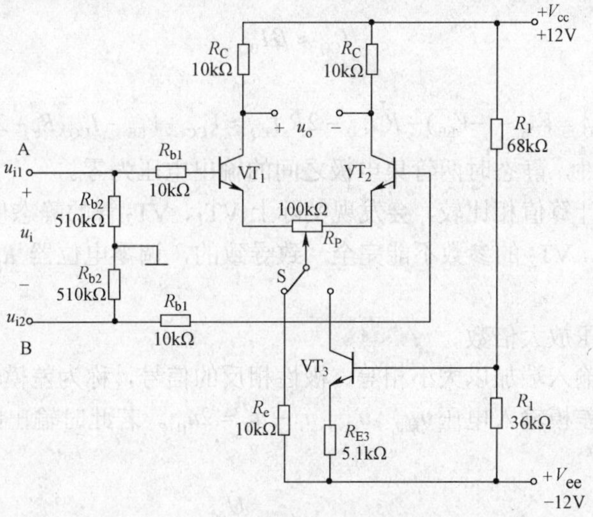

图 4-2-5　差动放大器典型电路

3. 测试内容

（1）放大器零点调节

按图 4-2-5 连接电路，开关 S 拨向左。信号源不接入。将放大器输入端 A、B 与地短接，接通±12V 直流电源，用直流电压表测量输出电压 U_o，调节调零电位器 R_p，使 $U_o=0$。调节要仔细，力求准确。

（2）测量静态工作点

零点调好以后，用直流电压表测量 VT_1、VT_2 管各电极电位及射极电阻 R_e 两端电压 U_{RE}，计算 VT_1、VT_2 管的静态工作点，填入表 4-2。

表 4-2　典型差动放大器静态工作点测试

	三极管各极电位			U_{RE}	静态工作点		
	U_B	U_C	U_E		$U_{CEQ}=U_C-U_E$	$I_{BQ}=-U_E/R_{b1}$	$I_{CQ}=(12-U_E)/R_C$
VT_1							
VT_2							

理论分析：

静态时，因为电路结构对称、元件参数相同，所以，两管的静态工作点应当完全相同，R_P 滑动端应当处于正中间，因此 R_e 两端的电压 $U_{RE}=2I_E R_e$，由输入回路可知

$$I_{BQ}R_{b1}+U_{BEQ}+I_{EQ}\frac{R_p}{2}+2I_{EQ}R_e=V_{EE}$$

由于 $R_p \ll R_e$，上式可以近似为

$$I_{BQ}R_{b1}+U_{BEQ}+2(\beta+1)I_{BQ}R_e=V_{EE}$$

则基极静态电流

$$I_{BQ}=\frac{V_{EE}-U_{BEQ}}{R_b+2(1+\beta)R_e}$$

集电极静态电流

$$I_{CQ}\approx\beta I_{BQ}$$

集、射极间电压

$$U_{CEQ}=V_{CC}-(-V_{EE})-R_cI_{CQ}-2R_eI_{EQ}\approx V_{CC}+V_{EE}-I_{CQ}(R_c+2R_e)$$

由于电路的对称性，静态时两管集电极之间的输出电压为零。

将测量值与理论计算值相比较，会发现实际上 VT_1、VT_2 管的静态值并不完全对称，这主要是由于三极管 VT_1、VT_2 的参数不能完全一致导致的，调零电位器 R_p 的作用就是补偿电路的不对称性。

（3）测量差模电压放大倍数

在差动放大电路输入端加以大小相等、极性相反的信号，称为差模输入，即 $u_{i1}=-u_{i2}$。两输入信号之差则称为差模输入电压 u_{id}，$u_{id}=u_{i1}-u_{i2}=2u_{i1}$。若此时输出的信号为 u_{od}，则差模电压放大倍数定义为

$$A_{ud}=\frac{\dot{U}_{od}}{\dot{U}_{id}} \tag{4-19}$$

当 A、B 两端之间的输入电压为 u_i 时，相当于从 A 输入 $u_{i1}=u_i/2$，从 B 输入 $u_{i2}=-u_i/2$ 的大小相等、极性相反信号。

根据负载接法的不同，差动放大器有双端输出和单端输出两种方式。如果负载跨接在对称的两个三极管的输出端之间，则称为双端输出，如果负载接在其中一个三极管的输出端与地之间，则称为单端输出。

因为 u_{i1} 使 VT_1 管集电极电流 i_{c1} 增加，u_{i2} 使 VT_2 管集电极电流 i_{c2} 减少，在电路完全对称的情况下，i_{c1} 增加量等于 i_{c2} 的减少量，二者之和不变，即流过 R_e 的电流不变，仍等于静态电流 I_E，因此 R_e 两端电压不变。也就是说，对差模输入信号来说 R_e 相当于短路，u_e=0。由此画出差动放大电路差模信号的交流通路，如图 4-2-6 所示。

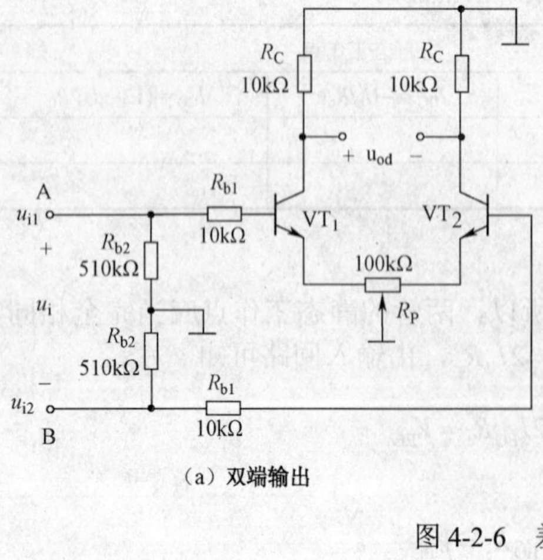

（a）双端输出

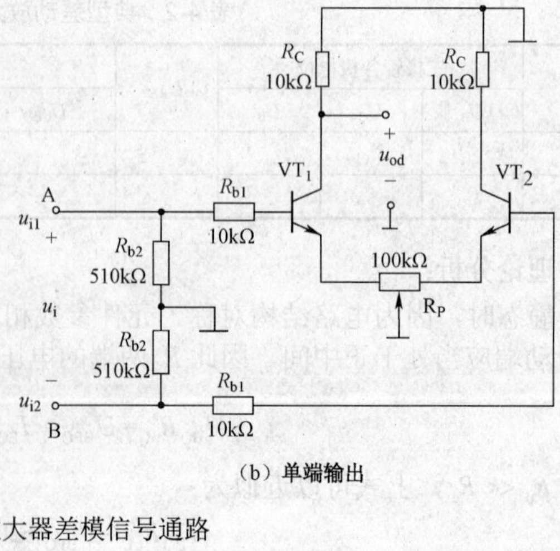

（b）单端输出

图 4-2-6　差动放大器差模信号通路

空载时，如果采用双端输出方式，则由图 4-2-6（a）可知

$$A_{ud}=\frac{\dot{U}_{od}}{\dot{U}_{id}}=\frac{\dot{U}_{o1}-\dot{U}_{o2}}{\dot{U}_{i1}-\dot{U}_{i2}}=\frac{2\dot{U}_{o1}}{2\dot{U}_{i1}}=-\beta\frac{R_c}{R_{b1}+r_{be}+(1+\beta)\frac{R_p}{2}}$$

如果采用单端输出方式，则由图 4-2-6（b）可知

$$A_{ud}=\frac{\dot{U}_{od}}{\dot{U}_{id}}=\frac{\dot{U}_{o1}}{\dot{U}_{i1}-\dot{U}_{i2}}=\frac{\dot{U}_{o1}}{2\dot{U}_{i1}}=-\beta\frac{R_c}{2\left[R_{b1}+r_{be}+(1+\beta)\frac{R_p}{2}\right]}$$

当输出端接有负载时，如果采用双端输出方式，由于差模输入信号会使晶体管 VT_1、VT_2 的集电极电位向相反方向变化，一增一减，且变化量相等。这使负载电阻 R_L 的中点是交流零电位。因此差动输入的每边负载电阻为 $R_L/2$，交流等效负载电阻为 $R_L'=R_c//(R_L/2)$，差模电压放大倍数为

$$A_{ud}=-\beta\frac{R_L'}{R_{b1}+r_{be}+(1+\beta)\frac{R_p}{2}}=-\beta\frac{R_c//(R_L/2)}{R_{b1}+r_{be}+(1+\beta)\frac{R_p}{2}}$$

若采用单端输出方式，则负载完全属于 VT_1。交流等效负载电阻为 $R_L'=R_c//R_L$。

$$A_{ud}=-\beta\frac{R_c}{2\left[R_{b1}+r_{be}+(1+\beta)\frac{R_p}{2}\right]}=-\beta\frac{R_c//R_L}{2\left[R_{b1}+r_{be}+(1+\beta)\frac{R_p}{2}\right]}$$

同样，由交流通路可以得到双端输出时的差模输入电阻和输出电阻

$$R_{id}=2\{R_{b2}//[R_{b1}+r_{be}+(1+\beta)\frac{R_p}{2}]\}$$

$$R_{od}=2R_o$$

单端输出时的差模输入电阻和输出电阻

$$R_{id}=R_{b2}//[R_{b1}+r_{be}+(1+\beta)\frac{R_p}{2}]$$

$$R_{od}=R_c$$

测试操作方法：

关断直流电源，将函数信号发生器的输出端接放大器输入 A 端，地端接放大器输入 B 端构成单端输入方式，调节输入信号为频率 f＝1kHz 的正弦信号，并使输出旋钮旋至零，用示波器监视 C_1 输出端。接通±12V 直流电源，逐渐增大输入电压 U_i（约 100mV），在输出波形无失真的情况下，用交流毫伏表测有效值 U_i，U_{c1}，U_{c2}，U_o 及 U_{RE} 并记录下来，根据测量结果计算差模电压放大倍数，并观察 u_i，u_{C1}，u_{C2} 之间的相位关系及 U_{RE} 随 U_i 改变而变化的情况。把测量计算结果填入表 4-3，并将测量结果与理论计算值相比较。

表 4-3　典型差动放大器差模放大性能测试

用交流毫伏表测得的电压有效值					差模电压放大倍数	
U_i	U_{c1}	U_{c2}	U_o	U_{RE}	双端输出 $A_{ud}=U_{RE}/U_i$	单端输出 $A_{ud}=U_{c1}/U_i$

（4）测量共模电压放大倍数

在差动放大电路的两个输入端加上大小相等、极性相同的信号，称为共模输入。其中任一端的输入电压即为共模输入电压 u_{ic}。

由于差动放大电路的对称性，两输入端信号完全相同时，两管集电极电位的变化量一样，在双端输出的情况下，共模输出电压为

$$u_{oc}=u_{c1}-u_{c2}=0$$

共模电压放大倍数定义为

$$A_{uc}=\frac{\dot{U}_{oc}}{\dot{U}_{ic}} \tag{4-20}$$

显然，在双端输出的情况下，A_{uc}=0。差动放大器利用对称性，能够抑制共模信号的输出。

在单端输出的情况下，由于电路是对称的，所以两管电流的变化量相等，同时增加或同时减少，此时流过 R_e 的电流为 $2i_{e1}$ 或 $2i_{e2}$，相当于对每只晶体管的射极接了 $2R_e$ 的电阻，其交流通路如图 4-2-7 所示，其中 R_p 因其值远小于 R_e 而被忽略。

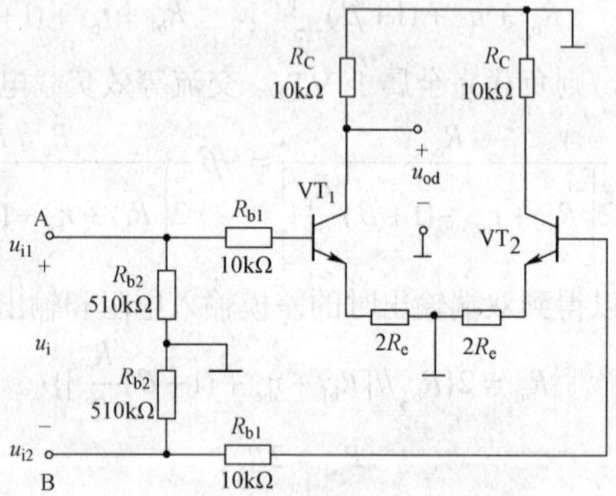

图 4-2-7　差动放大器共模信号通路

根据交流通路可得，单端输出的共模电压放大倍数为

$$A_{uc}=-\beta\frac{R_L'}{R_{b1}+r_{be}+(1+\beta)2\mathrm{R_e}}$$

由于 $R_{b1}\ll(1+\beta)2\mathrm{R_e}$，$r_{be}\ll(1+\beta)2R_e$，

$$A_{uc}\approx-\beta\frac{R_L'}{(1+\beta)2R_e}\approx-\frac{R_L'}{2R_e} \tag{4-21}$$

式（4-21）说明差动放大电路在单端输出的情况下，利用发射极负载 R_e 抑制共模信号，显然 R_e 越大，抑制共模信号的能力越强。由此也可以看出 R_e 在电路中的作用，它对差模信号无负反馈作用，因而不影响差模电压放大倍数，但对共模信号有较强的负反馈作用，可以有效地抑制零漂，稳定静态工作点。

在电路中，由于温度的变化或电源电压的波动引起两管集电极电流的变化是相同的，可以把它们的影响等效地视为在差动放大电路输入端加入共模信号的结果，所以差动放大电路对温度的影响具有很强的抑制作用。另外伴随输入信号一起加入的对两边输入相同的干扰信号也可以看成是共模输入信号而被抑制。所以差动放大路非常适合于作为多级直接耦合放大

电路的输入级。

通常用共模抑制比 K_{CMR} 来衡量差动放大器抑制共模信号的能力。K_{CMR} 定义为差模电压放大倍数与共模电压放大倍数之比的绝对值，即

$$K_{CMR}=\left|\frac{A_{ud}}{A_{uc}}\right| \tag{4-22}$$

由于这个值一般很大，也可以用分贝（dB）数来表示，即

$$K_{CMR}\text{（dB）}=20\lg\left|\frac{A_{ud}}{A_{uc}}\right| \tag{4-23}$$

由上可知，差模电压放大倍数越大，共模电压放大倍数越小，则 K_{CMR} 值越大，电路的共模抑制能力越强，性能越优良。当电路两边理想对称、双端输出时，K_{CMR} 为无穷大。而实际差动放大电路的 K_{CMR} 约为 60～120dB。

测试操作方法：

将放大器 A、B 短接，信号源接 A 端与地之间，构成共模输入方式，调节输入信号 f=1kHz，U_i=1V，在输出电压无失真的情况下，用交流毫伏表测量有效值 U_{C1}、U_{C2}、U_o 并计算共模电压放大倍数，记录在表 4-4 中，观察 u_i，u_{C1}，u_{C2} 之间的相位关系及 U_{RE} 随 U_i 改变而变化的情况。

表 4-4　典型差动放大器共模放大性能测试

用交流毫伏表测得的电压有效值				共模电压放大倍数	
U_i	U_{c1}	U_{c2}	U_o	双端输出 $A_{uc}=U_o/U_i$	单端输出 $A_{uc}=U_{c1}/U_i$

将测量观察结果与理论分析结论相比较。

以上讨论了差动放大电路对差模信号和共模信号的不同作用。如果从差动放大器两输入端输入的是两个任意的信号 u_{i1} 和 u_{i2}，则可以用式（4-24）和（4-25）将 u_{i1} 和 u_{i2} 分解为差模信号分量和共模信号分量分别进行分析。

$$u_{id}=u_{i1}-u_{i2} \tag{4-24}$$

$$u_{ic}=(u_{i1}+u_{i2})/2 \tag{4-25}$$

根据输入、输出的方式不同，差动放大电路有四种不同的接法，即双端输入、双端输出，双端输入、单端输出，单端输入、双端输出和单端输入、单端输出。

差动放大电路几种接法的比较参见知识拓展 7。

二、恒流源电路作用的测试与分析

1. 器材与电路

同“差动放大电路”部分。

2. 测试内容

将图 4-2-3 电路中开关 K 拨向右边。重复差动放大电路测试中（1）～（4）的内容。

3. 分析和比较

将图 4-2-3 电路中开关 K 拨向右边，相当于用一个恒定电流源代替了电阻 R_e，如图 4-2-8（a）

所示。由前面分析可知，差动放大电路中 R_e 越大抑制共模信号的能力越强。但是，R_e 的增大是有限的，一方面 R_e 过大，要保证三极管有合适的静态工作点，就必须加大负电源 U_{EE} 的值，显然不合适。另一方面当电源已选定后，R_e 太大也会使 I_C 下降太多，影响放大电路的增益。而理想恒流源的交流电阻为无穷大，而且恒定的 I_E 可以使静态工作点也稳定，用它来代替 R_e 提高电路的 K_{CMR} 非常合适。

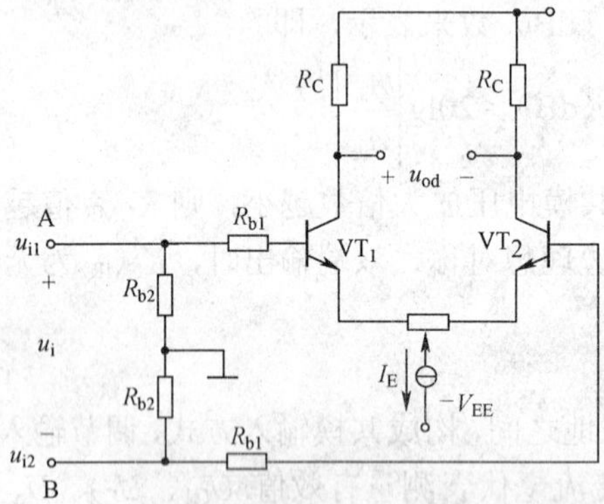

（a）恒流源差动放大电路

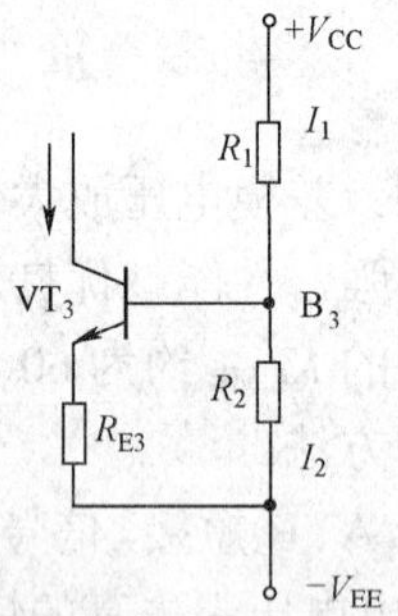

（b）恒流源结构

图 4-2-8　具有恒流源的差动放大电路

此电路中的恒流源是最简单的一种，单独画出如图 4-2-8（b）所示，VT_3 采用的是分压式偏置方式，由于 VT_3 基极电流远小于 I_1 和 I_2，B_3 点电位由 R_1 和 R_2 分压确定，而 VT_3 集电极电流为

$$I_{C3} \approx I_{E3} = \frac{U_{B3} - U_{BE3}}{R_{E3}}$$

这个电流为一个恒定值。

恒流源电路还有其他一些形式。常用的电流源电路及其特性参见知识拓展 7。

4.2.3　电压比较器的分析

一、集成运算放大器的理想特性

所谓理想运算放大器就是将各项技术指标理想化的集成运算放大器。

集成运算放大器主要参数参见知识拓展 7。

在分析与应用集成运算放大器时，为了简化分析，通常把它理想化，看成是理想运算放大器。理想运算放大器的特性如下：

① 开环差模电压放大倍数 A_{ud} 趋近于无穷大，

② 开环差模输入电阻 R_{id} 趋近于无穷大，

③ 开环差模输出电阻 R_{od} 趋近于零，

④ 共模抑制比 K_{CMR} 趋近于无穷大。

集成运算放大器的电压传输特性 $u_o=f(u_{id})$ 如图 4-2-9（a）所示。由传输特性可知，集成运算放大器有两个工作区：一是饱和工作区（也称非线性区），运算放大器由双电源供电时，输出饱和值不是 $+U_{OM}$ 就是 $-U_{OM}$；二是放大区（又称线性区），当集成运算放大器工作在线性区时，应当有线性放大关系：$u_o = A_{ud} u_{id}$。

通常集成运算放大器的开环差模电压放大倍数 A_{ud} 非常高，可达几十万倍，因此集成运算放大器的电压传输特性中的线性区非常窄。例如：如果输出电压最大值 $\pm U_{OM} = \pm 13V$, $A_{ud} = 5 \times 10^5$，那么只有当输入信号 $|u_{id}| < 26\mu V$ 时，电路才会工作在线性区。否则集成运算放大器就将进入非线性区，输出电压 u_o 不是 +13V 就是 −13V。对于理想集成运算放大器来说，由于 A_{od} 为∞，线性区范围被压缩为零。如图 4-2-9（b）所示。

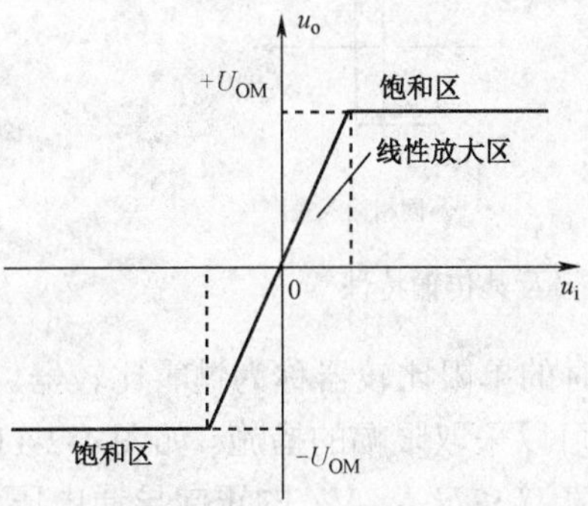

（a）集成运算放大器的电压传输特性

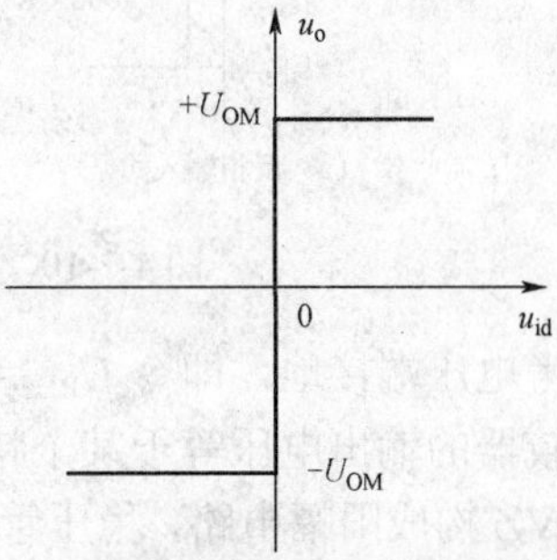

（b）理想集成运算放大器的电压传输特性

图 4-2-9　集成运算放大器的电压传输特性

图 4-2-9（b）说明：当集成运算放大器处于开环状态时，若 $u_+ > u_-$，则有 $u_o = +U_{OM}$；若 $u_+ < u_-$，则有 $u_o = -U_{OM}$。

集成运算放大器接有正反馈也是这样，因为正反馈进一步增加了差模电压放大倍数 A_{ud}。这是集成运算放大器处于非线性状态时的一个重要特点。

集成运算放大器处于非线性状态时的另一个特点是：由于 $R_{id} = \infty$，故输入同相端和反相端的电流 $i_+ \approx 0$，$i_- \approx 0$，相当于输入端开路。集成运算放大器的这个特点被称为"虚断"。

集成运算放大器处于非线性工作状态时的电路称为非线性应用电路。

二、非线性应用实例——电压比较器

电压比较器是把输入电压信号（被测信号）与基准电压信号进行比较，根据比较结果输出高电平或低电平的电路，在电子测量、自动控制、模数转换以及各种非正弦波形产生和变换电路等方面得到了广泛的应用。

1. 单限比较器

单限比较器又称为电平检测器，可用于检测输入信号电压是否大于或小于某一特定参考电压值。根据输入方式，可分为反相输入式和同相输入式。图 4-2-10 中分别是反相输入式和同相输入式单限电压比较器。图中的 U_{REF} 是一个给定的参考电压。

由图 4-2-10（a）可以看出，对于反相输入式单限比较器，当输入信号电压 $u_i > U_T$ 时，输出电压 u_o 为 $-U_{OM}$；当输入信号电压 $u_i < U_T$ 时，输出电压 u_o 为 $+U_{OM}$。

对于同相输入式单限比较器，当输入信号电压 $u_i > U_T$ 时，输出电压 u_o 为 $+U_{OM}$；当输入信号电压 $u_i < U_T$ 时，输出电压 u_o 为 $-U_{OM}$，见图 4-2-10（b）。

当输入信号 u_i 增大或减小的过程中，只要经过某一电压值，输出电压 u_o 就发生跃变，传输特性上输出电压发生跃变时的输入电压称为门限电压 U_T（或阈值电压）。图 4-2-10 中电路只有一个门限电压 U_T，门限电压 $U_T=U_{REF}$，所以称为单限比较器。

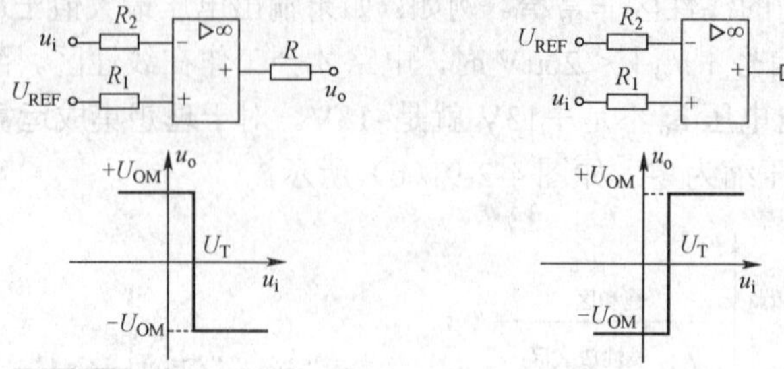

（a）反相输入式　　　　（b）同相输入式

图 4-2-10　单限比较器及其传输特性

如果将参考电压端接地，即令 $U_{REF}=0$，这时的单限比较器称为过零比较器。

为了使比较器的输出电压等于某个特定值，可以采取限幅的措施。如图 4-2-11 中，电阻 R 和双向稳压管 VZ 构成限幅电路，稳压管的稳压值 $U_z<U_{OM}$，VZ 的正向导通电压为 U_D。所以输出电压 $u_o=\pm(U_z+U_D)$。

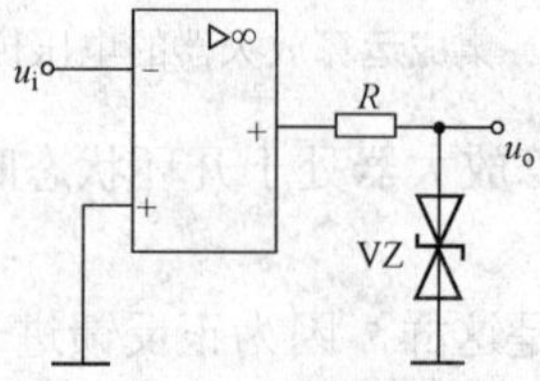

图 4-2-11　具有限幅电路的过零电压比较器

2. 滞回电压比较器

当单限比较器的输入电压在阈值电压附近上下波动时，不管这种变化是信号自身的变化还是外在干扰的作用，都会使输出电压在高、低电平之间反复跃变，这一方面说明电路的灵敏度高，但另一方面也表明抗干扰能力差。因而，有时需要电路有一定的“惯性”，即输入电压在一定的范围内变化而输出电压状态不变，滞回电压比较器可以满足这一要求。

滞回电压比较器（简称滞回比较器）又称为施密特触发器。这种比较器的特点是：当输入电压 u_i 逐渐增大以及逐渐减小时，两种情况下的门限电压不相等，传输特性呈现出“滞回”曲线的形状。

滞回比较器可以采用反相输入方式，也可以采用同相输入方式。

如图 4-2-12 所示为反相输入滞回比较器的电路及传输特性。R_f、R_2 将输出电压 u_o 取出一部分反馈到同相输入端，从而引入了正反馈。

电路的工作原理如下：

当 u_i 由小逐渐增大，开始时，由于 $u_-=u_i<u_+$，故输出高电平，即

$$u_o=+(U_Z+U_D)$$

此时同相输入端的电位为

$$u'_+ = \frac{R_2}{R_2 + R_f}(U_Z + U_D) = U_{T+}$$

当 u_i 增大到使 $u_- > u'_+$ 时，电路状态发生翻转，输出低电平，即

$$u_o = -(U_Z + U_D)$$

此时同相输入端的电位变为

$$u''_+ = \frac{R_2}{R_2 + R_f}(U_Z + U_D) = U_{T-}$$

在此状态下，若 u_i 减小，只要 $u_i > u''_+$，则仍维持输出低电平。只有 u_i 减小到使 $u_i < u''_+$ 时，电路状态才发生翻转，输出高电平。其电压传输特性如图 4-2-12（b）所示。

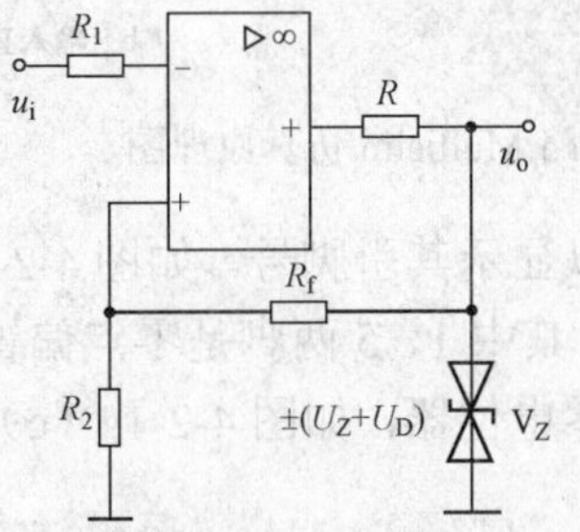

（a）电路

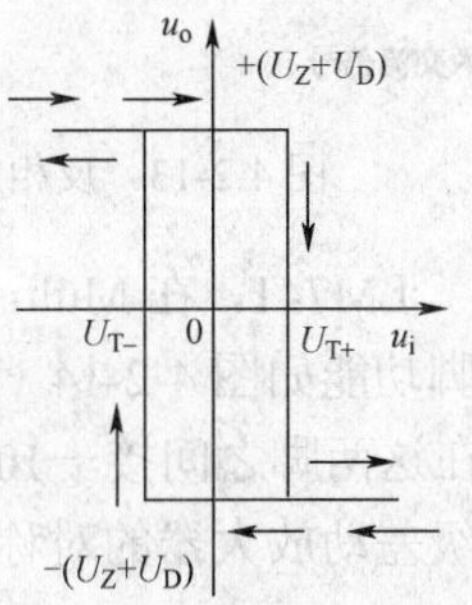

（b）传输特性

图 4-2-12　反相输入滞回比较器电路及传输特性

从曲线上可以看出，当 $U_{T-} < u_i < U_{T+}$，输出电压既可能是 $+(U_Z+U_D)$，又可能是 $-(U_Z+U_D)$。如果 u_i 是从小于 U_{T-} 逐渐变大到 $U_{T-} < u_i < U_{T+}$，则输出为高电平；如果 u_i 是从大于 U_{T+} 逐渐变小到 $U_{T-} < u_i < U_{T+}$，则输出应为低电平。所以应在电压传输特性曲线上标明变化方向，如图 4-2-12（b）中箭头所示。

由传输特性可以看出，滞回比较器有两个门限电压：上门限电压 U_{T+} 和下门限电压 U_{T-}，两者之差称为回差电压或门限宽度：

$$\Delta U_T = U_{T+} - U_{T-}$$

因此，当输入信号越过一个门限电压时，即使 u_i 中有干扰，只要此时 u_i 的波动值小于门限宽度，u_o 就不会发生误翻。可见滞回比较器具有较强的抗干扰能力。

4.2.4　集成运算放大器基本运算电路仿真分析

一、反相比例运算放大器的仿真与分析

1. 反相比例运算放大器的 Multisim10 仿真

在 Multisim10 中绘制原理图，如图 4-2-13（a）所示。用示波器 XCS1 的 A、B 通道分别监测输入信号与输出信号波形。展开示波器面板及窗口后，可以观察到输入、输出信号正好反相，且输出信号幅度恰好为输入信号的 10 倍，这说明电路的交流电压放大倍数为−10。

将电路中的信号源改成交流信号源，如图 4-2-13（b）所示，用万用表 XMM1 直流电压挡测量输出电压。按下仿真按钮后，可以观察到读数为−9.988≈−10V，说明电路对直流信号也

具有放大功能，电压放大倍数约等于−10。

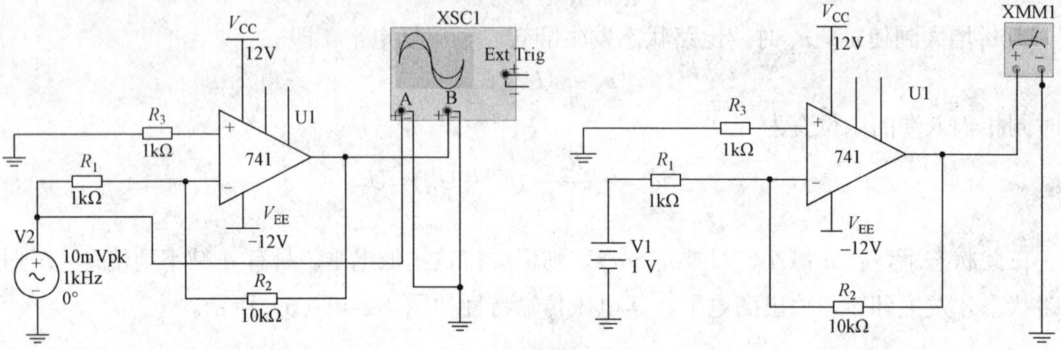

（a）输入交流信号　　（b）输入直流信号

图 4-2-13　反相比例运算电路 Multisim 仿真原理图

这里我们使用了 LM741，在 Multisim 中可以显示其引脚号，如图 4-2-14（a）所示，其实际器件外形和各引脚功能如图 4-2-14（b）所示。其中 1、5 两脚是零点偏置调整端，在要求较精确的场合，可以在这两脚之间接一 10kΩ 的调零电位器，如图 4-2-14（c）所示，其作用是调节集成片内部第一级差动放大器的对称性。

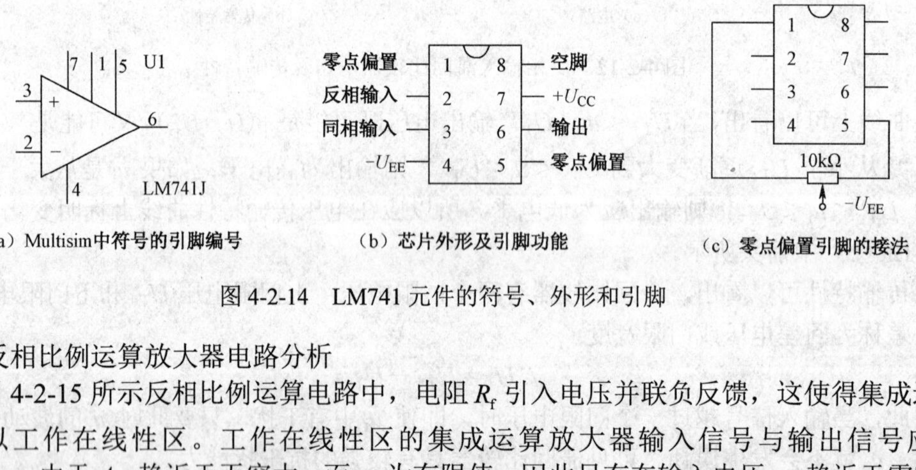

（a）Multisim中符号的引脚编号　　（b）芯片外形及引脚功能　　（c）零点偏置引脚的接法

图 4-2-14　LM741 元件的符号、外形和引脚

2. 反相比例运算放大器电路分析

在图 4-2-15 所示反相比例运算电路中，电阻 R_f 引入电压并联负反馈，这使得集成运算放大器可以工作在线性区。工作在线性区的集成运算放大器输入信号与输出信号应满足 $u_o = A_{ud}u_{id}$，由于 A_{ud} 趋近于无穷大，而 u_o 为有限值，因此只有在输入电压 u_{id} 趋近于零时，这个关系式才能成立。或者说，当理想集成运算放大器工作在线性区时，它的两个输入端电压相等，即 $u_+=u_-$。因此，集成运算放大器的同相输入端与反相输入端可视为短路，这种特点被称为“虚短”。

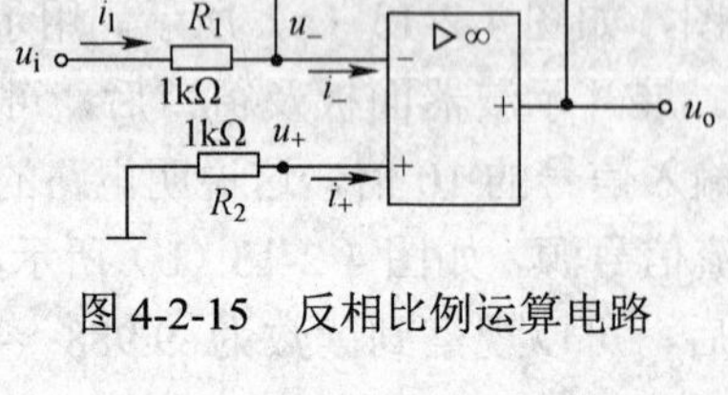

图 4-2-15　反相比例运算电路

此外，集成运算放大器非线性应用时“虚断”特性仍然适用。“虚短”和“虚断”这两条性质是分析集成运算放大器线性应用的基本依据。

对于图 4-2-15 电路，由于反相端虚断（i_-=0），R_f 与 R_1 可视为串联，$i_1 = i_f$，即

$$\frac{u_i - u_-}{R_1} = \frac{u_- - u_o}{R_f} \tag{4-26}$$

又因为同相端虚断（i_+=0），R_2 上不产生电压，使得 u_+=0，由于虚短特性，u_-=u_+=0。反相端这种并未与地相接而电位为 0 的现象称为“虚地”。

由（4-26）式可以推出

$$\frac{u_i}{R_1} = -\frac{u_o}{R_f}$$

由此可知电压放大倍数

$$A_{uf} = \frac{u_o}{u_i} = -\frac{R_f}{R_1} \tag{4-27}$$

代入数据可以计算得 $A_{uf} = -10$，这个分析结果与前面仿真中看到的现象是完全一致的。

此外，电路中的电阻 R_2 称为直流平衡电阻，以消除静态时集成运算放大器内输入级基极电流对输出电压产生的影响，进行直流平衡。其阻值等于反相输入端所接的等效电阻，即 R_2=$R_1 // R_f$，此处由于 $R_1 << R_f$，近似取 R_2=R_1。

由于“虚地”，故放大电路的输入电阻为：$R_i = R_1$；

放大电路的输出电阻为：$R_o = 0$，说明电路有很强的带负载能力。

二、同相比例运算放大器的仿真与分析

1. 同相比例运算放大器的 Multisim10 仿真

在 Multisim10 中按反相比例运算电路仿真中的方法画出图 4-2-16 所示原理图，在输入端接上 10mV 交流信号源，用示波器观测其输入输出波形，并将结果与以下理论分析的结果相比较。

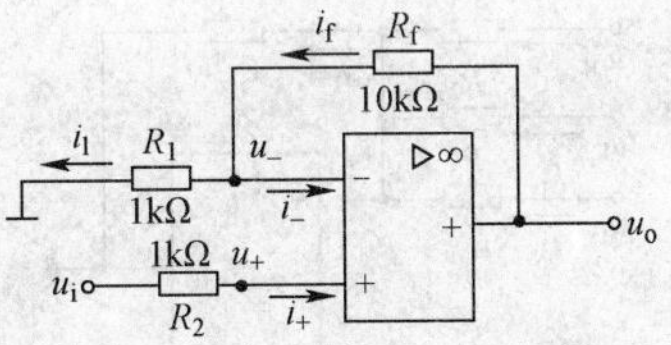

图 4-2-16　同相比例运算电路

2. 同相比例运算放大器电路分析

同相比例运算电路中 R_f 与 R_1 使运算放大器构成电压串联负反馈电路，使集成运算放大器工作在线性区。

根据虚断知 i_+=0，故 R_2 上电压为零，又因为虚短，u_+=u_-，故 $u_- = u_+ = u_i$。

根据 $i_1 = i_f$ 可知：

$$\frac{u_-}{R_1} = \frac{u_o - u_-}{R_f} \quad 即 \quad \frac{u_i}{R_1} = \frac{u_o - u_i}{R_f}$$

整理得：$u_o = (1+\frac{R_f}{R_1})u_i$

$$A_{uf} = \frac{u_o}{u_i} = 1 + \frac{R_f}{R_1} \tag{4-28}$$

由同相比例运算电路的输入电流为零，可知

放大电路的输入电阻 $R_i \to \infty$；

放大电路的输出电阻 $R_o=0$。

以上公式表明，电路的输出电压与输入电压相位相同，且成比例关系。

因为静态时电路与反相比例运算电路完全相同，所以平衡电阻 R_2 阻值仍取 $R_2=R_1//R_f$

若取 $R_1 \to \infty$，$R_f=0$，则 $u_o=u_i$，此时，电路成为电压跟随器，电路如图 4-2-17 所示。

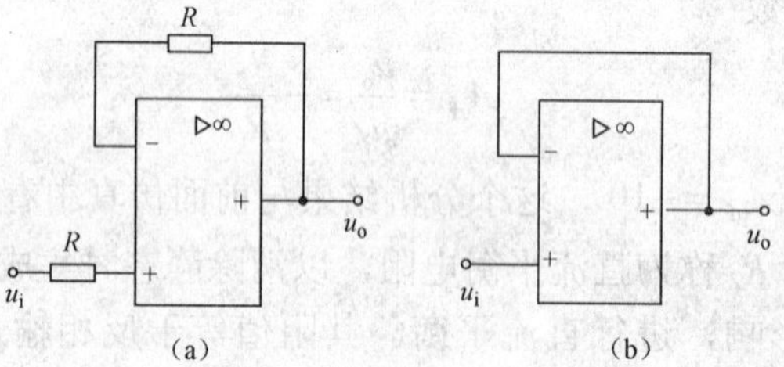

图 4-2-17　电压跟随器

电压跟随器是同相比例运算电路的一个特例，与射极跟随器类似，但其跟随性能更好，输入电阻更高，输出电阻趋于零。常作为变换器或缓冲器，在电子电路中应用极广。

三、加法运算电路的仿真与分析

1. 反相加法运算电路的仿真与分析

在 Multisim10 中按反相比例运算电路仿真中的方法画出图 4-2-18 所示原理图，元件参数自选，用示波器观测其输入输出波形，并将结果与以下理论分析的结果相比较。

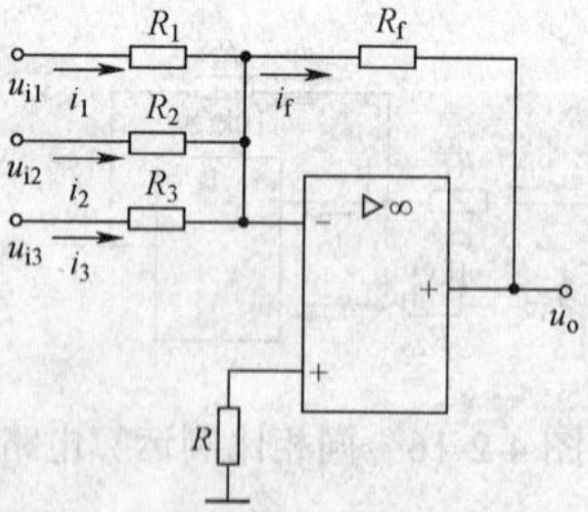

图 4-2-18　反相加法运算电路

图 4-2-18 是反相加法运算电路。其中 R_f 引入了深度电压并联负反馈，R 为平衡电阻（$R= R_1 // R_2 // R_3 // R_f$）。由于“虚地”，$u_- = u_+ = 0$，故有

$$i_1 = \frac{u_{i1}}{R_1}；\ i_2 = \frac{u_{i2}}{R_2}；$$

$$i_3 = \frac{u_{i3}}{R_3}；\ i_f = -\frac{u_o}{R_2}。$$

由虚断 $i_{+}=i_{-}=0$ 可得

$$i_f = i_1 + i_2 + i_3$$

由以上各式可得

$$u_o = -i_f R_f = -R_f\left(\frac{u_{i1}}{R_1}+\frac{u_{i2}}{R_2}+\frac{u_{i3}}{R_3}\right)$$

上式表明，反相加法运算电路的输出电压等于各输入电压以不同的比例反相求和。

若取 $R_1=R_2=\cdots=R_n$，则有

$$u_o = -\frac{R_f}{R}\left(u_{i1}+u_{i2}+\cdots+u_{in}\right)$$

若取 $R_f=R_1=R_2=\cdots=R_n$，则有

$$u_o = -\left(u_{i1}+u_{i2}+\cdots+u_{in}\right)$$

反相加法运算电路的特点是：当改变某一输入回路的电阻值时，只改变该路输入信号的放大倍数（比例系数），而不影响其他输入信号的放大倍数，因此，调节灵活方便。

2. 同相加法运算电路的仿真与分析

在 Multisim10 中按反相比例运算电路仿真中的方法画出图 4-2-19 所示原理图，元件参数自选，用示波器观测其输入输出波形，并将结果与以下理论分析的结果相比较。

图 4-2-19 所示电路为同相加法运算电路。

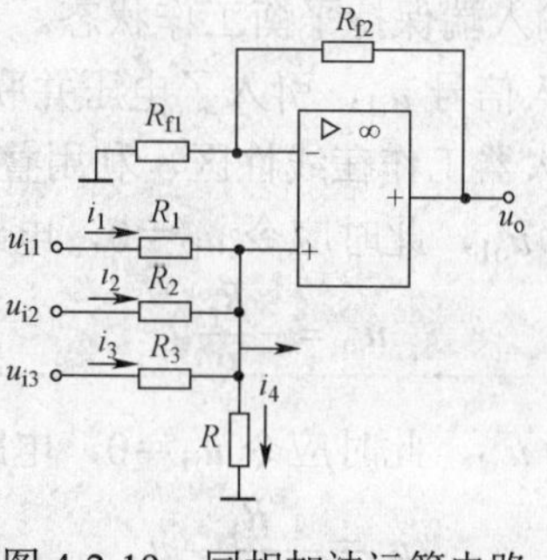

图 4-2-19　同相加法运算电路

根据理想运算放大器工作在线性区的“虚短”、“虚断”，对同相输入端列节点电流方程

$$\frac{u_{i1}-u_+}{R_1}+\frac{u_{i2}-u_+}{R_2}+\frac{u_{i3}-u_+}{R_3}=\frac{u_+}{R}$$

解得

$$u_+ = R'\left(\frac{u_{i1}}{R_1}+\frac{u_{i2}}{R_2}+\frac{u_{i3}}{R_3}\right)$$

又由 $A_{uf}=\frac{u_o}{u_i}=1+\frac{R_f}{R_1}$ 可得

$$u_o=\left(1+\frac{R_{f2}}{R_{f1}}\right)R'\left(\frac{u_{i1}}{R_1}+\frac{u_{i2}}{R_2}+\frac{u_{i3}}{R_3}\right) \qquad (4\text{-}29)$$

其中，同相输入端总电阻 $R'=R_1//R_2//R_3//R$；反相输入端总电阻 $R''=R_{f1}//R_{f2}$。

通常令 $R' = R''$，则（4-29）式可以化简为

$$u_o = \frac{R_{f1}+R_{f2}}{R_{f1}R_{f2}} \cdot R_{f2} \cdot R' \left(\frac{u_{i1}}{R_1}+\frac{u_{i2}}{R_2}+\frac{u_{i3}}{R_3}\right) = R_{f2}\left(\frac{u_{i1}}{R_1}+\frac{u_{i2}}{R_2}+\frac{u_{i3}}{R_3}\right) \tag{4-30}$$

式（4-30）说明同相加法运算电路的输出电压等于各输入电压以不同的比例同相求和。

四、减法运算电路的仿真与分析

在 Multisim10 中按反相比例运算电路仿真中的方法画出图 4-2-20 电路的原理图，元件参数自选，用示波器观测其输入输出波形，并将结果与以下理论分析的结果相比较。

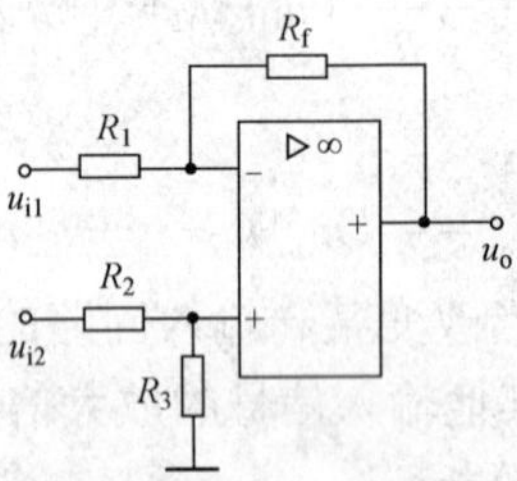

图 4-2-20　差动输入减法运算电路

电路图 4-2-20 是用差动电路来实现减法运算的。外加输入信号 u_{i1} 和 u_{i2} 分别通过电阻加在运算放大器的反相输入端和同相输入端，故称为差动输入方式。其电路参数对称，即 $R_1 /\!/ R_f = R_2 /\!/ R_3$，以保证运算放大器输入端保持平衡工作状态。

由电路可以判断出：对于输入信号 u_{i1}，引入了电压并联负反馈；对于输入信号 u_{i2}，引入了电压串联负反馈。所以运算放大器工作在线性区，利用叠加原理，对其分析如下。

设 u_{i1} 单独作用时输出电压为 u_{o1}，此时应令 $u_{i2}=0$，电路为反相比例放大电路

$$u_{o1} = -\frac{R_f}{R_1}u_{i1}$$

设 u_{i2} 单独作用时输出电压为 u_{o2}，此时应令 $u_{i1}=0$，电路为同相比例放大电路

$$u_+ = \frac{R_3}{R_2+R_3}u_{i2}$$

$$u_{o2} = \left(1+\frac{R_f}{R_1}\right)u_+ = \left(1+\frac{R_f}{R_1}\right)\times\left(\frac{R_3}{R_2+R_3}\right)u_{i2}$$

所以，当 u_{i1}、u_{i2} 同时作用于电路时

$$u_o = u_{o1}+u_{o2} = \left(1+\frac{R_f}{R_1}\right)\times\left(\frac{R_3}{R_2+R_3}\right)u_{i2} - \frac{R_f}{R_1}u_{i1}$$

当 $R_1=R_2$，$R_f=R_3$ 时

$$u_o = \frac{R_f}{R_1}(u_{i2}-u_{i1}) \tag{4-31}$$

由式（4-31）可以看出，输出电压与输入电压的差值成比例。

当 $R_1=R_f$ 时，$u_o=u_{i2}-u_{i1}$，实现了两个信号的直接相减。

五、积分、微分运算电路的仿真与分析

1. 积分运算电路

在 Multisim10 中按反相比例运算电路仿真中的方法画出图 4-2-21 电路的原理图，元件参数自选，输入正弦波信号，用示波器观测其输入输出波形，将信号源改为方波信号，再用示波器观测其输入输出波形，并将结果与以下理论分析的结果相比较。

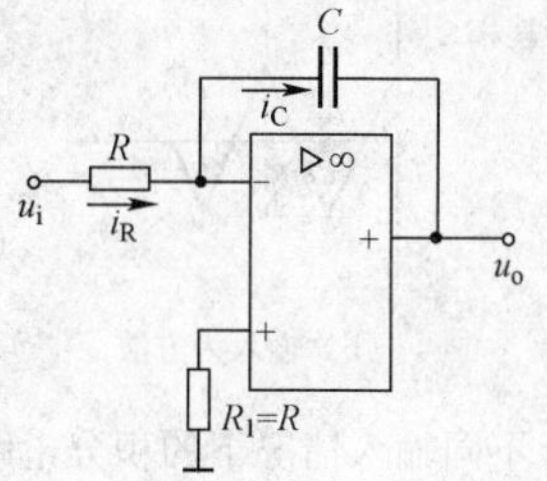

图 4-2-21　积分运算电路

图 4-2-21 所示电路可以完成信号的积分运算，输入信号 u_i 通过电阻 R 接至反相输入端，电容 C 为反馈元件。

由于虚断、虚短，$i_+=i_-=0$，$u_+=u_-$；另外由于同相输入端通过 R_1 接地，所以运算放大器的反相输入端为“虚地”，即 $u_+=u_-=0$。

电容 C 上流过的电流等于电阻 R_1 中的电流 $i_C=i_R=\dfrac{u_i}{R}$；输出电压与电容电压的关系为 $u_c=u_- - u_o=-u_o$。

又由于电容元件的伏安关系 $u_C=\dfrac{1}{C}\int i_C\mathrm{d}t=\dfrac{1}{RC}\int u_i\mathrm{d}t$，故

$$u_o=-u_c=-\frac{1}{RC}\int u_i\cdot\mathrm{d}t \tag{4-32}$$

由式（4-32）可知 u_o 为 u_i 对时间的积分，负号表示它们在相位上是相反的。其比例常数取决于电路的积分时间常数 $\tau=RC$。

若在时间 t_1–t_2 内积分，则应考虑 u_o 的初始值 u_o（t_1），那么输出电压为

$$u_o=-\frac{1}{RC}\int_{t_1}^{t_2}u_i\mathrm{d}t+u_o(t_1)$$

当 u_i 为常量时 U_i 时，

$$u_o=-\frac{1}{RC}U_i(t_2-t_1)+u_o(t_1)$$

上式表明，只要集成运算放大器工作在线性区，u_o 与 u_i 就为线性关系。

当输入为阶跃信号且初始时刻电容电压为零，电容将以近似恒流方式充电，即 $u_o=-\dfrac{1}{RC}U_i$，输出电压波形见图 4-2-22（a）（输出电压达到运算放大器输出的饱和值时，积分作用无法继续）。

当输入为方波和正弦波时，输出电压波形分别如图 4-2-22（b）、图 4-2-22（c）所示。

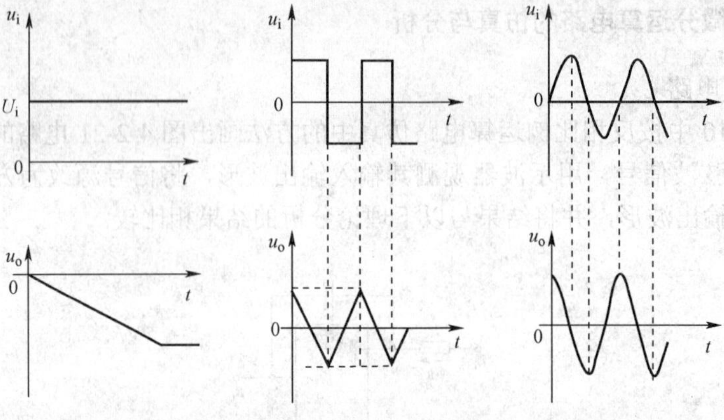

（a）输入为阶跃信号　　（b）输入为方波　　（c）输入为正弦波

图 4-2-22　不同输入情况下的积分电路电压波形

2. 微分运算电路

在 Multisim10 中按反相比例运算电路仿真中的方法画出图 4-2-23 所示原理图，元件参数自选，输入正弦波信号，用示波器观测其输入输出波形，将信号源改为方波信号，再用示波器观测其输入输出波形，并将结果与以下理论分析的结果相比较。

微分运算电路如图 4-2-23 所示，由于微分与积分互为逆运算，所以只要将积分器的电阻与电容位置互换即可。图中 R_1 为平衡电阻，取 $R_1=R$。

根据虚断、虚短和虚地原则可得

$$u_c=u_i,\quad i_C=i_R$$

又 $i_C=C\dfrac{du_C}{dt}=C\dfrac{du_i}{dt}$，可知：

$$i_R=i_C=C\frac{du_i}{dt}$$

则输出电压

$$u_o=i_R R=-RC\frac{du_i}{dt} \tag{4-33}$$

上式说明输出电压是输入电压对时间的微分。

在微分运算电路的输入端若加正弦电压则输出为余弦波，实现了函数的变换，或者说实现了对输入电压的移相；若加矩形波，则输出为尖脉冲，如图 4-2-24 所示。

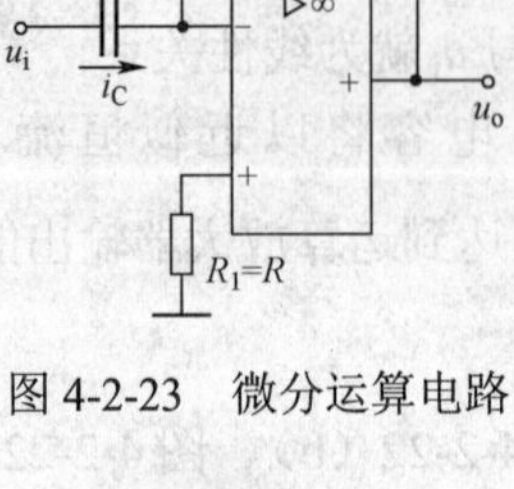

图 4-2-23　微分运算电路

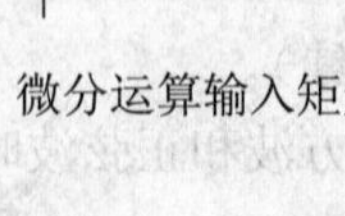

图 4-2-24　微分运算输入矩形波时波形

4.2.5　方波–三角波形发生器的测试

一、准备测试所用设备与器件

±12V 直流电源、双踪示波器、交流毫伏表、频率计、集成运算放大器 LM741×2、稳压管 2CW231×1、电阻器、电容器若干。

二、方波产生电路的测试

1. 方波发生器的基本工作原理

如图 4-2-25 所示的方波发生器电路，由滞回比较器和 RC 延时电路组成。

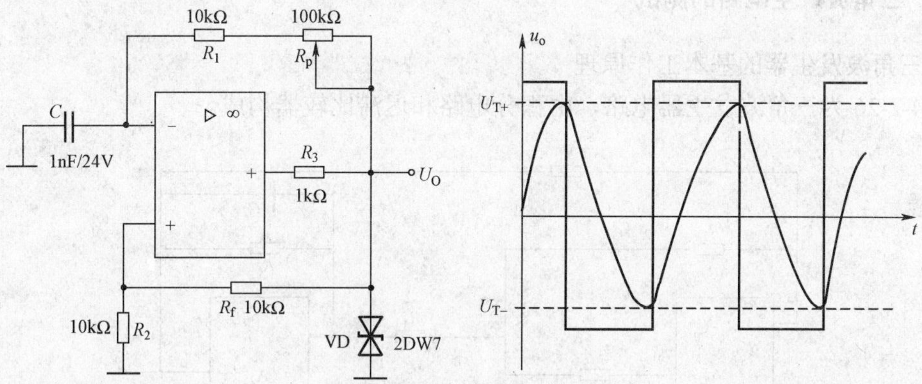

图 4-2-25　方波发生器

滞回比较器的两个阈值电压为：

当输出电压为正值 U_Z 时 $u_{+1}=\dfrac{R_f}{R_f+R_2}U_Z=U_{T+}$

当输出电压为负值 U_Z 时 $u_{+2}=\dfrac{-R_f}{R_f+R_2}U_Z=U_{T-}$

1）设 t=0 时，u_c=0，u_o=+U_Z，此时通过 R_1 对电容 C 充电，u_c 按指数规律上升，在这期间内，输出保持+U_Z。

2）当 $u_C \geqslant U_{T+}$时，运放的 $U_+<U_-$，输出翻转为$-U_Z$；此时的 U_+变为 U_{T-}。

3）在 $u_o=-U_z$ 作用下，电容 C 经 R_1 放电（反向充电），U_C 下降（u_-）；在此期间输出保持$-U_Z$。

4）当 $u_C \leqslant U_{T-}$时，输出又将翻转为+U_Z；然后重复上述过程。在输出端得到方波。

2. 振荡周期的分析

输出方波周期即电容一个充放电周期所用的时间。

根据三要素法可求出电容 C 的第一个放电周期所用的时间 T_L

$$u_C(t)=u_c(\infty)-[u_c(\infty)-u_c(0)]e^{-t/RC}$$

初态值为 U_{T+}，稳态值为$-U_Z$，放电终止值为 U_{T-}，代入上式可得

$$T_L=R_1C\ln\left(1+\frac{2R_f}{R_2}\right)$$

方波周期 T=2T_L，R_1 中包括 R_P 的值，调节电路中的 R_p 可以改变方波的周期和频率。

3. 方波发生器的仿真测试

按图 4-2-25 接好电路，选用运算放大器为 LM741，R_1、R_2、R_f 为 10kΩ的电阻，R_3 为 1kΩ的电阻，R_P 为 100kΩ的电位器，C 的容量为 1nF。VD 为 2DW7。

在 Multisim 仿真软件中仿真，改变电位器 R_P，观测是否可以改变输出信号频率。将电位器 R_P 调至最小时，观测电路的输出波形，此时输出信号的周期 T_1，R_P 调至最大时，观测电路的输出波形，此时输出信号的周期为 T_2；观察在这个过程中，输出信号的电压变化。

改变电容容量，观测是否可以改变输出信号频率。将电路中的电容 C 改为 0.022μF，观测输出信号波形，C 增大时，输出信号频率会怎样变化。

三、三角波产生电路的测试

1. 三角波发生器的基本工作原理

图 4-2-26 为三角波发生器电路，由积分电路和迟滞比较器构成。

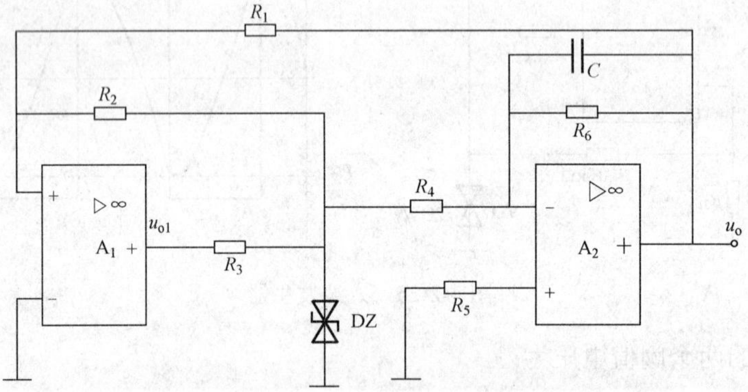

图 4-2-26　三角波发生器电路

迟滞比较器 A_1 输出为方波，积分器 A_2 输出为三角波。

迟滞比较器 A_1 的输出电平为稳压管的稳压值，高电平为 U_Z，低电平为$-U_Z$。反相端基准电压为 0。所以上、下门限电压为：

$$U_{TH1}=\frac{R_1}{R_2}U_Z$$

$$U_{TH2}=\frac{R_1}{R_2}U_Z$$

由于积分器 A_2 输出 u_0 反馈到迟滞比较器的输入端，所以 u_0 在大于 U_{TH1} 和小于 U_{TH2} 时，迟滞比较器 A_1 输出翻转。

三角波发生器的工作过程如下：

当迟滞比较器 A_1 的输出电压为$+U_Z$ 时，积分器 A_2 对$+U_Z$ 积分，u_0 线形减小。当减小到 $u_o=U_{TH2}=\frac{R_1}{R_2}U_Z$，迟滞比较器 A_1 输出电压翻转为$-U_Z$。于是 A_2 积分器对$-U_Z$ 积分，u_0 线性增大，当 u_0 增大到 $u_o=U_{TH1}=\frac{R_1}{R_2}U_Z$ 时，迟滞比较器 A_1 输出电压又翻回为$+U_Z$。于是电路将周而

复始，形成自激振荡。其工作波形如图 4-2-27 所示。

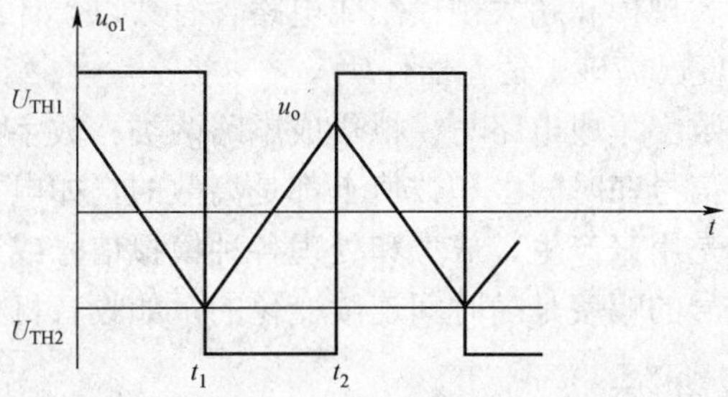

图 4-2-27　工作波形

由上分析可得三角波的幅度为$U_{om}=\frac{R_1}{R_2}U_Z$

在 t_1 到 t_2 时刻由于积分时 u_o 的变化量为$\frac{U_Z}{R_4C}(t_2-t_1)$，所以

$$\frac{R_2}{R_1}U_Z=-\frac{R_1}{R_2}U_Z+\frac{U_Z}{R_4C}(t_2-t_1)$$

振荡周期为$T=2(t_2-t_1)=\frac{4R_1R_4C}{R_2}$

2. 三角波发生器的制作

电路如图 4-2-26 所示，积分电路和迟滞比较器相连可组成三角波发生器。根据设计要求电阻 R_1、R_2 均为 10kΩ，R_3 为 330Ω，R_4、R_5 均为 1kΩ，电容 C 为 0.01μF，稳压管为 2CW231，采用的集成运放为 LM741。

3. 三角波发生器的测试

按电路图接好线路，测试步骤如下：

1）用双踪示波器 DC 输入方式，观察 u_{o1} 和 u_{o2} 波形。并将波形记录下来。

2）改变电阻 R_4 或电容 C，观察输出电压波形的变化。

3）改变电阻 R_1 或 R_2，观察输出电压波形的变化。

知识拓展 7——集成运算放大电路扩展阅读

一、集成电路简介

集成电路就是采用一定的制造工艺，将二极管、三极管、场效应管、电阻等许多元器件组成的具有完整功能的电路安装在同一块半导体基片上，封装后构成特定功能的电路块。由于它的密度高（即集成度高）、体积小、功能强、功耗低、外部连线及焊点少，从而大大提高了电子设备的可靠性和灵活性，实现了元件、电路与系统的紧密结合。用集成电路来装配电子设备，其装配密度比晶体管可提高几十倍至几千倍，设备的稳定工作时间也可大大提高。

一块硅基片上所包含的元器件数目称为集成度。集成电路按集成度不同，分为小规模（SSI），中规模（MSI），大规模和超大规模（LSI 和 VLSI）。小规模集成电路一般含有十几到几十个元器件，硅片面积约有几平方毫米。中规模集成电路含有一百到几百个元器件，硅片面积约十平方毫米左右。大规模和超大规模集成电路含有数以千计或更多的元器件。目前的超大规模集成电路，集成度已突破 1 亿元器件/片。

集成电路按功能分为数字集成电路与模拟集成电路两类。数字集成电路是用来产生和加工各种数字信号的，这类信号在时间上和数值上都是离散的，如电报电码、计算机中各种数码信号等。模拟集成电路是用来产生、放大和处理各种模拟信号或进行模拟信号和数字信号之间相互转换的，这类信号的幅度是随时间连续变化的，如收音机接收的电信号、音响设备中的电信号。

模拟集成电路的种类很多，包括集成运算放大器、集成稳压器、集成功率放大器、集成模拟乘法器等。其中应用最为广泛的是集成运算放大器，它实际上是一个高电压增益、高输入电阻和低输出电阻的直接耦合放大电路。通常将集成运算放大器分为通用型与专用型两类，通用型的直流特性较好，性能上满足许多领域应用的要求，价格也便宜，用途最广。专用型运算放大器可以满足一些特殊应用的需要，专用型有低功耗型、高输入阻抗型、高速型、高精度型及高电压型等。

二、差动放大器几种接入方式的比较

在实际应用中，根据输入、输出的方式不同，差动放大电路有四种不同的接法，即双端输入、双端输出，双端输入、单端输出，单端输入、双端输出和单端输入、单端输出，现将四种接法的电路图、性能指标归纳于表 4-5 中，供对照比较。

表 4-5　差动放大电路几种接法的性能指标比较

连接方式	双端输出		单端输出	
	双端输入	单端输入	双端输入	单端输入
典型电路	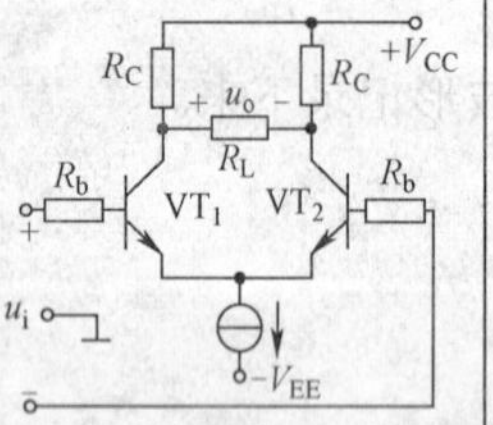	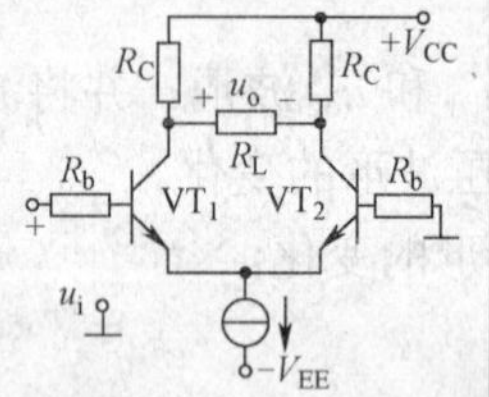	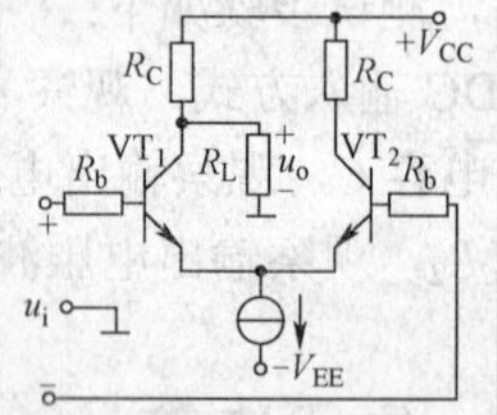	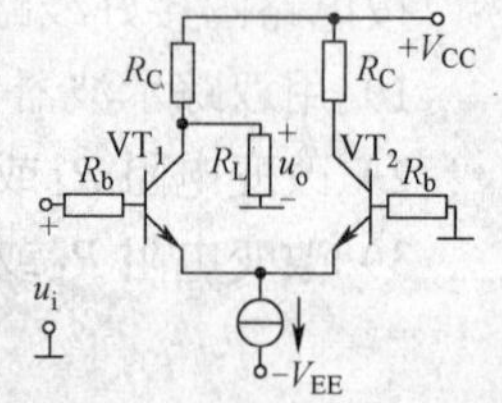
A_{ud}	$A_{ud}=-\beta\dfrac{R'_L}{R_b+r_{be}}$ $R'_L=R_c\,//\,\dfrac{R_L}{2}$		$A_{ud}=-\dfrac{1}{2}\beta\dfrac{R'_L}{R_b+r_{be}}$ $R'_L=R_c\,//\,R_L$	
A_{uc}	$A_{uc}\to 0$		$A_{uc}=-\dfrac{R_c}{2R_e}$（很小）	
K_{CMR}	$K_{CMR}\to\infty$		$K_{CMR}\approx\dfrac{\beta R_c}{r_{be}}$（高）	
R_{id}	$R_{id}=2(R_b+r_{be})$			
R_o	$R_o\approx 2R_c$		$R_o\approx R_c$	
用途	适用于输入、输出都不要接地，对称输入、输出的场合	适用单端输入转为双端输出的场合	适用双端输入转为单端输出的场合	适用于输入、输出电路中需要有公共接地的场合

以上分析表明，从输入端信号的连接形式来看，单端输入和双端输入虽然形式不完全一样，但其作用是相同的，二者没有本质上的区别；从电压放大倍数和输入、输出电阻来看，其计算方法和表达式与双端输入电路也完全一样，只须区分是双端输出还是单端输出就可以了。

三、常用电流源电路

电流源是提供恒定电流的电子线路，由于它具有直流电阻小而交流电阻很大的特点，在模拟集成电路中，广泛地使用电流源为放大电路提供稳定的偏置电路或作为放大电路的有源负载。常用的电流源及其特性如表 4-6 所示。

表 4-6　常用的电流源及其特性

名　称	电 路 结 构	电 路 特 点
晶体管电流源	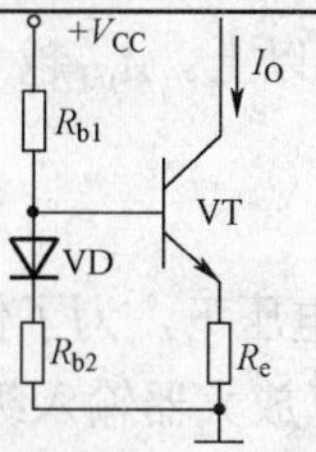	三极管工作在放大区，集电极电流 I_O 为一恒定值，图中二极管用来补偿三极管的 U_{BE} 随温度变化对输出电流的影响
比例型电流源	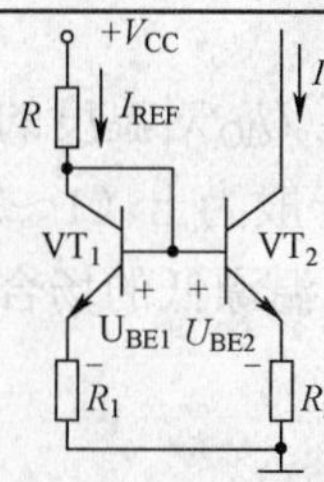	图中 I_{REF} 为基准电流，$I_{REF}\approx\dfrac{V_{CC}-U_{BE1}}{R+R_1}$，当 I_o 与 I_{REF} 差不多时，$U_{BE1}\approx U_{BE2}$，$I_{REF}R_1\approx I_oR_2$，$I_o\approx\dfrac{R_1}{R_2}I_{REF}$，基准电流 I_{REF} 的大小主要由电阻 R 决定，改变两管发射极电阻的比值，可以调节输出电流与基准电流之间的比例
多路电流源	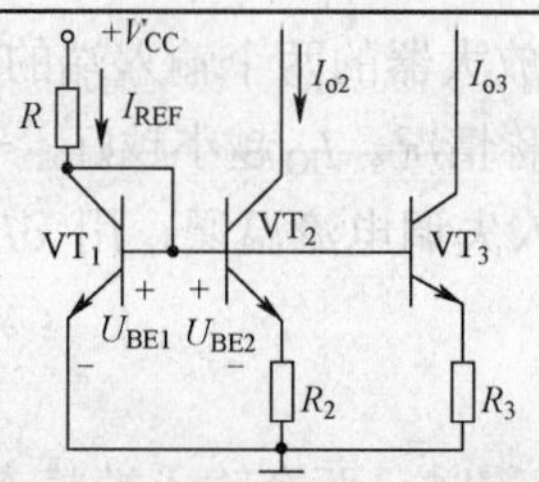	用一个基准电流来获得多个不同的电流输出。$I_{o2}\approx\dfrac{R_1}{R_2}R_{REF}$，$I_{o3}\approx\dfrac{R_1}{R_3}R_{REF}$
镜像电流源	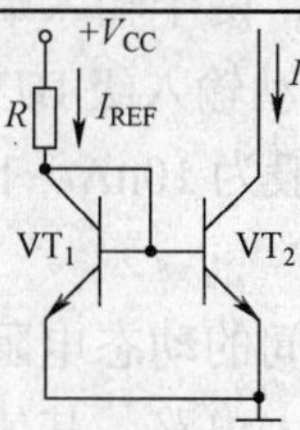	VT_1，VT_2 特性相同，基极电位也相同，集电极电流相等，当 β>>1 时，I_o=I_{REF}，I_o 与 I_{REF} 之间为镜像关系
微电流源	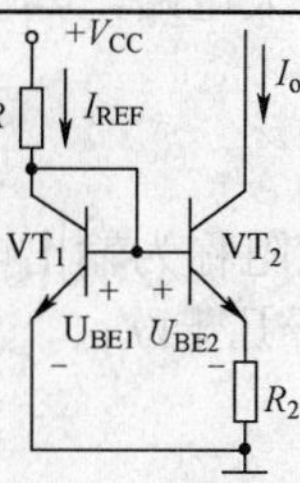	将镜像电流源 VT_1 管发射极电阻 R_1 短路，$I_oR_2=U_{BE1}-U_{BE2}$，$I_o=\dfrac{U_{BE1}-U_{BE2}}{R_2}$。由于 U_{BE1} 与 U_{BE2} 差别很小，故用阻值不太大的 R_2 就可以获得微小的工作电流 I_o

四、集成运算放大器的主要参数

1. 开环差模电压增益 A_{ud}

集成运算放大器的开环差模电压增益是指集成运算放大器工作在线性区，接入规定负载而无负反馈情况下直流差模电压增益。A_{ud} 与输出电压 U_o 的大小有关，通常是在规定的输出电压幅值时（如 U_o=±10V）测得的值。

$$A_{ud}=\frac{u_{od}}{u_{id}}=\frac{u_{od}}{(u_+-u_-)} \tag{4-34}$$

通常也用分贝数（dB）表示为

$$20\lg|A_{ud}|=20\lg\left|\frac{u_{od}}{u_{id}}\right| \quad \text{dB} \tag{4-35}$$

通常 A_{ud} 较大，一般可达 100 dB，最高可达 140dB 以上。A_{ud} 越大，电路性能越稳定，运算精度越高。

2. 输入失调电压 U_{IO} 及其温漂 dU_{IO}/dT

输入失调电压 U_{IO} 通常指在室温 25℃、标准电源电压下，为了使输入电压为零时输出电压为零，在输入端加的补偿电压。U_{IO} 的大小反映了运算放大器输入级电路的不对称程度。U_{IO} 越小越好，一般为±（1～10）mV。

另外，U_{IO} 还受到温度的影响。通常将输入失调电压 U_{IO} 对温度的变化率称为输入电压的温度漂移（简称输入失调电压温漂）用 dU_{IO}/dT 表示，一般为±（1～20）μV/℃。

注意：dU_{IO}/dT 不能用外接调零装置来补偿，在要求温漂低的场合，要选用低温漂的运算放大器。

3. 输入失调电流 I_{IO} 及其温漂 dI_{IO}/dT

输入失调电流 I_{IO} 指常温下，输入信号为零时，放大器的两个输入端的基极静态电流之差，有 $I_{IO}=I_{B1}-I_{B2}$，它反映了输入级两管输入电流的不对称情况。I_{IO} 越小越好，一般为 1nA～0.1μA。

I_{IO} 还随温度变化，I_{IO} 对温度的变化率称为输入失调电流温漂，用 dI_{IO}/dT 表示，单位为 nA/℃。

4. 输入偏置电流 I_{IB}

输入偏置电流是指集成运算放大器输出电压为零时，两个输入端静态电流的平均值，即 $I_{IB}=(I_{B1}+I_{B2})/2$。输入偏置电流主要取决于运算放大器差动输入级 BJT 的性能，当β值太小时，将引起偏置电流增加。从使用角度看，I_{IB} 越小越好，一般为 10nA～1μA。

5. 开环差模输入电阻 R_{id}

差模输入电阻是指集成运算放大器的两个输入端之间的动态电阻。它反映了运算放大器输入端向差动输入信号源索取电流的大小。对于电压放大电路，其值越大越好，一般为几兆欧。MOS 集成运算放大器 R_{id} 高达 10^6MΩ以上。

6. 开环差模输出电阻 R_{od}

集成运算放大器开环时，从输出端看进去的等效电阻称为输出电阻。它反映集成运算放大器输出时的带负载能力，其值越小越好。一般 R_{od} 小于几十欧。

7. 共模抑制比 K_{CMR}

共模抑制比指运算放大器开环差模电压增益 A_{ud} 与共模电压增益 A_{uc} 之比的绝对值，$K_{CMR}=\left|\frac{A_{ud}}{A_{uc}}\right|$，它综合反映了集成运算放大器对差模信号的放大能力和对共模信号的抑制能力，其值越大越好。一般 K_{CMR} 为 60～130dB。

8. 最大输出电压 U_{OM}

在给定负载上，最大不失真输出电压的峰峰值称为最大输出电压。若双电源电压为±15V，则 U_{OM} 可达到±13V 左右。

任务3　简易函数信号发生器的制作

学习目标

1. 进一步熟悉集成运放的线性和非线性应用；
2. 理解函数信号发生器的组成框图及工作流程；
3. 能制作简易函数信号发生器；
4. 能用仪器、仪表调试、测量函数信号发生器的主要指标。

工作任务

1. 画出实际设计的函数信号发生器电路原理图；
2. 采购制作函数信号发生器所需的集成运算放大器等器材；
3. 制作函数信号发生器；
4. 选择仪器仪表，调试函数信号发生器的主要指标；
5. 解决在制作过程中发现的问题。

具体指标要求：

1. 输出为正弦波、方波和三角波，用开关切换输出；
2. 输出正弦波时，输出电压峰值为 0～12V 可调，输出波形频率为 100Hz～1kHz 可调；
3. 输出方波时，输出波形峰值为 0～12V 可调，输出波形频率为 100Hz～1kHz 可调；
4. 输出三角波时，输出波形峰值为 0～3V 可调，输出波形频率为 100Hz～1kHz 可调。

实施指导

4.3.1　简易函数信号发生器的设计方案

函数信号发生器一般是指能自动产生正弦波、三角波、方波及锯齿波、阶梯波等电压波形的电路或仪器。根据用途不同，有产生三种或多种波形的函数信号发生器，使用的器件可以是分立器件（如低频信号函数发生器 S101 全部采用晶体管），也可以采用集成电路（如单片函数发生器模块 8038）。

产生正弦波、方波、三角波的方案有多种，如首先产生正弦波，然后通过整形电路将正弦波变换成方波，再由积分电路将方波变成三角波；也可以首先产生三角波—方波，再将三角波变成正弦波或将方波变成正弦波等。本任务以集成运算放大器为主要器件，采用先产生正弦波，再将正弦波变换成方波，然后由积分电路把方波变成三角波的方案。

本方案设计思路如图 4-3-1 所示：

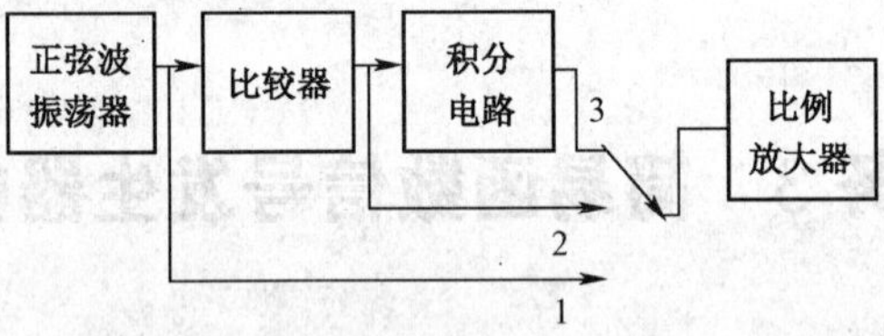

图 4-3-1　函数信号发生器设计方案

其中 1 号线输出正弦波，2 号线输出方波，3 号线输出三角波。

4.3.2　简易函数信号发生器单元电路设计

一、正弦波振荡器

如图 4-3-2 所示，正弦波振荡器采用 RC 桥式振荡器产生一频率可调的正弦信号。S_{1a}、S_{1b} 为频率粗调，通过 S_1 切换两组电容，改变频率倍率。R_{P1} 采用双联线性电位器，便于频率刻度调节，可获得所需要的输出频率。调整 R_{P2} 可改变正弦波失真度，同时使正弦波趋于稳定。

二、方波发生器

如图 4-3-3 所示，由正弦波振荡器产生的一定频率的正弦信号经过比较器产生同频率的方波。通过转换开关切换与比例运算放大电路连接，输出一定幅度的正弦波或方波。

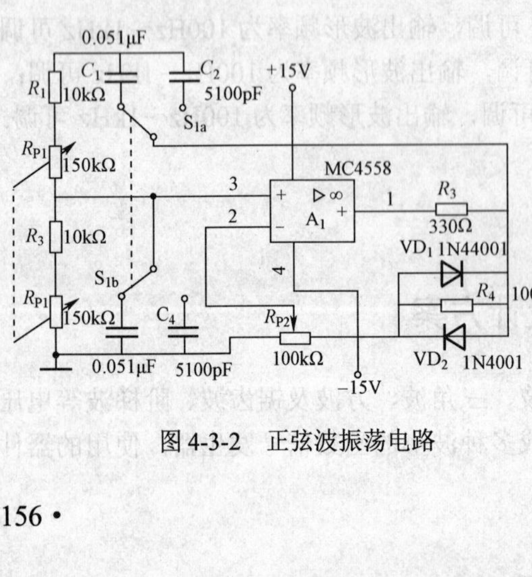

图 4-3-2　正弦波振荡电路

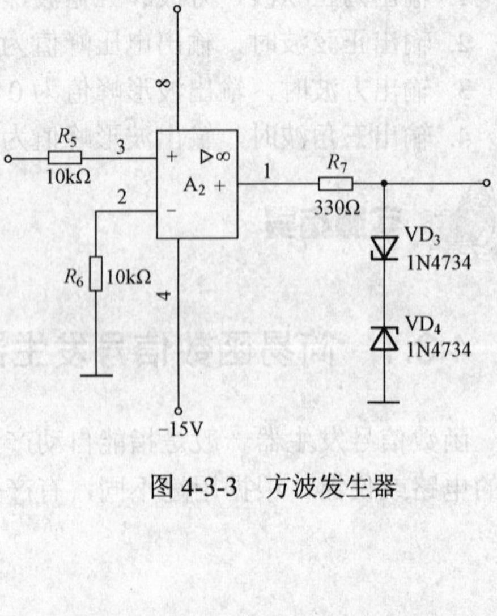

图 4-3-3　方波发生器

三、三角波发生器

如图 4-3-4 所示，方波发生器产生一定频率的方波经过积分电路可产生同频率的三角波信号。可以通过转换开关选择将正弦波或方波接入比例放大器在 D 点输出，比例放大器可通过调节 R_{P3} 来控制输出幅度的大小，实现对输出幅度的调节。

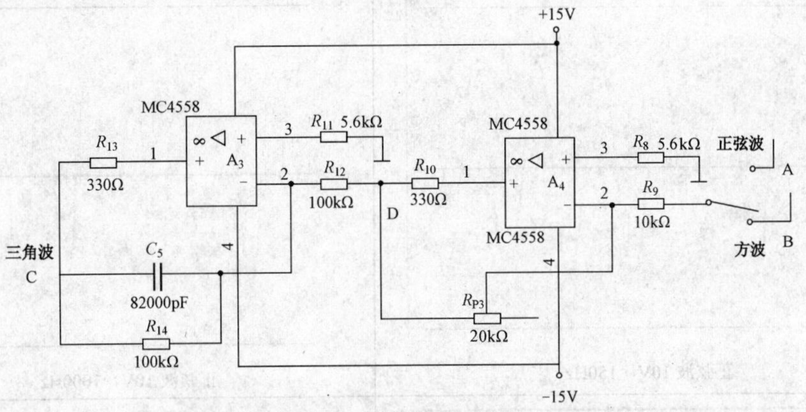

图 4-3-4　三角波发生器及比例运算放大器

4.3.3　简易函数信号发生器总电路图

根据上述单元电路的设计，可以设计如图 4-3-5 所示的函数信号发生器总电路图。

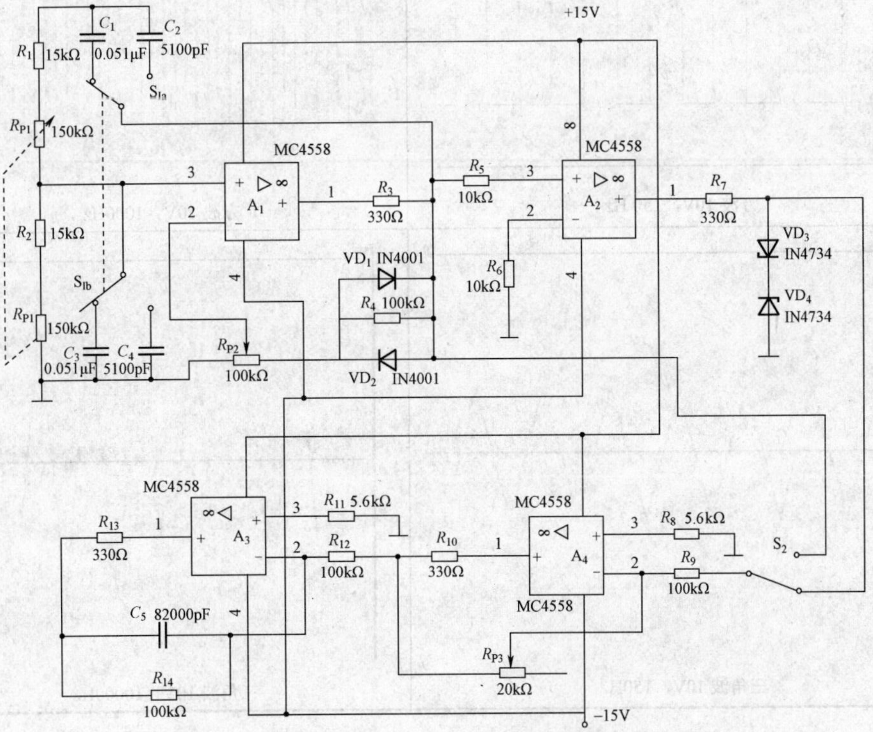

图 4-3-5　函数信号发生器电原理图

4.3.4　函数信号发生器的仿真结果

如图 4-3-6 所示。

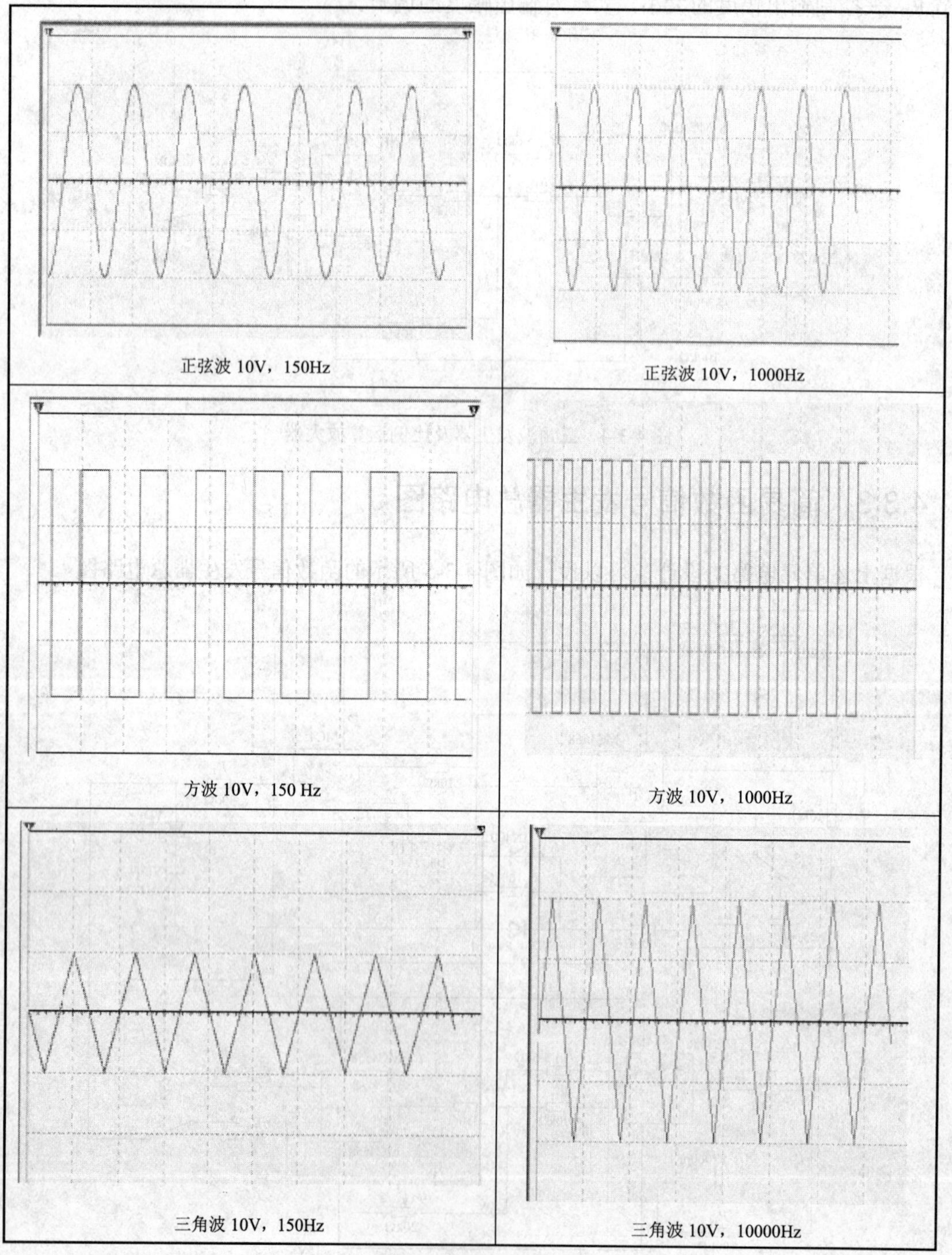

正弦波 10V，150Hz　　正弦波 10V，1000Hz

方波 10V，150 Hz　　方波 10V，1000Hz

三角波 10V，150Hz　　三角波 10V，10000Hz

图 4-3-6　仿真结果

4.3.5 电路的安装与调试

一、电路的安装

1. 元器件的规格与测试表 4-7

表 4-7　函数信号发生器元器件规格与测试

标　　号	元器件名称	规格与型号	使用挡位	测试结果
V_1	整流二极管	1N4001		
V_2	整流二极管	1N4001		
V_3	稳压二极管	1N4734		
V_4	稳压二极管	1N4734		
A_1	集成运算放大器	MC4558		
A_2	集成运算放大器	MC4558		
A_3	集成运算放大器	MC4558		
A_4	集成运算放大器	MC4558		
R_1	电阻	15kΩ1/8W		
R_2	电阻	15kΩ1/8W		
R_3	电阻	330Ω1/8W		
R_4	电阻	100kΩ1/8W		
R_5	电阻	10kΩ1/8W		
R_6	电阻	10kΩ1/8W		
R_7	电阻	330Ω1/8W		
R_8	电阻	5.6kΩ1/8W		
R_9	电阻	10kΩ1/8W		
R_{10}	电阻	330Ω1/8W		
R_{11}	电阻	5.6kΩ1/8W		
R_{12}	电阻	10kΩ1/8W		
R_{13}	电阻	100kΩ1/8W		
R_{14}	电阻	330Ω1/8W		
R_{P1}	双联线性电位器	150kΩ		
R_{P2}	电位器	100kΩ		
R_{P3}	电位器	20kΩ		
C_1	电容	0.051μF		
C_2	电容	5100pF		
C_3	电容	0.051μF		
C_4	电容	5100pF		
C_5	电容	82000pF		
S_1	开关			
S_2	转换开关			

2. 准备制作工具及仪器仪表

电烙铁一把，焊锡丝若干，镊子 1 把，普通万用表 1 只，双路直流稳压电源，双踪示波器一台。

3. 识读函数信号发生器电路原理图

4. 选用合适大小的万能板，画出整体器件布局装配图

5. 先在万能电路板上找到相对应的元器件的位置，将元器件成形

6. 采用边插装边焊接的方法依次正确插装焊接好元器件（注意二极管正、负极和集成运算放大器的管脚方向）。插装顺序如下：

① 插装集成运算放大器 A_1、A_2、A_3、A_4;

② 插装电阻 R_1、R_2、R_3、R_4、R_5、R_6、R_7、R_8、R_9、R_{10}、R_{11}、R_{12}、R_{13};

③ 插装二极管 V_1、V_2、V_3、V_4;

④ 插装电容器 C_1、C_2、C_3、C_4、C_5;

⑤ 插装电位器 R_{P1}、R_{P2}、R_{P3};

⑥ 插装转换开关 S_1、S_2。

7. 检查焊接的电路中元器件是否有假焊、漏焊，以及元器件的极性是否正确。

8. 通电试验，观察电路通电情况。

二、电路功能调试

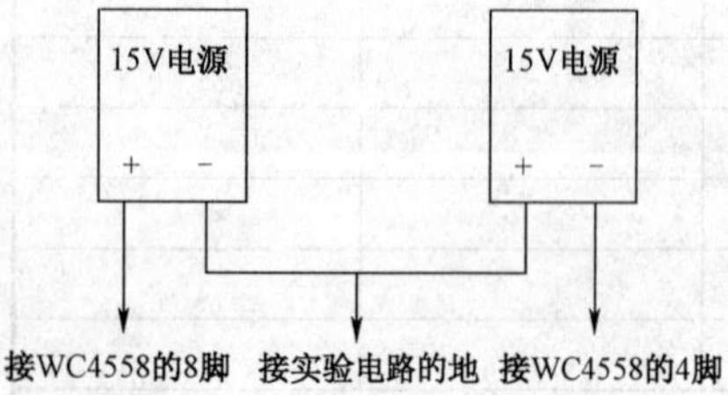

图 4-3-7　电源与运放的接法

1. 按上述制作步骤完整接好电路并复查，准备通电。

2. 分别将两组电源调至 15V，两组电源与运放的接法如图 4-3-7 所示。

3. 拨动转换开关 S_2，用示波器分别观察正弦波、方波和三角波三种波形，若波形失真，可通过调节 R_{P2} 来改善波形。在坐标纸上绘制出电路产生的三种波形，分别测量波形输出电压的幅度并记录。

4. 调整电位器 R_{P1} 和拨动转换开关 S_1，测量各种波形的输出频率变化范围。

5. 调整电位器 R_{P2}，测量输出电压变化范围。

三、电路测试结果

表 4-8　函数信号发生器电路的实测的结果

类别	输出电压		输出频率	
	设计值	实际值	设计值	实际值
正弦波	0～12V	0～12.9V	100Hz～1kHz	120Hz～1.10kHz
方波	0～12V	0～10.6V	100Hz～1kHz	126Hz～1.30kHz
三角波	0～3V	0～3.40V	100Hz～1kHz	110Hz～0.95kHz

知识拓展 8——精密函数发生器 ICL8038

一、ICL8038 芯片简介

ICL8038 精密函数发生器是采用肖特基势垒二极管等先进工艺制成的单片集成电路芯片，电源电压范围宽、稳定度高、精度高、易于使用，外部只需接入很少的元件即可工作，是现在应用非常广泛的一种单片集成压控波形发生器，可在 0.01～300kHz 的范围里面同时产生正弦波、矩形波和三角波。其输出电平特性为：方波 0.2V（2mA）；三角波幅度为 0.33V，输出阻抗为 200Ω（5mA）；正弦波幅度为 0.22V，输出阻抗典型值为 1kΩ。

ICL8038 正常工作时，可用单电源供电，即将 11 脚接地，6 脚接 $+V_{CC}$，V_{CC} 为 10～30V；也可双电源供电，即将 11 脚接 $-V_{EE}$，6 脚接 $+V_{CC}$，电压值为 ±5V～±15V。主要性能特点如下：

（1）信号频率可调范围 0.01Hz~300kHz；

（2）输出正弦波失真小于 1%，输出三角波（斜坡波）非线性度小于 0.05%；

（3）频率漂移小于 50ppm；

（4）输出矩形波占空比（DR）可调范围 2%~98%，上升时间 180ns，下降时间 40ns；

（5）可直接输出正弦波、方波、三角波或产生锯齿波、脉冲波。

管脚功能：图 4-3-8 为 ICL8038 的管脚图，下面介绍各引脚功能。

脚 1、12（Sine Wave Adjust）：正弦波失真度调节；

脚 2（Sine Wave Out）：正弦波输出；

脚 3（Triangle Out）：三角波输出；

脚 4、5（Duty Cycle Frequency）：方波的占空比调节、正弦波和三角波的对称调节；

脚 6（V＋）：正电源±10V～±18V；

脚 7（FM Bias）：内部频率调节偏置电压输入；

脚 8（FM Sweep）：外部扫描频率电压输入；

脚 9（Square Wave Out）：方波输出，为开路结构；

脚 10（Timing Capacitor）：外接振荡电容；

脚 11（V－或 GND）：负电源或地；

脚 13、14（NC）：空脚。

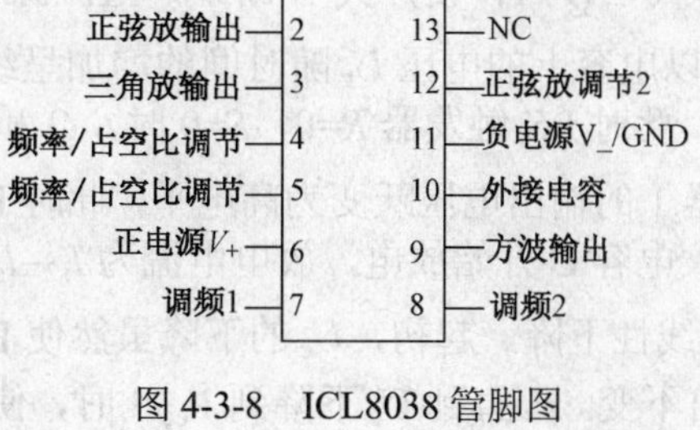

图 4-3-8　ICL8038 管脚图

二、ICL8038 的内部电路结构及工作原理

8038 的内部电路的框图如图 4-3-9 虚线框内所示，其框外为外接阻容原件及电源的连线。内部电路由电流源、比较器、触发器及正弦变换器组成。两个电流源的电流分别为 I_{s1} 和 I_{s2}，且 I_{s1}=I，I_{s2}=2I；两个电压比较器的阀值电压分别为 2/3V_{cc} 和 1/3V_{cc}，它们的输入电压等于电容两端的电压 U_c，输出电压分别控制 RS 触发器的 S 端和 R 端，RS 触发器的状态输出端 Q 用来控制开关 S，实现对电容的充、放电；两个缓冲放大器用于隔离波形发生电路和负载，使三角波和矩形波的输出端的输出电阻足够低，以增强带负载的能力；三角波变正弦波电路用于获得正弦波电压。RS 触发器是数字电路中具有存储功能的一种基本单元电路。Q 和 $\overline{Q}$ 是一对互补的状态输出端，S 和 R 为输入端，当 S=0，R=1 时，Q=0；反之，Q=1。

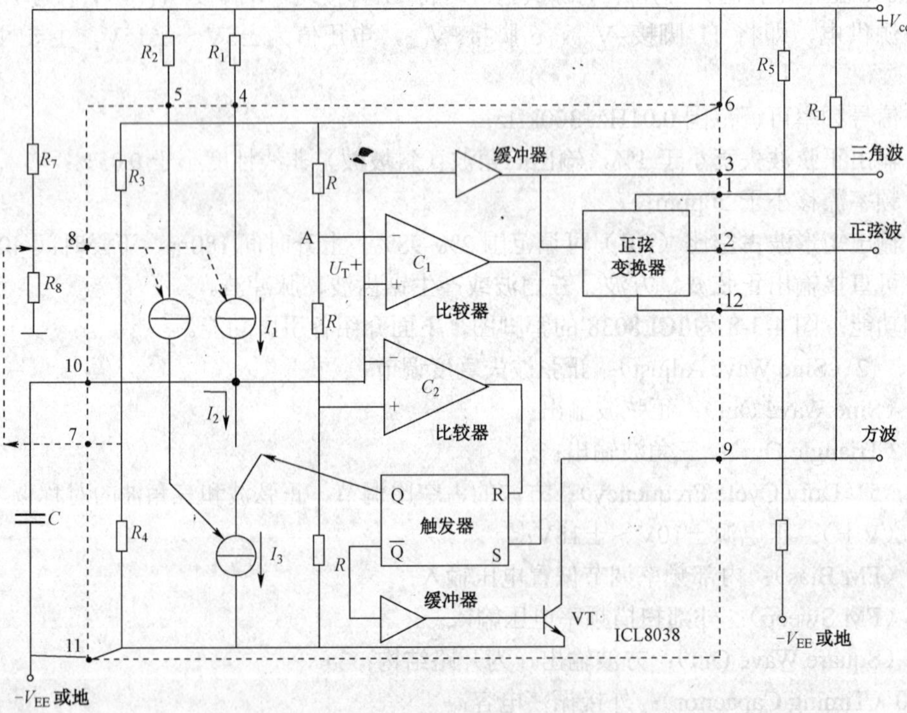

图 4-3-9　ICL8038 结构图

其工作原理如下：当给函数发生器 ICL8038 通电时，电容 C 的电压为 0V，根据电压比较器电压传输特性，电压比较器 1 输出电压为低电平，比较器 2 的输出电压为高电平；因而 RS 触发器的 S=0，R=1，输出 Q=0，$\overline{Q}$=1；使开关 S 断开，电流源 I_{s1} 对电容充电，充电电流为 I_{s1}=I，因充电电流时恒流，所以电容上的电压 U_c 随时间的增加呈线性上升，当上升到 V_{cc}/3 时，电压比较器 2 输出为低电平，此时 RS 触发器 R=0，S=0 时，Q 和 $\overline{Q}$ 状态保持不变。U_c 一直上升到 2V_{cc}/3 时，使电压比较器 1 的输出电压跃变为高电平，此时 RS 触发器的 S=1，R=0，Q=1 时，$\overline{Q}$=0，导致开关 S 闭合，电容 C 开始放电，放电电流为 I_{s2}–I_{s1}=I，因放电电流是恒流，所以电容电压 U_c 随时间增长呈线性下降。起初，U_c 的下降虽然使 RS 触发器的 S 端从高电平跃变为低电平，但 R=0，其输出不变。一直到 U_c 下降到 V_{cc}/3 时，使电压比较器 2 的输出电压跃变为高电平，此时 S=0，R=1，输出 Q=0，$\overline{Q}$=1，使得开关 S 断开，电容 C 又开始充电，重复

上述过程，周而复始，电路产生了自激振荡。由此可知，U_c 在 U_A 和 U_B 间按线性变化，经缓冲器在 3 号脚输出三角波，而触发器 $\overline{Q}$ 端的高、低电平变化与 Q 端反相，经缓冲器在 9 号脚输出方波。正弦变换器电路将三角波转换成正弦波在 2 号脚输出。正弦波的失真度可用 1 号和 12 号脚外接电阻来调整。如果电容器在充电过程和在放电过程的时间常数相等，则在电容器充放电时，电容电压就是三角波函数，三角波信号由此获得。由于触发器的工作状态变化时间也是由电容电压的充放电过程决定的，所以，触发器的状态翻转，就能产生方波函数信号，在芯片内部，这两种函数信号经缓冲器功率放大，并从管脚 3 和管脚 9 输出。适当选择外部的电阻 R_1 和 R_2 以及 C 可以满足方波函数等信号在频率、占空比调节的全部范围。因此，对两个恒流源在 I 和 2I 电流不对称的情况下，可以循环调节，从最小到最大，任意选择调整，所以，只要调节电容器充放电时间不相等，就可获得锯齿波等函数信号。正弦函数信号由三角波函数信号经过非线性变换而获得。

三、ICL8038 的典型应用

如图 4-3-10 所示的接线方式可构成波形产生器，工作频率为 20Hz～20kHz。4 脚和 5 脚外接电阻，用于改变内部恒流源 I_1 和 I_2 的比值，从而控制输出信号的占空比，通常输出方波信号。在 4 脚和 5 脚外接两个 10kΩ电阻，为了克服电阻的误差，通常用一个多圈电位器 R_P 进行微调，使输出信号的占空比为 50%。

管脚 7 与 8 短接时，管脚 9、3 和 2 的输出分别为方波、三角波和正弦波。电路的振荡频率 f 约为 $0.3/[(R_1+1/2R_{p1})C]$。

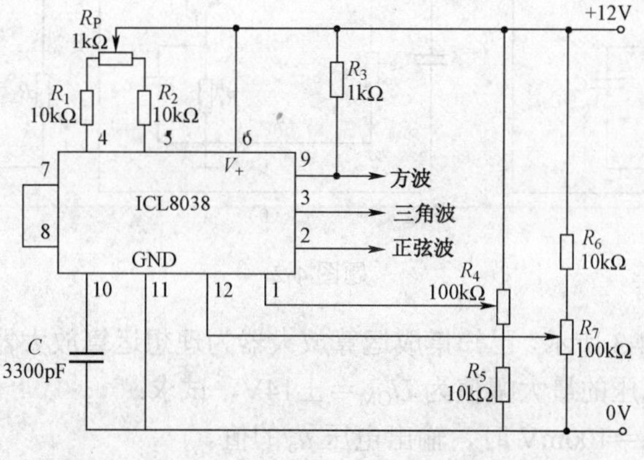

图 4-3-10　ICL8038 作为波形产生器应用图

项目四　习题

4-1　试比较 RC 正弦波振荡电路、LC 正弦波振荡电路和石英晶体正弦波振荡电路的频率稳定度，说明哪一种频率稳定度最高，哪一种最低。为什么？

4-2　题图 4-1 为 RC 串并联桥式正弦波振荡电路，所用运算放大器为理想运算放大器。

（1）说明图中热敏电阻的作用，应采用正的还是负的温度系数？

（2）估算 R_1 的阻值。

（3）若双联可变电容从 3000pF 变化到 6000pF 时，振荡频率的调节范围为多大？

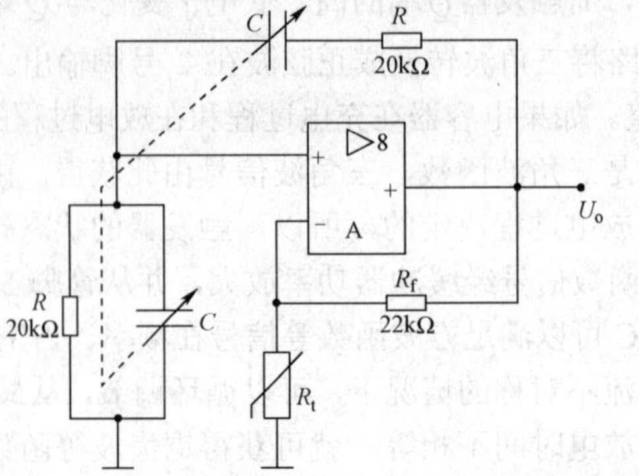

题图 4-1

4-3　试用自激振荡的相位平衡条件判断题图 4-2 所示电路能否产生自激振荡，反馈电压各取自何处？

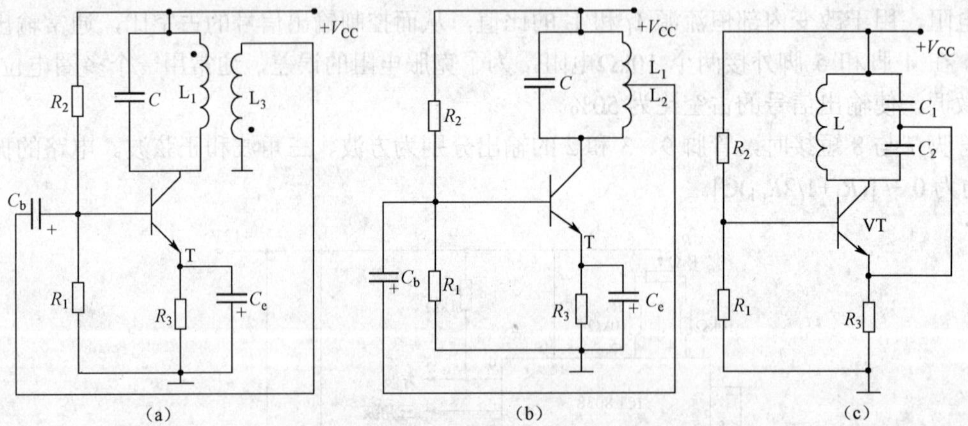

题图 4-2

4-4　电路如题图 4-3 所示，已知集成运算放大器为理想运算放大器，$R_1=5k\Omega$，$R_f=50k\Omega$，集成运算放大器输出电压的最大幅值为 $U_{OM}=\pm 14V$，试求：

（1）当输入电压 $u_i=100mV$ 时，输出电压 u_o 的值。

（2）当输入电压 $u_i=4V$ 时，输出电压 u_o 的值。

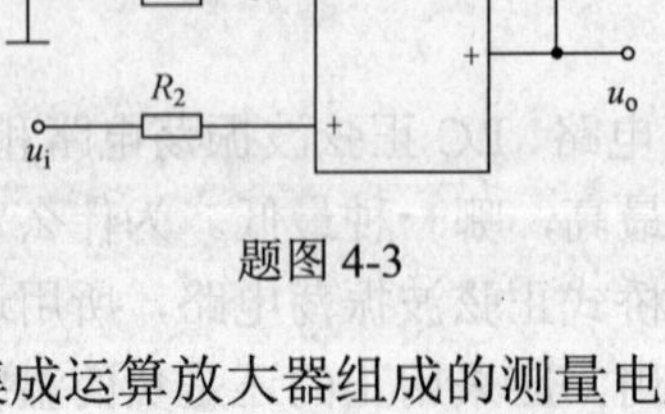

题图 4-3

4-5　题图 4-4 所示是应用集成运算放大器组成的测量电压的原理电路，输出端接满量程为 5V 的电压表，欲得到 50V、10V、2V、0.5V 四种量程，试计算 R_1～R_4 的阻值。

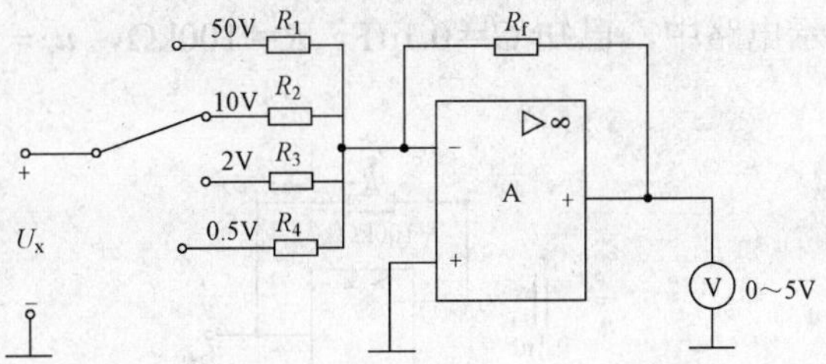

题图 4-4

4-6　电路如题图 4-5 所示，各集成运算放大器为理想运算放大器，试求出输出电压 u_o 的值。

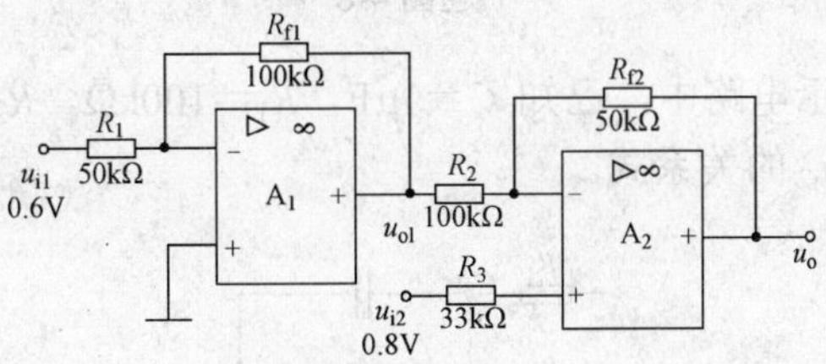

题图 4-5

4-7　题图 4-6 所示电路为三极管电流放大系数β测试电路，设三极管的 $U_{BE}=0.7V$，试求：

（1）三极管 C、B、E 各极的电位；

（2）若电压表的读数为 200mV，求出三极管的β值。

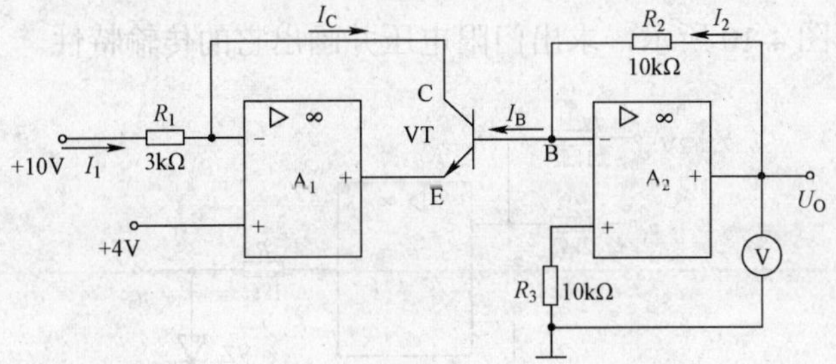

题图 4-6

4-8　电路如题图 4-7 所示，试求：

（1）输入电阻；

（2）输入输出电压关系。

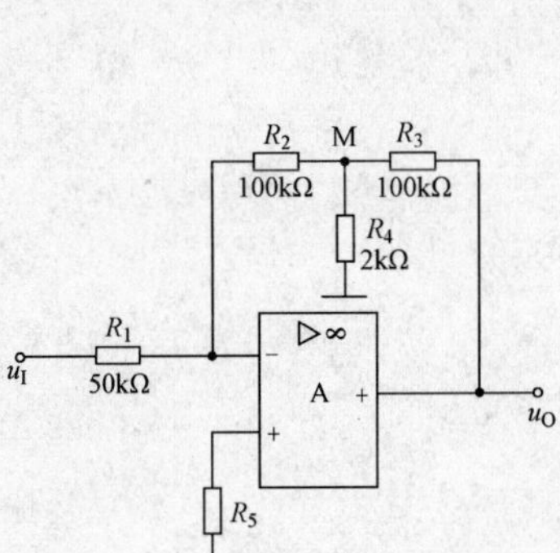

题图 4-7

4-9 在题图 4-8 所示电路中，已知 $C=0.1\mu F$，$R=100k\Omega$，$u_i=4\sin\omega t(V)$，试画出输出电压 u_o 的波形。

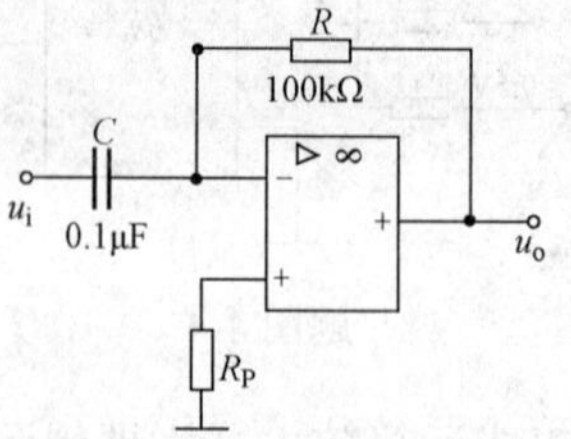

题图 4-8

4-10 在题图 4-9 所示电路中，已知 $C=1\mu F$，$R_1=100k\Omega$，$R_2=500k\Omega$，且当 $t=0$ 时，$u_c=0$，试写出 u_o 与 u_{i1}、u_{i2} 的关系式。

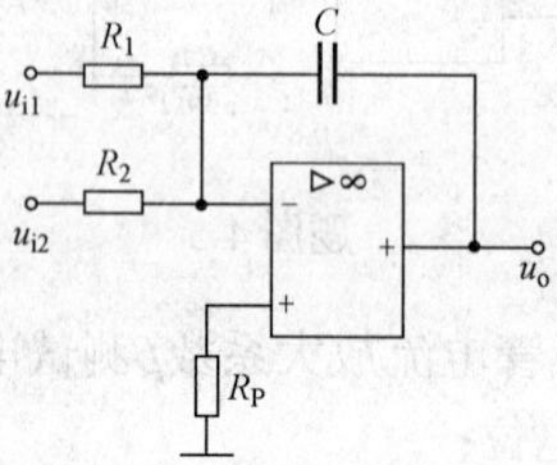

题图 4-9

4-11 电路如题图 4-10 所示，求出门限电压并画出它的传输特性。

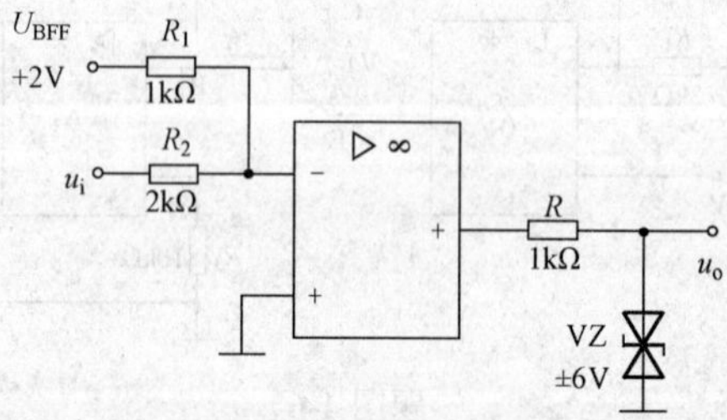

题图 4-10

项目五 音响放大器的分析与制作

项目内容

音响放大器集中了电压放大器、功率放大器以及音调控制和混响等电路，通过对音响放大器的分析可以进一步加强电子电路的读图识图和分析能力。本项目旨在通过三个工作任务，分析和测试分立元件构成的功率放大电路，理解功率放大电路的性能指标，掌握其特殊的电路结构；然后通过查找元器件手册确定集成功率放大器的性能参数，组装一个集成功放的应用电路并对其进行测试；最后完成音响放大器的电路分析、安装和调试。

本项目分为三个任务：

1. 典型功率放大电路的分析与测试
2. 集成功率放大器的应用
3. 音响放大器的安装与调试

任务 1 典型功率放大电路的分析与测试

学习目标

1. 能识别典型 OCL、OTL 功率放大电路。
2. 熟悉功率放大电路的特点和性能指标。
3. 理解三极管互补对称和准互补对称电路的工作原理。
4. 熟悉消除交越失真电路、电容自举电路等功率放大电路常用辅助电路的形式和作用。
5. 能根据需要，选择正确的方法对功率放大电路进行测试。

工作任务

1. 分析图 5-1-1 中三极管 VT_1 和 VT_2 的工作状态，确定由它们构成的末级放大电路的基本形式。

2. 分析图 5-1-1 中 R_4、R_5 和 VT_3 组成电路的名称和作用。

3. 分析图 5-1-1 中集成运算放大器 A 及其外围元件所构成电路的形式与作用。

4. 分析负载 R_L 理论上能获得的最大功率和电路的转换效率。

5. 分析图 5-1-1 中电阻 R_P 的作用，并确定其取值范围。

6. 对电路进行调试和测试，使电路能够放大音频信号，并将测试的结果与 4 中的理论分析结果进行对比。

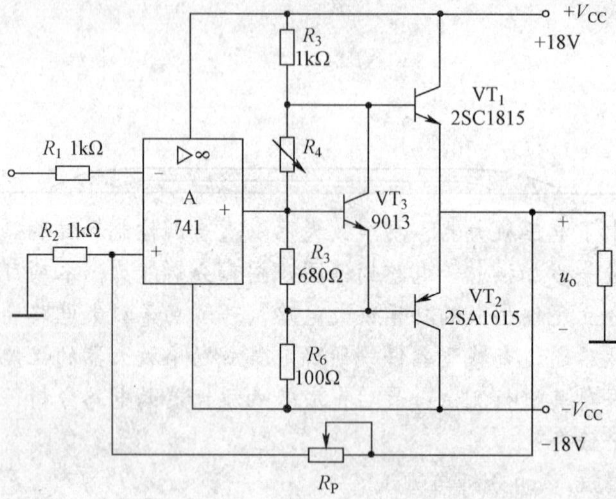

图 5-1-1　典型功率放大电路

实施指导

5.1.1　功率放大电路的特点和分类

一、功率放大电路的特点

功率放大电路常常出现在多级放大电路的输出级，直接用于驱动负载，如电动机的控制绕组、收音机的扬声器等。由于人们对功率放大电路的要求与电压放大电路有所区别，导致功率放大电路在工作特性上具有一些与电压放大电路不同的特点，概括起来有如下几个方面：

1. 功率放大电路要求输出功率尽可能大

电压放大电路的主要要求是使负载获得不失真的电压信号，一般工作于小信号状态，而功率放大电路则以获得一定的不失真或较小失真的输出功率为主要目的，电路的输出电压、电流幅度都很大。因此，功率放大管的动态工作范围很大，电压、电流都处于大信号状态，一般以不超过晶体管的极限参数为限度。

2. 非线性失真要小

由于功率放大电路工作于大信号状态，三极管通常工作于饱和区和截止区的边缘，往往会产生非线性失真。而且功率管的输出功率越大，其非线性失真将越严重，这是功率放大器设计过程中所必须解决的一对矛盾：既要输出尽可能大的功率，又要使非线性失真限制在负载所容许的范围内。

3. 效率要高，管耗要小

从能量转换的观点来看，功率放大电路提供给负载的交流功率是在输入交流信号的控制下从直流电源提供的能量转换而来。但是任何电路都只能将直流电能的一部分转换成交流能量输出，其余的部分主要是以热能的形式损耗在功率管和电阻上。此时功率管上的热损耗不容忽视，因此，提高功率放大电路的效率变得非常重要，对于同样功率的直流电能，功率放大电路的效率越高，转换成的交流输出能量越多，在功率管上产生的热损耗就越小；而低效率不仅会意味着能源的浪费，还可能引起功率管因过度发热而损毁。除此以外，为避免热损坏，功率管的外形通常也制造得更有利于散热。

因为功率放大电路在工作任务上具有上述的一些特殊性，所以它的主要技术指标也不同于电压放大电路。电压放大电路的任务是向负载提供不失真的电压信号，因此以电压放大倍数、输入电阻、输出电阻为主要技术指标。而功率放大电路的任务是向负载提供尽可能大的功率，所以将输出功率、管耗和效率等参数作为它的主要指标。

二、功率放大电路分类

由于功率放大电路工作于大信号状态，容易产生非线性失真，所以分析电压放大电路所用的微变等效电路法已不再适用，通常采用图解法分析。

利用图解法分析晶体管的工作状态，根据静态工作点设置的不同，可以将放大电路分成三种类型：

1. 甲类放大

甲类放大的典型工作状态如图 5-1-2（a）所示，工作点设置在放大区的中间，这种电路的优点是在输入信号的整个周期内三极管都处于导通状态，输出信号失真较小（前面讨论的电压放人器都工作在这种状态），缺点是三极管有较大的静态电流 I_{CQ}，因而管耗 P_T 大，电路能量转换效率低。可以证明，甲类放大电路即使在理想情况下，效率最高也只能达到 50%。而实际效率一般不超过 40%。

最典型的甲类功率放大器就是射极输出器，它虽然不具备电压放大能力，但能放大电流，从而放大了输出功率。

2. 甲乙类放大

甲乙类放大电路的工作点较低，靠近截止区，如图 5-1-2（b）所示。静态时三极管处于微导通状态，电流较小，因而管耗也较小，能量转换的效率较高。存在的问题是，有部分信号波形进入截止区，不能被放大，产生非线性失真。

3. 乙类放大

乙类放大器的工作点设置在截止区，三极管的静态电流 $I_{CQ}=0$，如图 5-1-2（c）所示。这类功率放大器管耗更小，能量转换效率也更高，它的缺点是只能对半个周期的输入信号进行放大，存在严重的非线性失真。

由以上图解分析可知，对于单独一个三极管构成的放大电路而言，提高效率与减小失真是相互矛盾的。要解决这一矛盾的问题，必须从改变电路的结构入手。解决的方案之一就是采用互补对称结构的功率放大电路。

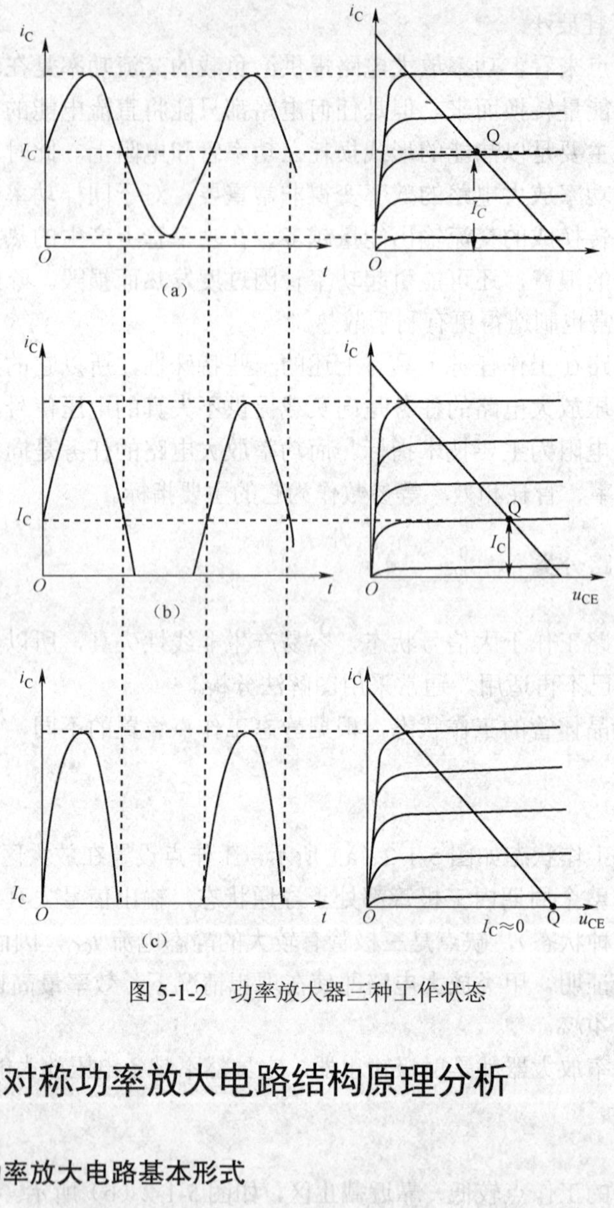

图 5-1-2　功率放大器三种工作状态

5.1.2　互补对称功率放大电路结构原理分析

一、互补对称功率放大电路基本形式

图 5-1-3 电路是一个基本的互补对称电路。图中 VT_1 为 NPN 型晶体管，VT_2 为 PNP 型晶体管，两个管子的基极和发射极相互连接在一起，信号从发射极输出，构成对称的射极输出器形式。当输入正弦信号 u_i 为正半周时，VT_1 的发射结为正向偏置，VT_2 的发射结为反向偏置，于是 VT_1 管导通，VT_2 管截止。此时的 $i_{e1} \approx i_{c1}$ 流过负载 R_L。当输入信号 u_i 为负半周时，VT_1 管为反向偏置，VT_2 管为正向偏置，VT_1 管截止，VT_2 管导通，此时有电流 $i_{e2} \approx i_{c2}$ 通过负载 R_L。这种 VT_1、VT_2 两管在输入信号的作用下交替导通，交替起到放大作用的工作方式称为推挽式工作方式。在这种工作方式下，两个管子性能对称，互补对方的不足，使负载得到了完整的波形，这种电路被称为互补对称电路。图 5-1-4 是 VT_1、VT_2 的合成曲线，它是将 VT_2 的特性曲线倒置在 VT_1 曲线的下方，并使二者在 Q 点重合绘成的。

从图 5-1-4 可以看出，对两个管子而言，静态工作点 Q 均位于截止区内，$I_{CQ}=0$，静态管耗为零，同时，u_{CE} 可以获得最大的动态范围，接近两管的饱和区，在±（$V_{CC}-U_{CES}$）≈±V_{CC} 之间变化，而输出信号不失真（U_{CES} 为管子的饱和管压降）。

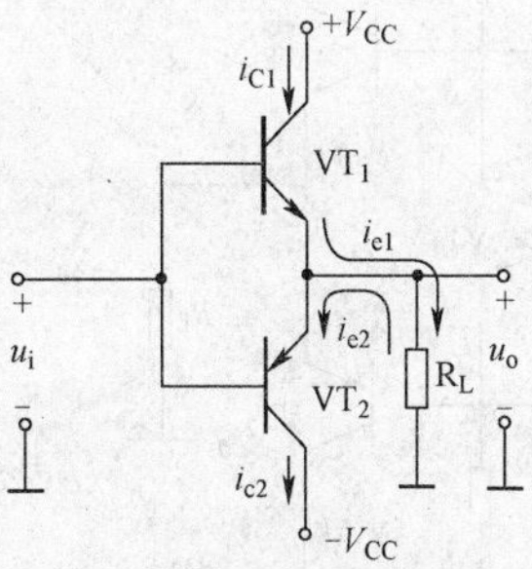

图 5-1-3　基本互补对称电路

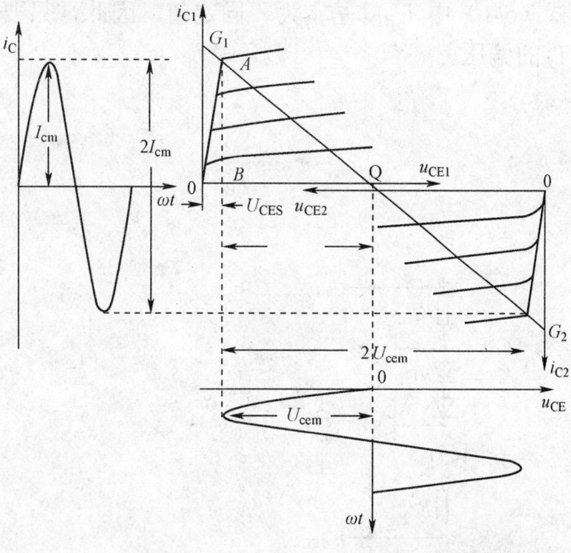

图 5-1-4　OCL 乙类互补对称电路的图解分析

二、交越失真及其消除

图 5-1-4 中两管输出波形完全互补，负载上电压波形恰好完整是基于一个重要的假定：对于 VT_1，只要 $u_{BE}>0$，管子就导通。因此可认为，VT_1 恰好导通半周，同理可得 VT_2 也正好导通半周。但实际上，三极管都存在死区电压，必须在$|u_{BE}|$大于死区电压时，三极管才有放大作用。由于前面的基本互补对称放大电路静态时处于零偏置，当输入信号 u_i 低于死区电压时，VT_1 和 VT_2 都截止，i_{C1} 和 i_{C2} 基本为零，负载 R_L 上无电流通过，出现波形的缺失，如图 5-1-5 所示。这种现象称为交越失真。

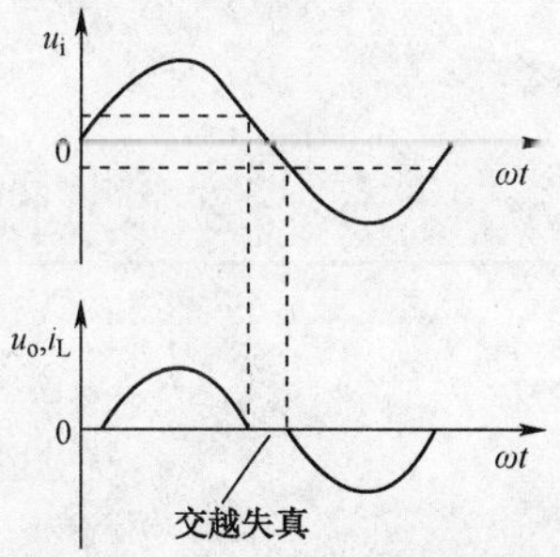

图 5-1-5　交越失真

交越失真产生的原因在于，两个管子的基极等电位，发射极也相连在一起，u_{BE} 相等，必然会一管进入死区而另一管发射结反偏截止，导致部分信号丢失。因此克服交越失真的办法就是给电路提供一定的直流偏置，使两管的基极之间维持一定的电压差，即令 u_{BE1} 和 u_{BE2} 不相等，两管不同时进入截止区。例如 VT_1 和 VT_2 均为硅管，且死区电压均为 0.5V，则设法为两管基极提供电压差 1V，交流信号由正半周向负半周变化时，当 u_{BE1} 下降至死区电压（0.5V），$u_{BE2}=-0.5V$，若输入信号瞬时值继续下降，则 VT_1 转向截止，同时 VT_2 立即导通。图 5-1-6 和图 5-1-7 为两种常用的消除交越失真电路。

图 5-1-6 所示的电路利用二极管 VD_1 和 VD_2 上产生的压降为 VT_1 和 VT_2 提供了适当的偏压。这种电路结构简单，但也存在缺点，即偏置电压不容易调整。

图 5-1-7 电路采用电阻 R_1、R_2 和 VT_4 构成的 u_{BE} 扩大电路为 VT_1 和 VT_2 提供偏压，由于

流入 VT_4 基极的电流远小于流过 R_1、R_2 电阻的电流，因此可求得

$$U_{B1B2}=U_{R1}+U_{R2}=U_{BE4}+\frac{u_{BE2}}{R_1}R_2=U_{BE4}\left(1+\frac{R_2}{R_1}\right) \tag{5-1}$$

式（5-1）中 U_{BE4} 基本为一固定值，因此，只要适当调节 R_1、R_2 的阻值，就可改变 VT_1 和 VT_2 的偏压。

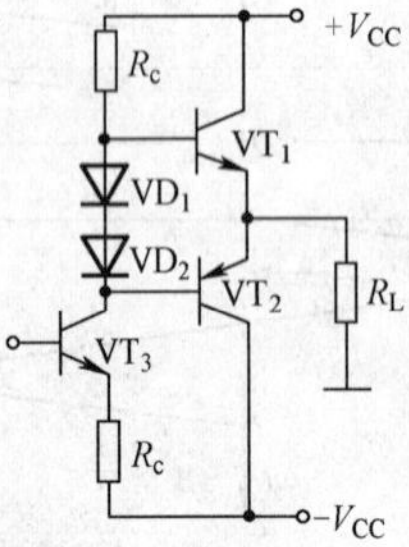

图 5-1-6 利用二极管提供偏置消除交越失真

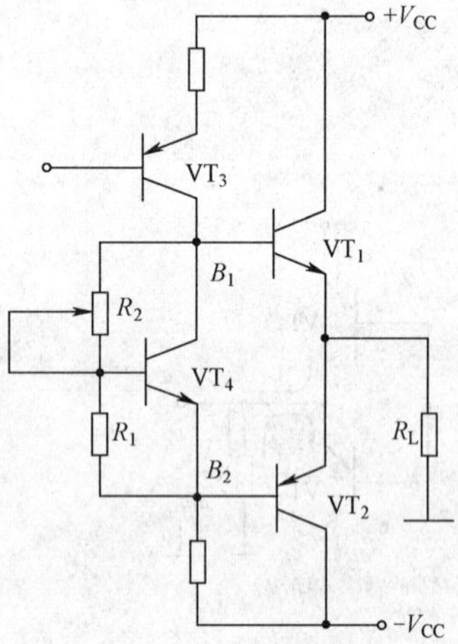

图 5-1-7 利用 u_{BE} 扩大电路提供偏置消除交越失真

分析实例 1：典型 OTL 功率放大电路结构原理分析（电路见图 5-1-8）。

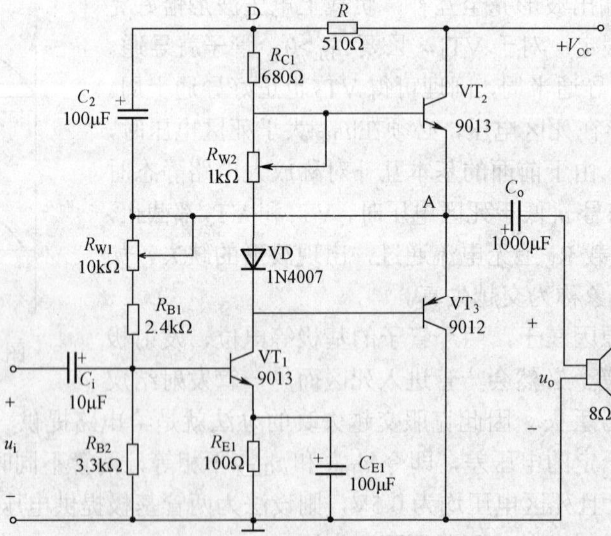

图 5-1-8 OTL 功率放大电路

分析步骤：

（1）由信号传输路径分析电路总体结构

信号 u_i 输入 VT_1 基极，再从 VT_1 集电极输出，因此，VT_1 构成共发射极的前置电压放大级；VT_2，VT_3 接成互补对称的方式，信号均从基极进入，从发射极向负载输出，因此构成共

集电极的推挽功率放大极。

（2）电容 C_o 的作用分析

比较图 5-1-8 与图 5-1-6、图 5-1-7 电路可以发现，图 5-1-6、图 5-1-7 电路采用对称的双电源供电，因此可以使对称的两功率管静态时 u_{BE} 近似为零，处于微导通状态，工作点刚好设置在截止区边缘，工作在乙类放大状态。而图 5-1-8 电路采用单电源 V_{CC} 供电，电容 C_o 的作用就在于在使用单电源的情况下使两管获得正确的偏置。在无输入信号时，电容 C_o 将被充电，当偏置电阻的值取得合适时，可以使得图 5-1-8 中 A 点静态电位为 $V_{CC}/2$。这样一来相当于为 VT_2 管提供了一个电压值为 $V_{CC}/2$ 的直流偏置，为 VT_3 管提供了一个电压值为 $-V_{CC}/2$ 的直流偏置，两管仍处于对称的工作状态。通常将 C_o 的容量选择得足够大，例如图 5-1-8 中取 1000μF，则充放电的时间常数也足够大，使 A 点的电位基本稳定在 $V_{CC}/2$，这样就可以认为用电容 C_o 和一个电源 V_{CC} 代替了原来两个电源的作用。

电容 C_o 还兼作输出端与负载间的耦合电容，起到隔直的作用。由于这种电路的输出通过电容器与负载耦合，而不用变压器，所以又称 OTL 电路（OTL 是 Output Transformerless，“无输出变压器”的缩写）。而图 5-1-6、5-1-7 等电路由于采用无输出电容器的直接耦合方式，因此被称为 OCL 电路（OCL 是 Output Capacitorless，“无输出电容器”的缩写）。

（3）C_2 和 R 在电路中的作用分析

从图 5-1-4 的分析可以看出，OCL 放大电路输出电压的动态范围在 $\pm V_{CC}$ 之间，对于 OTL 电路则应当可以达到 $\pm V_{CC}/2$，达到这个值要求 VT_2 和 VT_3 的工作范围能达到饱和区边沿，然而由于 VT_1 电阻 R_{C1} 的压降，使 VT_2 的基极电位低于 V_{CC}，而发射极电位低于基极电位，就不可能接近 V_{CC}，即接近饱和区了。这使得 VT_2 的动态范围明显小于 $V_{CC}/2$。要使 VT_2 的动态范围达到 $V_{CC}/2$，则要设法使图 5-1-8 电路中 D 点的电位高于 V_{CC}，C_2 和 R 构成的自举电路可以起到这个作用。

当时间常数 RC_2 取得足够大时，可以认为 C_2 两端的电压为常数，不随输入电压的变化而改变。当 u_i 的负半周，VT_2 导通且 A 点电位升高时，D 点的电位也跟着被抬升，由于 R 的隔离作用，D 点的电位可以升到高于 V_{CC}，VT_2 的基极和发射极电位相应得到提升，从而扩大了 VT_2 的动态范围。

（4）电位器 R_{W2} 和二极管 VD 串联电路的作用分析

显然，这部分电路也是一种消除交越失真的电路。R_{W2} 可以对 VT_2 和 VT_3 基极之间的偏置电压进行微调。

（5）电路中的反馈分析

前置电压放大级的偏置电阻 R_{B1} 和 R_{W1} 接到 A 点可以引入如下直流负反馈过程以稳定静态工作点。

$$U_A\uparrow\rightarrow U_{B1}\uparrow\rightarrow I_{B1}\uparrow\rightarrow I_{C1}\uparrow\rightarrow U_{C1}\downarrow\rightarrow U_A\downarrow$$

分析实例 2：高保真功率放大电路结构原理分析（电路见图 5-1-9）。

分析步骤：

（1）由信号传输路径分析电路总体结构

图 5-1-9 电路由前置放大级、中间放大级和输出级组成。

前置放大级信号由 VT_1 的基极入，集电极出，为共射极电压放大工作方式，电路的组成形式为由 VT_1、VT_2 构成恒流源式差动放大器，除了对输入信号进行放大外，还有温度补偿和抑制零漂的作用。

中间放大级信号由 VT_4 基极入，集电极出，也是共射极电压放大工作方式。

输出级为 VT_7 到 VT_{10} 组成的复合管准互补 OCL 功率放大电路。

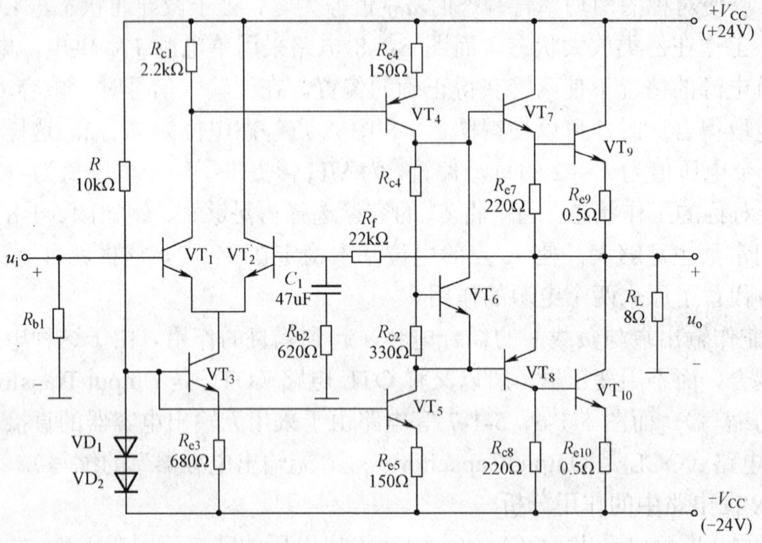

图 5-1-9　高保真功率放大电路

（2）准互补 OCL 功率放大级分析

在图 5-1-9 电路中，VT_7 与 VT_9 构成一个复合管，相当于一只大功率 NPN 管，VT_8 与 VT_{10} 也构成一个复合管，相当于一只大功率 PNP 管。之所以采用这种复合管结构，主要基于两点考虑：一是复合管具有较高的电流放大倍数，对于提高输出功率很有益处；二是互补对称功率放大电路要求输出电路对称性好，输出的一对功率管参数如β值、集电极最大允许电流、最大允许管耗等要尽量一致，而大功率的 PNP 和 NPN 两种类型管子配对相对困难，采用图 5-1-9 中的复合管结构时，最末的两只三极管都是 NPN 结构，参数的一致性要好得多。

复合管又称达林顿管，由两个或两个以上三极管按一定的方式连接而成。连接时，应遵守两条规则：第一，在串联点，必须保证电流的连续性；第二，在并接点，必须保证对外部电流为两个管子电流之和。根据这两条规则，可以得到复合管的四种形式，如图 5-1-10 所示。其中（a）、（b）为同类型管子组成的复合管，（c）、（d）是不同类型管子组成的互补型复合管。

图 5-1-10 中对四种形式的复合管的电流方向及大小给出了简略的分析，从中可以总结出复合管的两大特点：

其一，复合管的管型和电极取决于第一管。如图（a）中 VT_1 为 NPN 管，则复合管就为 NPN 型。

其二，复合管的等效电流放大系数是两管电流放大系数的乘积。

（3）其他辅助电路分析

R、VD_1、VD_2、VT_3、R_{e3}、VT_5、R_{e5} 构成恒流源电路，作为前置放大级和中间级的恒流源负载，直到稳定工作点和提高增益的作用。

VT_6 及 R_{c4}、R_{c5} 构成“U_{BE} 扩大电路”，用以消除交越失真。

R_f、C_1 和 R_{b2} 构成电压串联负反馈，以增加电路稳定性并提高带负载的能力。

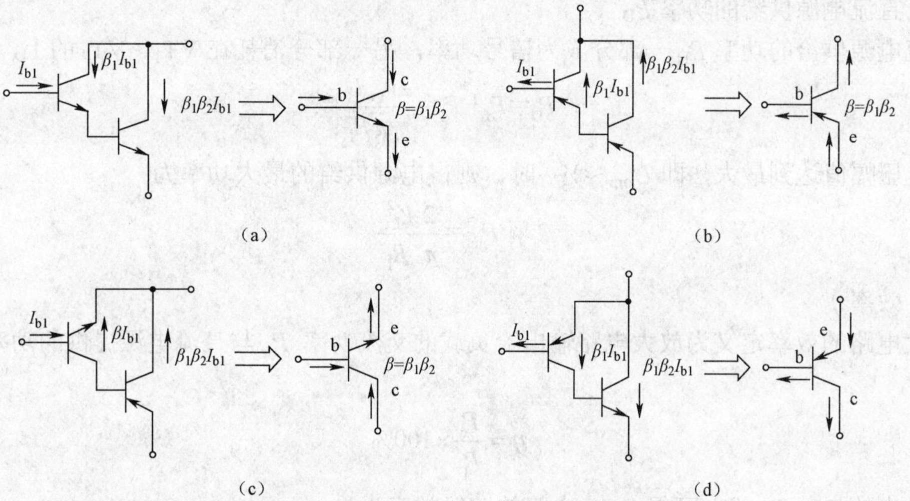

图 5-1-10　复合管的四种连接形式

5.1.3　功率放大电路的性能指标分析

由功率放大电路的要求可以知道，其重要的性能指标是电路的输出功率、管耗、直流电源供给的功率和效率。

分析实例：分析图 5-1-3 所示 OCL 电路的性能指标。

分析步骤：

（1）输出功率 P_o

输出功率是输出电压有效值 U_o 和输出电流有效值 I_o 的乘积。设输出电压的幅值为 U_{om}，则

$$P_o=U_oI_o=\frac{U_{om}}{\sqrt{2}}\frac{U_{om}}{\sqrt{2}R_L}=\frac{1}{2}\frac{U_{om}^2}{R_L} \tag{5-2}$$

因为 VT_1、VT_2 工作在射极输出器状态，$A_u\approx1$，$U_{im}\approx U_{om}$。当输入信号足够大，使 $U_{im}\approx U_{om}=U_{cem}=V_{CC}-U_{CES}$、$I_{om}=I_{cm}$ 时，可获得最大的输出功率，若忽略 U_{CES}，则

$$P_{om}=\frac{1}{2}\frac{U_{om}^2}{R_L}=\frac{1}{2}\frac{U_{cem}^2}{R_L}\approx\frac{1}{2}\frac{V_{CC}^2}{R_L} \tag{5-3}$$

（2）管耗 P_T

由于 VT_1 和 VT_2 是对称的两管，而且在一个信号周期内各导通半周，所以计算总管耗只需先求出单管的损耗然后乘以 2 就行了。根据波形积分计算可得，当输出电压幅度为 U_{om} 时，VT_1 的管耗为

$$P_{T1}=\frac{1}{R_L}\left(\frac{V_{CC}U_{om}}{\pi}-\frac{U_{om}^2}{4}\right) \tag{5-4}$$

则两管的总管耗为

$$P_T=P_{T1}+P_{T2}=\frac{2}{R_L}\left(\frac{V_{CC}U_{om}}{\pi}-\frac{U_{om}^2}{4}\right)$$

（3）直流电源供给的功率 P_D

直流电源供给的功率 P_D 一部分成为信号功率，另一部分消耗在 VT_1、VT_2 的上，因此

$$P_D = P_o + P_T = \frac{2V_{CC}U_{om}}{\pi R_L} \quad (5\text{-}5)$$

当输出电压幅值达到最大，即 $U_{om} \approx V_{CC}$ 时，则得电源供给的最大功率为

$$P_{um} = \frac{2}{\pi}\frac{V_{CC}^2}{R_L} \quad (5\text{-}6)$$

（4）效率 η

放大电路的效率定义为放大电路输出给负载的交流功率 P_o 与直流电源提供的功率 P_D 之比，即

$$\eta = \frac{P_o}{P_D} \times 100\% \quad (5\text{-}7)$$

将此前推出的 P_o、P_D 代入可得 OCL 电路的一般效率为

$$\eta = \frac{P_o}{P_D} = \frac{\pi}{4}\frac{U_{om}}{V_{CC}} \quad (5\text{-}8)$$

当 $U_{om} \approx V_{CC}$ 时

$$\eta = \frac{P_o}{P_D} = \frac{\pi}{4} \approx 78.5\% \quad (5\text{-}9)$$

OTL 电路与 OCL 电路的区别仅在于，每个管子上所加的电源相当于 $V_{CC}/2$，输出电压的动态范围也限制在 $V_{CC}/2$ 以内，因此，在 OCL 的推算公式中，将 V_{CC} 处用 $V_{CC}/2$ 代替，就得到 OTL 电路的结论。

5.1.4 功率放大电路的调试与测试

测试实例：测试图 5-1-8 所示 OTL 功率放大电路的工作特性。

测试步骤：

（1）器材准备

＋12V 直流电源、直流电压表、函数信号发生器、直流毫安表、双踪示波器、频率计、交流毫伏表、晶体三极管 3DG6（9011）、3DG12（9013）、3CG12（9012）、晶体二极管 IN4007、8Ω扬声器、电阻器、电容器若干 。

（2）静态工作点的调整与测试

按图 5-1-8 连接电路，不接信号源，直流源进线中串入直流毫安表，如图 5-1-11 所示。电位器 R_{W2} 置最小值，R_{W1} 置中间位置。接通＋12V 电源，观察毫安表指示，同时用手触摸输出级管子外壳，若电流过大，或管子温升显著，应立即断开电源检查原因（如 R_{W2} 开路，电路自激，或输出管性能不好等）。如无异常现象，可开始调试。

① 调节输出端中点电位 U_A，调节电位器 R_{W1}，用直流电压表测量 A 点电位，使 $U_A = \frac{1}{2}V_{CC}$。

② 调整输出级静态电流及测试各级静态工作点调节 R_{W2}，使 VT_2、VT_3 管满足 $I_{C2}=I_{C3}=5 \sim 10mA$。从减小交越失真角度而言，应适当加大输出级静态电流，但该电流过大，会使效率降

低，所以一般以 5～10mA 左右为宜。由于毫安表串在电源进线中，因此测得的是整个放大器的电流，但一般 VT_1 的集电极电流 I_{C1} 较小，从而可以把测得的总电流近似看成末级的静态电流。如要准确得到末级静态电流，则可从总电流中减去 I_{C1} 之值。调整输出级静态电流的另一方法是动态调试法。先使 $R_{W2}=0$，在输入端接入 $f=1\text{kHz}$ 的正弦信号 u_i。逐渐加大输入信号的幅值，此时，输出波形应出现较严重的交越失真（注意：没有饱和和截止失真），然后缓慢增大 R_{W2}，当交越失真刚好消失时，停止调节 R_{W2}，恢复 $u_i=0$，此时直流毫安表读数即为输出级静态电流。一般数值也应在 5～10mA 左右，如过大，则要检查电路。输出极电流调好以后，测量各级静态工作点并记录下来。

注意：在调整 R_{W2} 时，一是要注意旋转方向，不要调得过大，更不能开路，以免损坏输出管；输出管静态电流调好后，如无特殊情况，不得随意旋动 R_{W2} 的位置。

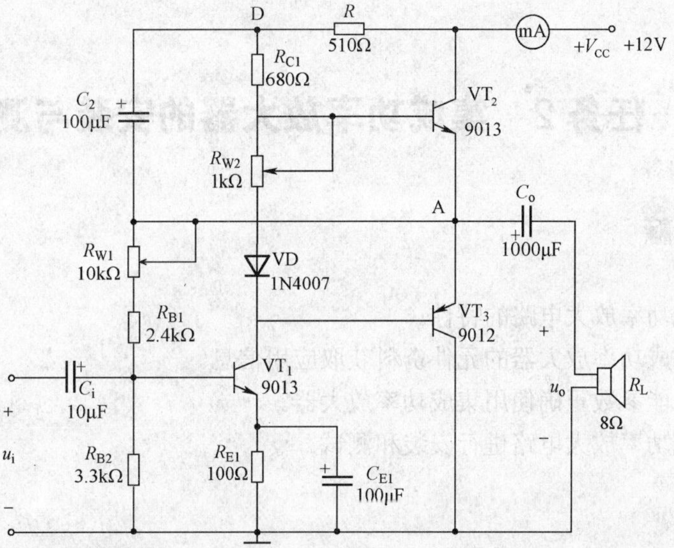

图 5-1-11　OTL 电路的测试

（3）最大输出功率 P_{om} 的测量

将输入端与函数信号发生器连接，用示波器观察输出电压波形。将函数信号发生器的输出信号频率调整到 1kHz，逐渐增大函数信号发生器的输出幅度，使示波器上输出波形为最大不失真波形，用交流毫伏表测量此时负载 R_L 上的电压 U_{om}，计算 P_{om}，计算公式如下：

$$P_{om}=\frac{U_{om}^{2}}{R_L}$$

（4）效率 η 的测量

当输出电压为最大不失真输出时，读出直流毫安表中的电流值，此电流即为直流电源供给的平均电流 I_{dc}（有一定误差），由此可近似求得 $P_D=V_{CC}I_{dc}$，再根据上面测得的 P_{om}，即可求出。

（5）输入灵敏度测试

输入灵敏度是指输出最大不失真功率时，输入信号 U_i 之值。根据输入灵敏度的定义，只要测出输出功率 $P_o=P_{om}$ 时的输入电压值 U_i 即可。

（6）研究自举电路的作用

① 测量有自举电路，且 $P_o=P_{omax}$ 时的电压增益。

② 将 C_2 开路，R 短路（无自举），再测量 $P_o=P_{om}$ 时的 A_u。

用示波器观察①、②两种情况下的输出电压波形，并将以上两项测量结果进行比较，分析研究自举电路的作用。

（7）噪声电压的测试

测量时将输入端短路（$u_i=0$），观察输出噪声波形，并用交流毫伏表测量输出电压，即为噪声电压 U_N，本电路若 $U_N<15\text{mV}$，即满足要求。

（8）试听

输入信号改为录音机输出，输出端接试听音箱及示波器。开机试听，并观察语言和音乐信号的输出波形。

任务 2　集成功率放大器的安装与测试

学习目标

1．理解集成功率放大电路的特性。

2．能查阅集成功率放大器的元件资料获取应用信息。

3．能根据性能参数正确使用集成功率放大器。

4．能对集成功率放大电路进行安装和测试。

工作任务

1. 查找集成功率放大器 LM386 元件资料，收集并记录应用信息。

2. 对图 5-2-1 所示电路进行安装和测试。

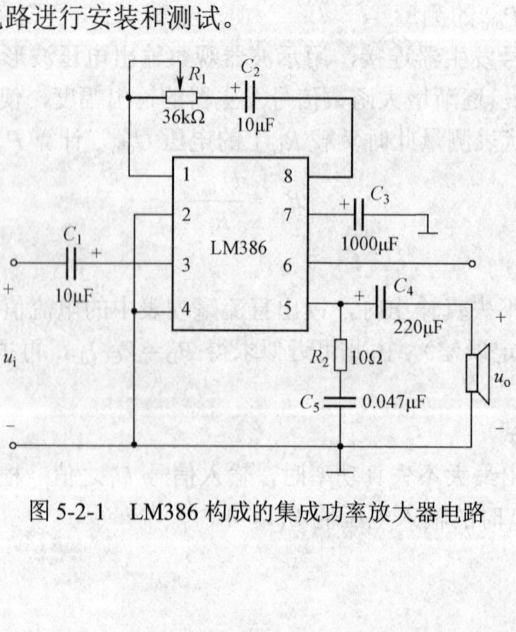

图 5-2-1　LM386 构成的集成功率放大器电路

实施指导

5.2.1　集成功率放大器元件资料的查阅

集成功率放大器也是一种重要的模拟集成电路，其内部电路一般为 OTL 或 OCL 电路，它集中了分立元件 OTL 或 OCL 电路和集成电路的优点。比分立元件的功率放大器具有更优良的性质。

集成功率放大电路大多工作在音频范围，具有可靠性高、使用方便、性能好、重量轻、造价低、外围连接元件少等集成电路的一般优点，此外，还具有功耗小、非线性失真小和温度稳定性好等特点。

集成功率放大器内部的各种过流、过压、过热保护齐全，许多新型功率放大器具有通用模块化的特点，使用更加方便安全。

获取集成功率放大器的外形、引脚、基本结构、参数是正确应用集成功率放大器的基础，有一些生产厂家提供的元器件说明书中更是提供了多种典型的应用电路以方便客户的使用，因此学会查找和阅读元器件资料对于正确使用集成片非常重要。

资料查阅实例：查阅集成功率放大器 LA4112 的资料。

通过查找集成片 LA4112 的元器件手册，可以获得以下几个方面的信息。

（1）LA4112 外形及管脚排列图（见图 5-2-2）

（2）LA4112 内部电路原理图（见图 5-2-3）

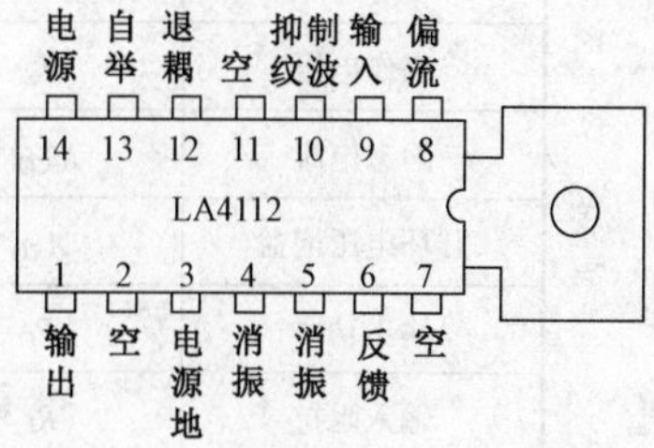

图 5-2-2　LA4112 外形及管脚排列图

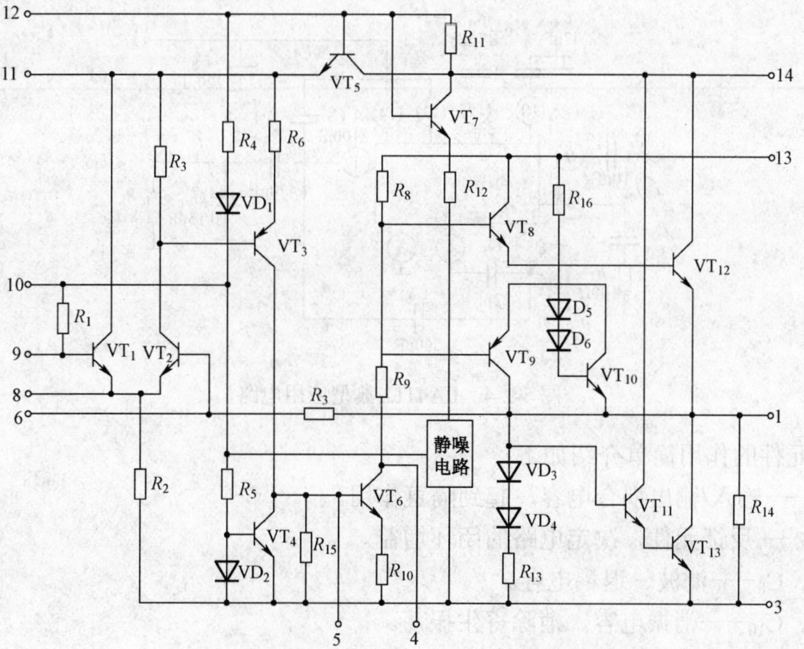

图 5-2-3　LA4112 内部电路原理图

从电路图可以看出 LA4112 内部有三级电压放大电路，一级 OTL 功率放大电路以及偏置、恒流、反馈、退耦和静噪等辅助电路。

（3）极限参数和电参数

LA4112 极限参数见表 5-1，电参数见表 5-2。

表 5-1　LA4112 极限参数

参　数	符号与单位	额　定　值
最大电源电压	V_{CCmax}（V）	13（有信号时）
允许功耗	P_O（W）	1.2（无散热片）
		2.25（50×50mm^2 铜箔散热片）
工作温度	T_{Opr}（℃）	−20～+70

表 5-2　LA4112 电参数

参　数	符号与单位	测试条件	典　型　值
工作电压	V_{CC}（V）		9
静态电流	I_{CCQ}（mA）	V_{CC}=9V	15
开环电压增益	A_{VO}（db）		70
输出功率	P_O（W）	R_L=4Ω　f=1kHz	1.7
输入阻抗	R_i（kΩ）		20

（4）LA4112 典型应用电路（见图 5-2-4）

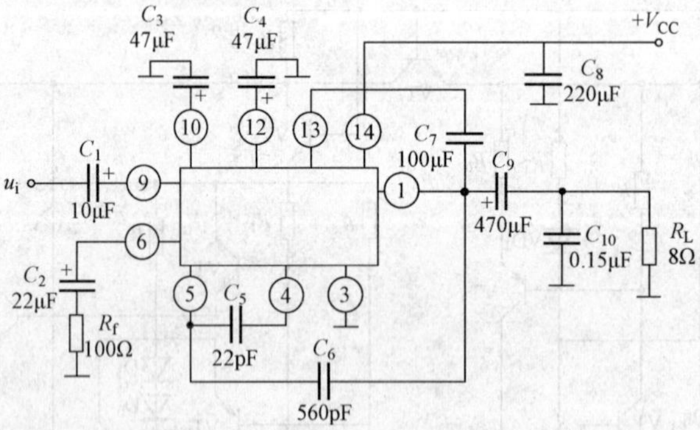

图 5-2-4　LA4112 典型应用电路

其中各元件的作用简单介绍如下：

C_1、C_9——输入/输出耦合电容，起到隔直作用。

C_2 和 R_f——反馈元件，决定电路的闭环增益。

C_3、C_4、C_8——滤波、退耦电容。

C_5、C_6、C_{10}——消振电容，消除寄生振荡。

C_7——自举电容，防止输出波形出现半边被削波的现象。

5.2.2　集成功率放大器的应用与测试

应用测试实例：集成功放 LA4112 构成的音频放大器（图 5-2-5）测试。

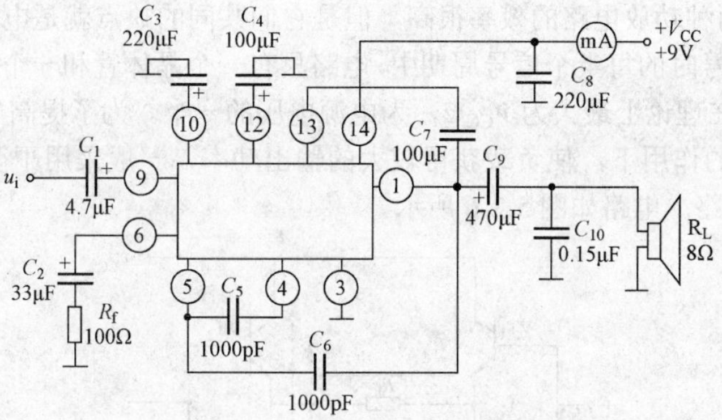

图 5-2-5　由集成功放 LA4112 构成的音频放大器

测试步骤：

（1）器材准备

＋9V 直流电源、函数信号发生器、双踪示波器、交流毫伏表、直流电压表、电流毫安表、频率计、集成功放块 LA4112、8Ω扬声器、电阻器、电容器若干、面包板或万能板一块。

（2）电路安装

在面包板或万能板上按图 5-2-5 安装音频放大器电路。

（3）静态测试

暂不接入输入信号，接通＋9V 直流电源，测量静态总电流及集成块各引脚对地电压并记录下来。

（4）最大输出功率测试

① 测量有自举电容 C_7 时的最大输出功率：将输入端与函数信号发生器连接，用示波器观察输出电压波形。将函数信号发生器的输出信号频率调整到 1kHz，从零开始逐渐增大函数信号发生器的输出幅度，使示波器上输出波形为最大不失真波形，用交流毫伏表测量此时的输出电压 U_{om}，并计算最大输出功率 P_{om}。

② 断开自举电容 C_7，观察输出电压波形变化情况。

（5）输入灵敏度测试

测量并记录输出功率 $P_o = P_{om}$ 时的输入电压值 U_i 即为输入灵敏度。

（6）噪声电压的测试

测量时将输入端短路（$u_i = 0$），观察输出噪声波形，并用交流毫伏表测量输出电压，即为噪声电压 U_N。

（7）试听

知识拓展 9——BTL 功率放大电路

一、BTL 电路的组成及工作原理

OCL 和 OTL 两种功放电路的效率很高，但是它们共同的缺点就是电源的利用率都不高。OCL 在输入正弦信号时的每半个信号周期中，电路只有一个晶体管和一个电源在工作。而 OTL 电路输出电压峰值在理论上最大为 $V_{CC}/2$，为电源电压的一半。为了提高电源的利用率，也就是在较低电源电压的作用下，使负载获得较大的输出功率，一般采用平衡式无输出变压器电路，又称为 BTL 电路。电路如图 5-2-6 所示。

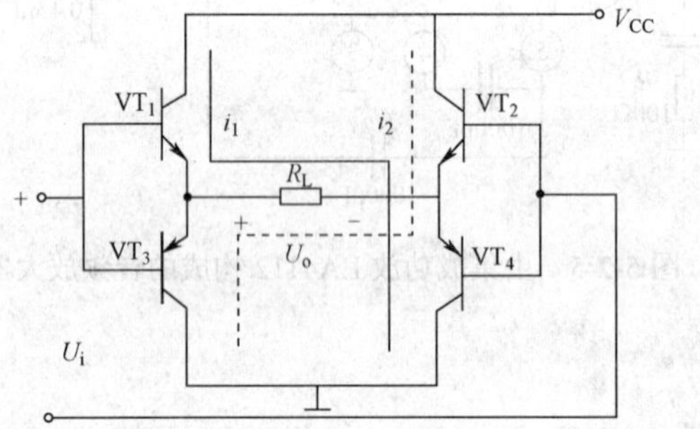

图 5-2-6　分立元件 BTL 电路

在输入信号 U_i 正半周时，VT_1，VT_4 导通，VT_2，VT_3 截止，负载电流由 V_{CC} 经 VT_1，R_L，VT_4 流到地端。如图 5-2-6 中的实线所示。在输入信号 U_i 负半周时，VT_1，VT_4 载止，VT_2，VT_3 导通，负载电流由 V_{CC} 经 VT_2，R_L，VT_3 流到地端。如 5-2-6 中虚线所示。

由此可见，该电路仍然为乙类推挽放大电路，利用对称互补的两个电路完成对输入信号的放大；其输出电压的幅值为：$U_{OM}\approx V_{CC}$。最大输出功率则可以达到 $\frac{1}{2}\frac{V_{CC}^2}{R_L}$。它比 OCL 电路对电源的要求低，同 OTL 电路相比，同样是单电源供电，输出功率却是 OTL 电路输出功率的 4 倍，因此说，BTL 电路的电源利用率高。

二、集成功率放大电路构成 BTL 电路

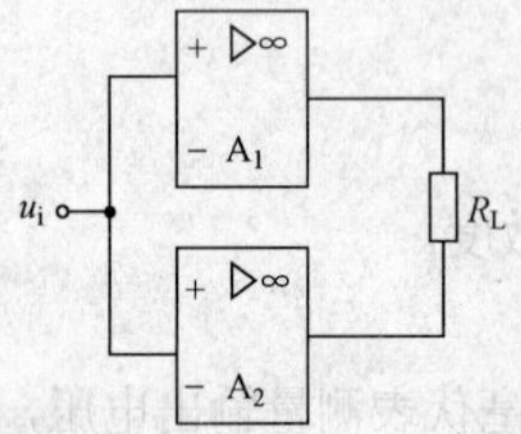

图 5-2-7　集成功率放大器构成 BTL 原理框图

根据 BTL 电路的特点，由于集成功率放大器的输出级为互补对称电路，因此可采用两个型号、参数完全相同的集成功率放大电路，将负载接在它们的输出端之间就可以构成 BTL 电路，此外须使两个放大器输入信号极性相反，这样，当其中一个集成功放的输出级 NPN 管导通，PNP 管截止时，另一个功放恰好相反。对于集成功放而言，只需要使同一信号从其中一个放大器的同相端进，从另一个放大器的反相端进就可以满足极性的要求。这就形成了图 5-2-6 所示的工作方式。图 5-2-7 是用集成功率放大器构成 BTL 电路的原理框图。

图 5-2-8 是用两个集成功放 TDA2030 构成 BTL 电路的一个实例。输入信号从 A_1 的同相端进入，经 A_1 放大后，加在负载的一端，另一路经 R_7、R_6 衰减后加在 A_2 的反相端，R_7、R6 对信号衰减的倍数应当与 A_1 的放大倍数恰好相等，这样就相当于一个与输入信号完全相等的信号经 A_2 反相端送入，被 A_2 放大后，加在负载的另一端。

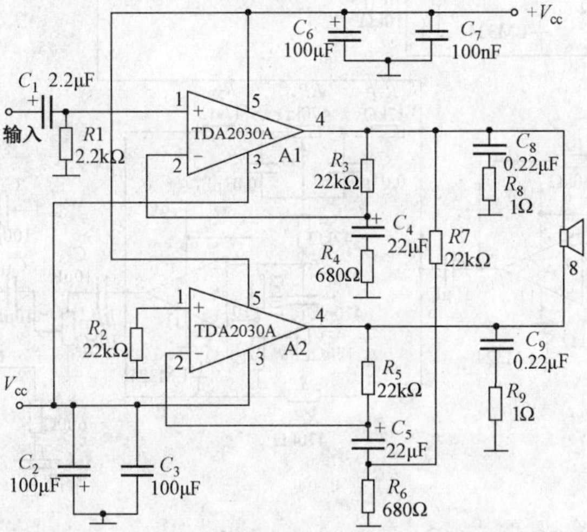

图 5-2-8　集成功放 BTL 电路实例

任务 3　音响放大器的安装与调试

学习目标

1．能理解音响放大器电路的整体结构组成与原理。

2．了解音调控制电路原理。

3．能借助仿真软件对较复杂模拟电路（如音调控制电路）进行分析和加深理解。

4．了解混响的概念与混响延迟电路原理。

5．能在万能板、面包板或印制电路板上完成小型电子产品的安装和调试。

工作任务

1. 阅读音响放大器整机电路图（图 5-3-1）及其原理说明，理解电路原理。

2. 试绘出音响放大器框图。

3. 阅读并理解音调控制器原理。

4. 用 Multisim 软件对音调控制电路进行仿真分析。

5. 读图并了解电子混响延迟电路原理。

6. 在万能板或面包板上完成音响放大电路的安装与调试，也可以尝试制作 PCB 板后在 PCB 上完成音响放大电路的安装与调试。

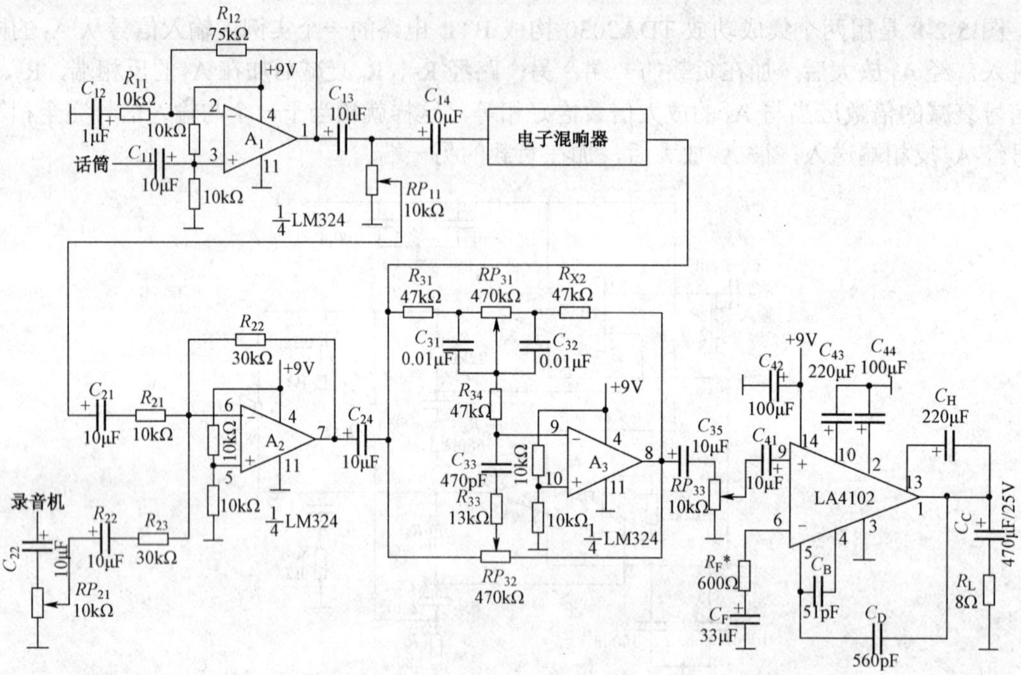

图 5-3-1　音响放大器整机电路

实施指导

5.3.1　音响放大器电路分析

图 5-3-1 所示音响放大器电路具有混响、音调调节功能，还可以用于卡拉 OK 伴唱。放大器整机由话筒放大电路、混合前置放大电路、电子混响电路、音调控制电路和输出功率放大电路五个部分组成。

一、话筒放大电路与混合前置放大器分析

话筒放大电路与混合前置放大器电路如图 5-3-2 所示。其中集成运算放大器 A_1 与一些电阻电容元件构成一个同相比例运算放大器，用来放大来自话筒的语音信号。集成运算放大器 A_2 与一些电阻电容元件则构成一个反相加法器，这就是混合前置放大器。经 A_1 放大后的话筒信号与来自录音机的信号通过 A_2 相加而达到混合的效果。电位器 R_{P11} 和 R_{P21} 通过控制信号的衰减率来分别对两路信号起音量调节作用。

二、电子混响延迟电路

电子混响延迟电路的作用在于模拟声音的多次反射产生的效果，使声音听起来具有一定的空间立体感。由于同一声源发出声音经反射后传入人耳与直接传入人耳相比有一定的延迟，而且反射次数越多，传播路径越长，延迟时间越长。人耳一般情况下听到的声音，是多传输路径声音的叠加，这就是声音的混响。过度的混响会使人感觉嘈杂混乱，但完全没有混响效

果的声音则让人感觉单调，适度的混响才能让声音听起来丰满、浑厚。而用电路来模拟混响效果则是要将输入信号适当延迟后再与原信号叠加起来。

图 5-3-3 即为本音响放大器中的电子混响电路，图中的 MN3207 称为 BBD 器件，即模拟延时集成电路，BBD 内部由场效应管构成多级电子开关和高精度存储器。在外加时钟脉冲作用下，这些电子开关不断地接通和断开，对输入信号进行取样、保持并向后级传递，从而使 BBD 的输出信号相对于输入信号延迟了一段时间。BBD 的级数越多，时钟脉冲的频率越低，延迟时间越长。MN3207 具有 1024 级延时，最大延迟时间能达到 51.2ms。

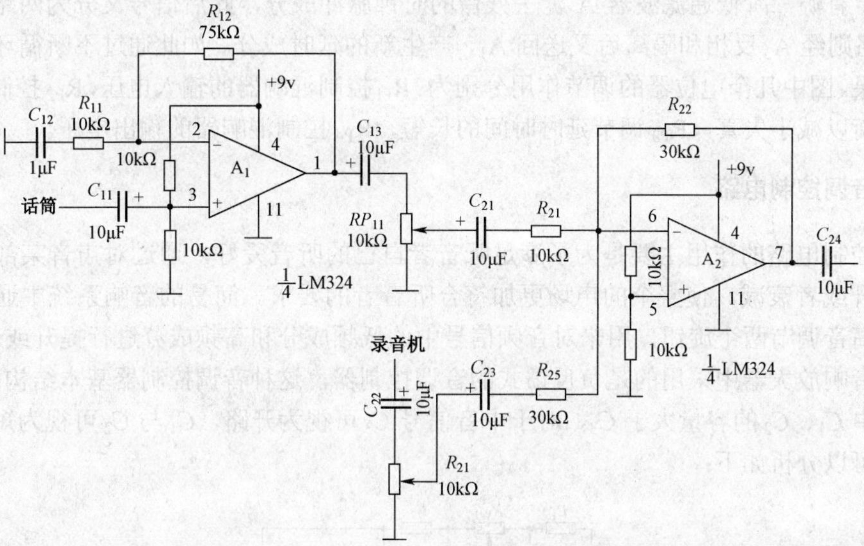

图 5-3-2　话筒放大电路与混合前置放大器

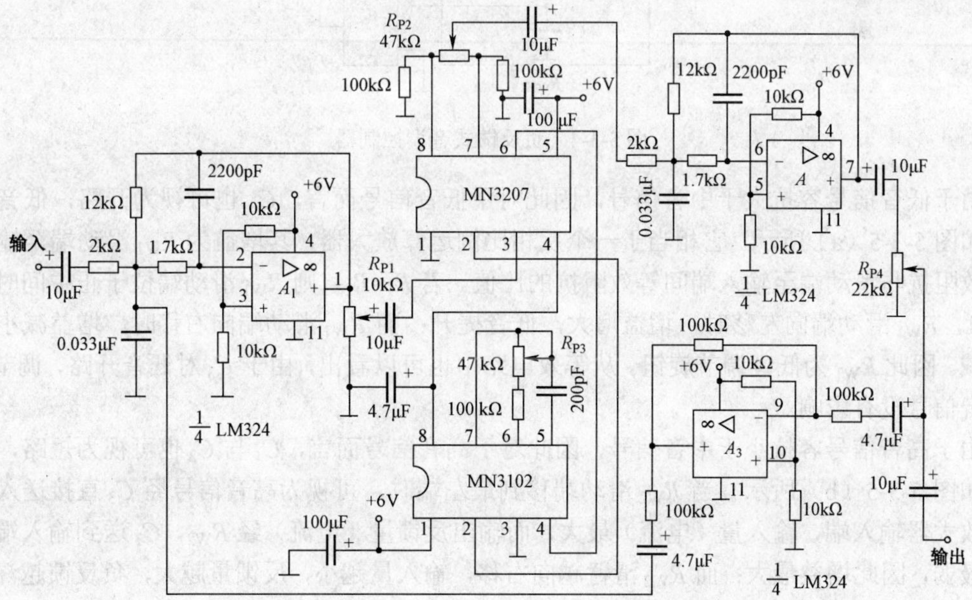

图 5-3-3　电子混响电路

BBD 通常配有专用的时钟电路，图中 MN3102 就是与 MN3200 系列的 BBD 配套的时钟脉冲驱动器，它从 2 和 4 脚输出恰好反相的两路时钟信号送入 MN3207 的 2 脚和 6 脚，控制 MN3207 内部的系列 MOS 管产生延时。MN3207 的 3 脚是信号输入端，7 脚和 8 脚是延时后的信号输出端。

图 5-3-3 电路的工作原理如下：经过话筒放大器放大的音频信号经 10μF 电容耦合，送入由 A_1 及周围阻容元件构成的有源二阶（MFB）低通滤波器，滤去 4kHz（语音）以上的高频成分后，又被送入 MN3207 的 3 脚，延时后的信号从 MN3207 的 7 脚和 8 脚输出并由 R_{P2} 平衡，再送至有源二阶低通滤波器 A 滤去残留的时钟脉冲成分，此后信号又分为两路，一路输出，另一路则经 A_3 反相和隔离后又送回 A_1，产生新的延时成分。如此通过不断循环产生逼真的混响效果。图中几个电位器的调节作用分别为：R_{P1} 控制混响器的输入电压，R_{P2} 控制 MN3207 的输出平衡以减小失真，R_{P3} 调节延时时间的长短，R_{P4} 控制混响器的输出电压。

三、音调控制电路

音调控制电路的作用主要是为了满足听音者自己的听音爱好，通过对声音某部分频率信号进行提升或者衰减，使整个的声场更加符合听音者的要求。简易的音响系统中通常设有低音调节和高音调节两个旋钮，用来对音频信号中的低频成分和高频成分进行提升或衰减。

在本音响放大器中采用的是负反馈式的音调控制器，这种音调控制器基本结构如图 5-3-4 所示。图中 C_1、C_2 的容量大于 C_3，对于中音信号 C_3 可视为开路，C_1 与 C_2 可视为短路。电路工作原理可以分析如下：

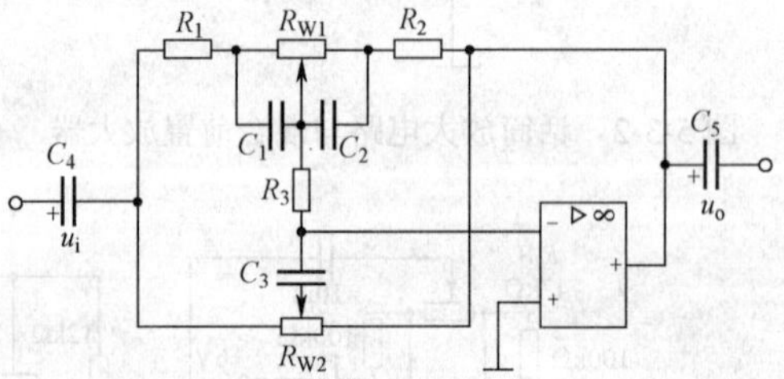

图 5-3-4　负反馈式音调控制器

由于低音信号容抗大于中音信号，因此对于低音信号而言，C_3 也可视为开路，低音等效电路如图 5-3-5（a）所示，它相当于一个反相比例运算放大器，其增益为 R_{W1} 滑动端至输出端间等效阻抗与滑动端至输入端间等效阻抗的比值。若 R_1=R_2，则 R_{W1} 滑动端位于正中间时，增益为 1，R_{W1} 滑动端向左移时，增益增大，低音提升；而 R_{W1} 滑动端向右移时，增益减小，低音衰减。因此 R_{W1} 为低音调节旋钮。从等效电路中也可以看出，由于 C_3 对低音开路，调节 R_{W2} 对低音信号没有影响。

由于高音信号容抗小于中音信号，因此对于高音信号而言，C_1 与 C_2 也可视为短路，等效电路如图 5-3-5（b）所示。当 R_{W2} 滑动端移到最左端时，可视为高音信号经 C_3 直接送入集成运算放大器输入端，输入量（电流）最大，而输出反馈量（电流）经 R_{W2}、C_3 送到输入端，负反馈最弱，因此增益最大；而 R_{W2} 滑臂越向右移，输入量越小，反馈量越大，负反馈越深，增益越小。若 R_1=R_2，当 R_{W2} 滑动端位于正中间时，由电路的对称性可知，只有满足 u_o=$-u_i$，才能使 A 点电位为 0（虚地），即此时高音信号的增益恰好为 1。由此可知，R_{W2} 左移可使高音提升，右移可使高音衰减，R_{W2} 即为高音调节旋钮。从高音等效电路中还可以看出，由于 C_1 与 C_2 对高音短路，调节 R_{W1} 对高音信号没有影响。

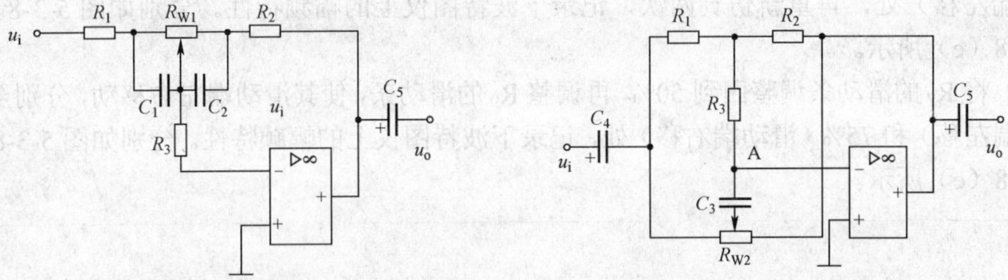

（a）低音等效电路　　　　（b）高音等效电路

图 5-3-5　音调电路等效电路

用 Multisim10 软件可以对音调控制电路进行仿真分析，步骤如下：

① 在 Multisim10 原理图窗口中画出如图 5-3-6 所示电路图，并添加上波特图仪 XBP，将输入信号接入波特图仪的 IN 端口，将音调控制电路的输出信号接波特图仪的 OUT 端口，音调控制电位器 R_7、R_9 都使滑动条位于 50%（即正中）的位置，音量电位器 R_8 可以将滑动条的值调至最大 100%。

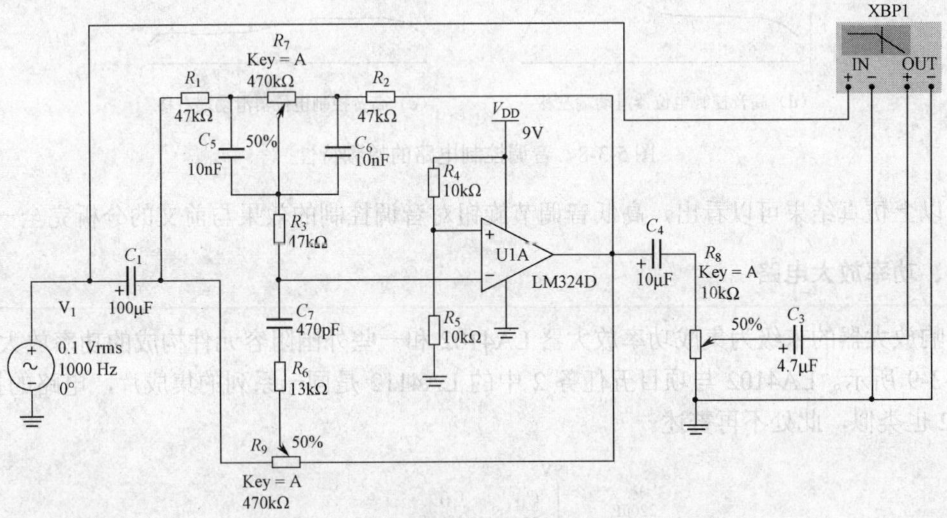

图 5-3-6　音调控制器 Multisim 仿真原理图

② 双击展开波特图仪，将面板内容调整至如图 5-3-7 所示。

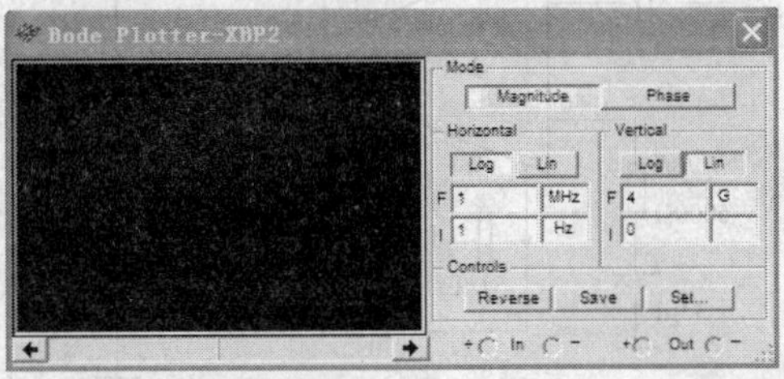

图 5-3-7　Multisim 波特图仪面板的调整

③ 单击仿真开始按钮，从波特图的显示屏部分观察幅度频率特性，并记录下来，见图 5-3-8（a）。

④ 调整 R_7 的滑动条，使电位器的滑动端左右移动，分别至 25%（滑动端右移）和 75%（滑动端左移）处，再重新仿真两次，记录下波特图仪上的幅频特性。分别如图 5-3-8（b）、图 5-3-8（c）所示。

⑤ 将 R_7 的滑动条调整回到 50%，再调整 R_9 的滑动条，使其滑动端左右移动，分别至 25%（滑动端左移）和 75%（滑动端右移）处，记录下波特图仪上的幅频特性。分别如图 5-3-8（d）、图 5-3-8（e）所示。

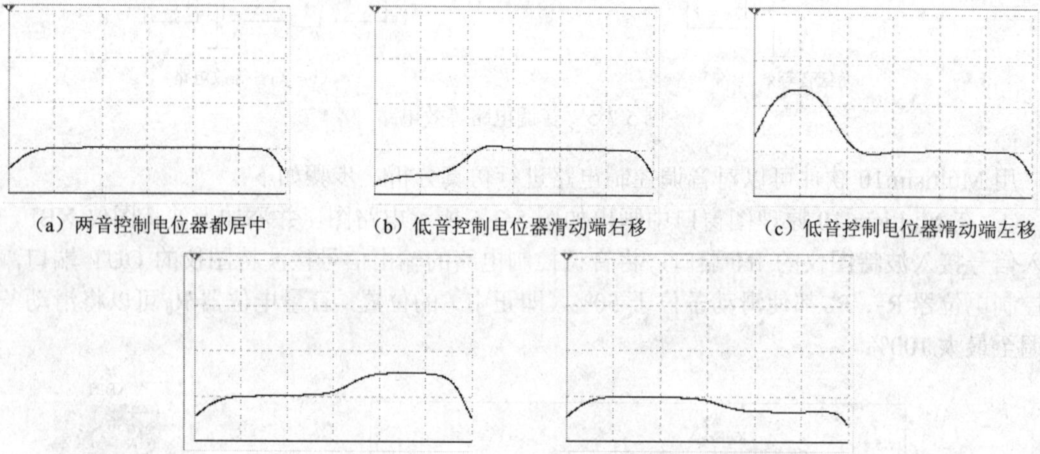

（a）两音控制电位器都居中　（b）低音控制电位器滑动端右移　（c）低音控制电位器滑动端左移

（d）高音控制电位器滑动端左移　（e）高音控制电位器滑动端右移

图 5-3-8　音调控制电路的幅频特性

从以上仿真结果可以看出，高低音调节旋钮对音调控制的效果与前文的分析完全一致。

四、功率放大电路

音响放大器的末级为集成功率放大器 LA4102 和一些外围阻容元件构成的功率放大电路，如图 5-3-9 所示。LA4102 与项目五任务 2 中的 LA4112 是同一系列的集成片，电路的接法与 LA4112 也类似，此处不再赘述。

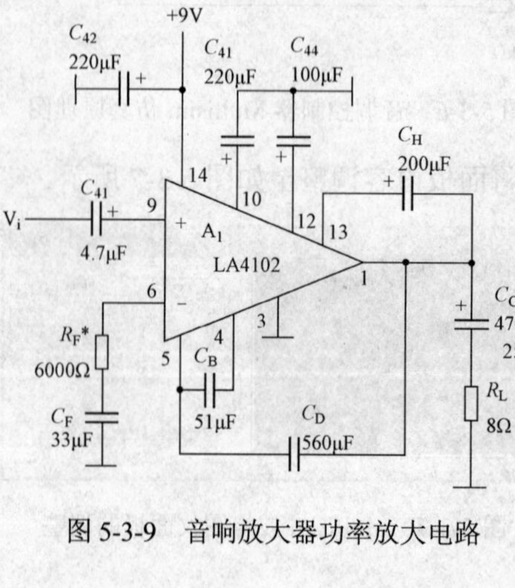

图 5-3-9　音响放大器功率放大电路

5.3.2　音响放大器电路的安装与调试

音响放大器是一个小型电路系统，安装与调试时应当注意以下问题：

1. 合理布局、分级装调

音响放大器是一个小型电路系统，安装前要将各级进行合理布局，一般按照电路的顺序一级一级地布局，功放级应远离输入级，每一级的地线尽量接在一起，连线尽可能短，必要时还可为各级电源增加去耦电容。否则很容易出现自激。如果制作 PCB 板，则在布线时应当注意尽可能加宽电源线和地线，可以用大面积敷铜构成地以减小噪声。

元件安装前应检查元器件的质量，安装时要注意功放块、运算放大器、电解电容等元器件的引脚和极性，不能接错。此外应当注意逐级安装，可以从输入级开始向后级安装，也可以从功放级开始向前逐级安装。安装一级调试一级，安装两级要进行级联调试，直到整机安装与调试完成。这样可以最大程度减小故障发生率，即使出现故障也易于查找原因，缩小可能的范围。

2. 调试和测试要点

（1）调试的顺序：先分级调试，再级联调试，最后整机调试与性能指标测试。

（2）调试和测试时应先做静态调试或测试，本电路中，由于话放级、混合放大级、音调级等采用的集成运算放大器 LM324、功率放大级采用的集成功率放大器 LA4102 内部末级都是互补推挽工作方式的电路，其静态输出电压均应为 $V_{CC}/2$。因此在这些电路进行静态测试时，可以将输入端对地短接，用万用表测量输出端对地的直流电压，如果与 $V_{CC}/2$ 相差很大，就应当检查电路是否有某处开路或短路故障，或者是否有元件接错、损坏和参数不正确。

（3）经过静态调试后可以对电路进行动态测试，从输入端接入规定的信号，用示波器观测该级输出波形，如果波形出现严重失真，也要对电路的连接和元件进行仔细检查，排除故障。

（4）在相邻两级电路通过了分级测试和调试后，可以对电路进行级联调试。常见影响级联效果的原因有级间连线太长、阻抗不匹配、高频自激等，相应的解决方案为：如果是由于连线太长引起干扰则应当重新布线，如果阻抗不匹配则应当检查和调整电路的参数，如果由于级间共电源线或地线而引起正反馈自激或干扰，则应当添加 RC 去耦滤波电路，R 一般取几十欧，C 一般取几百微法。如果是由于集成块内部电路引起的自反馈，则可以通过加强外部负反馈来抵消，如功率放大管 LA4102 1 脚与 5 脚的电容就是起到这个作用。

（5）全部电路安装调试完毕后，应当进行电路技术指标的测试。技术指标包括输出功率、输入阻抗、输入灵敏度、噪声电压、频率响应等。

3. 整机试听

在电路安装调试完毕后还应当进行整机试听。试听时根据人耳的听觉效果还可以进行一些调整。

（1）话筒扩音效果试听：将低阻话筒接到话放输入端，讲话时声音应当清晰。改变音量电位器，声音大小应当可调。注意，扬声器不应朝向话筒输入方向，否则可能产生自激啸叫。

（2）调整混响效果：当讲话声音听起来过于单调时，应考虑调整微调器时钟频率，加大延迟时间；相反，当话音听起来不够清晰，似有浓重鼻音时，也应考虑调整微调器时钟频率，减小延迟时间。

（3）伴唱功能试听：录音机输出音乐，同时通过话筒歌唱，调整两路声音的音量电位器，平衡二者的比例，使混合后的声音比较均衡。

（4）音调调节试听：从录音机输出音乐，调节音调旋钮，感受音调的变化，确定音调旋钮具有明显的控制作用。

知识拓展 10——其他类型音调控制电路

一、衰减式音调控制电路

图 5-3-10 为衰减式高低音调节的音调控制电路。电容 C_1、C_2 的容量大于电容 C_3、C_4,对于中音信号 C_1 与 C_2 可视为短路，C_3 与 C_4 可视为开路。因此，对于中音信号 R_{W1}、R_{W2} 均无调节作用。

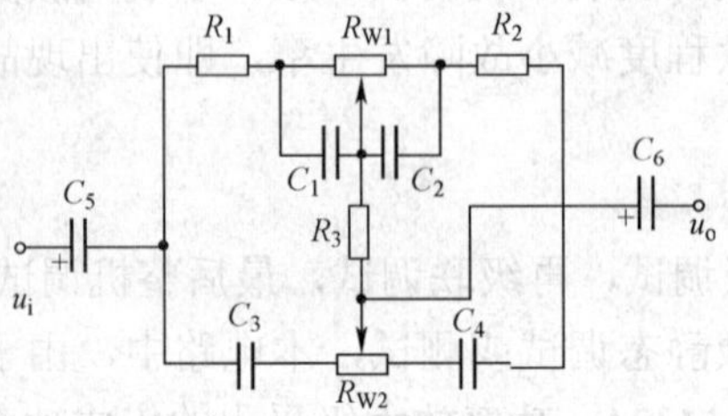

图 5-3-10　衰减式音调控制电路

对于低音信号，C_3 与 C_4 阻抗较中音更高，可视为开路，因此 R_{W2} 一侧支路可视为断开，无调节功能，信号经 R_1、R_{W1}、R_2、C_1、C_2 构成的网络衰减后，经 C_6 输出；R_{W1} 的动端越向右滑，衰减越厉害。因此 R_{W1} 为低音调节旋钮。

对于高音信号，C_1、C_2 阻抗较中音更低，可视为短路，R_{W1} 被短路失去调节功能，R_1、R_2 提供一路固定衰减，C_3、R_{W2}、C_4 提供一路可调衰减，R_{W2} 动端越向右滑，衰减越厉害，因此 R_{W2} 为高音调节旋钮。两路衰减后的信号叠加后经 C_6 输出。

二、衰减负反馈混合式音调控制电路

图 5-3-11 所示为衰减负反馈混合式高低音调节的音调控制电路。图中 C_1、C_2 的容量大于电容 C_3，C_1、C_2 对中高音信号可视为短路，C_3 对中低音信号可视为开路。低音输入衰减网络由 R_1、R_2、R_{W1} 左臂、C_1 组成，低音负反馈网络由 R_6、R_3、R_{W1} 右臂、C_2 组成，R_{W1} 为低音调节旋钮；高音输入衰减网络由 R1、R_4、R_{W2} 左臂、C_3 组成，高音负反馈网络由 R_6、R_5、R_{W2} 右臂组成，R_{W2} 为高音调节旋钮。具体原理读者可以结合衰减式和负反馈式音调控制电路原理自行分析。

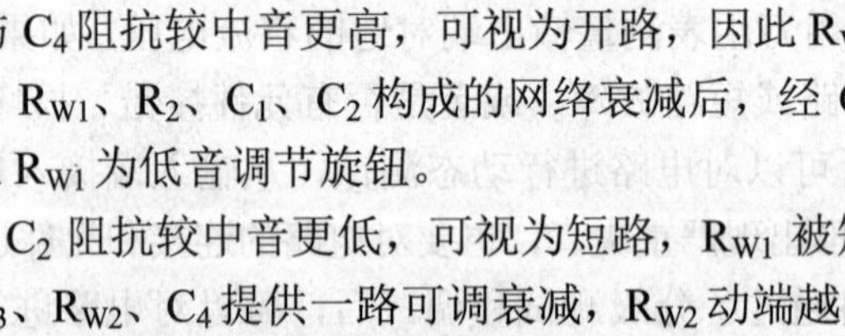

图 5-3-11　衰减负反馈混合式音调控制器

项目五　习题

5-1　题图 5-1 所示 OCL 电路中，已知 u_i 为正弦电压，R_L=16Ω，要求最大输出功率为 10W。试在晶体管的饱和管压降可以忽略不计的条件下，求出下列各值：

（1）正负电源 V_{CC} 最小值（取整数）；

（2）根据 V_{CC} 的最小值，得到的晶体管 I_{CM}、$|U_{(BR)CEO}|$的最小值；

（3）每个管子的管耗 P_{CM} 的最小值。

5-2　OTL 电路如题图 5-2 所示，功率管的饱和压降可忽略不计，R_L=8Ω，试计算要求最大不失真输出功率为 9W 时，电源电压 V_{CC} 至少为多少伏？

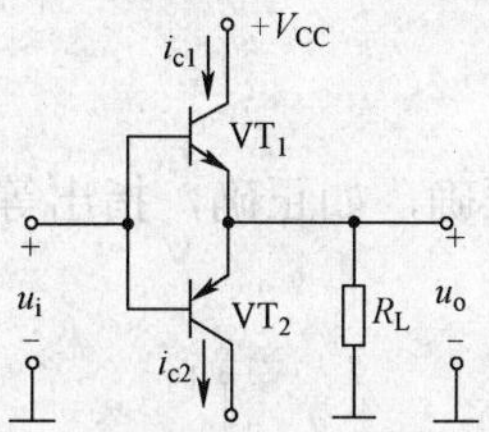

题图 5-1

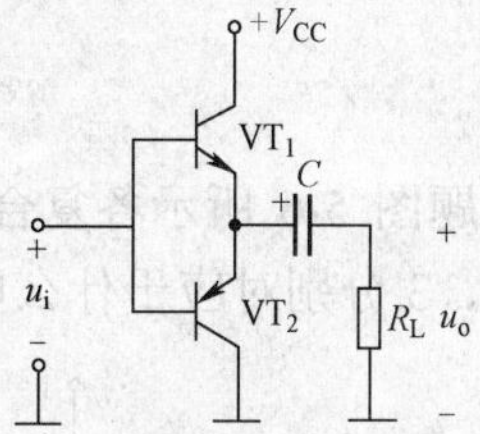

题图 5-2

5-3　在题图 5-3 所示电路中，已知 V_{CC}＝16V，R_L＝4Ω，VT_1 和 VT_2 管的饱和管压降 $|U_{CES}|$=2V，输入电压足够大。试问：

（1）最大输出功率 P_{om} 和效率η各为多少？

（2）晶体管的最大功耗 P_{Tm} 为多少？

（3）为了使输出功率达到 P_{om}，输入电压的有效值约为多少？

5-4　在题图 5-4 所示电路中，已知 V_{CC}＝15V，T_1 和 T_2 管的饱和管压降$|U_{CES}|$＝2V，输入电压足够大。求解：

（1）最大不失真输出电压的有效值；

（2）负载电阻 R_L 上电流的最大值；

（3）最大输出功率 P_{om} 和效率η。

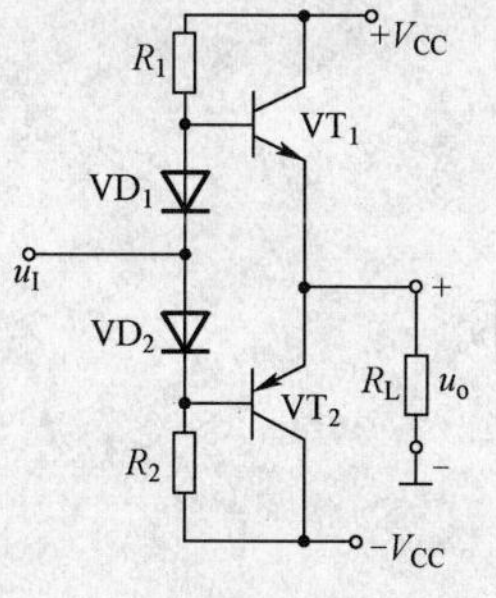

题图 5-3

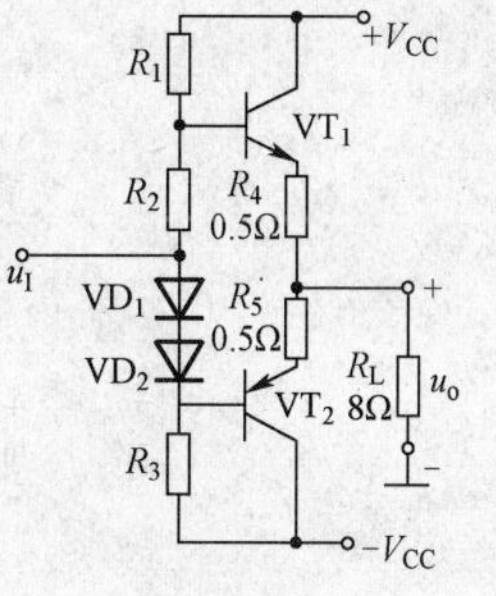

题图 5-4

5-5　题图 5-5 所示的 OTL 电路中，输入电压为正弦波，V_{CC}=12V，R_L=8Ω，试回答以下问题：

（1）E 点的静态电位应是多少？通过调整哪个电阻可以满足这一要求？

（2）图中 VD_1、VD_2、R_2 的作用是什么？若其中一个元件开路，将会产生什么后果？

（3）忽略三极管的饱和管压降，当输入 $u_i=4\sin\omega t$（V）时，电路的输出功率和效率是多少？

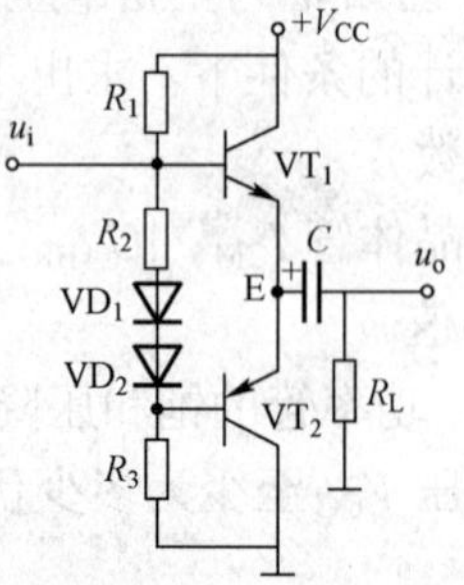

题图 5-5

5-6　试判断题图 5-6 所示各复合管连接方法是否正确，如正确，指出等效于什么类型的管子，管脚 1、2、3 分别对应于什么电极。

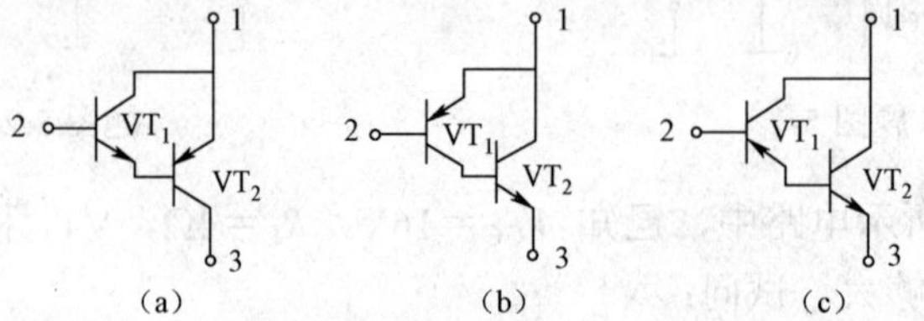

题图 5-6

5-7　OTL 电路如题图 5-7 所示，晶体管导通时的$|U_{BE}|=0.7V$，VT_2 和 VT_4 管的饱和管压降$|U_{CES}|=2V$，电容 C 的值足够大。

（1）为了使得最大不失真输出电压幅值最大，静态时 E 点的发射极电位应为多少？VT_1、VT_3 和 VT_5 的基极电位应为多少？

（2）电路的最大输出功率 P_{om} 和效率η各为多少？

（3）VT_2 和 VT_4 管的 I_{CM}、$U_{(BR)CEO}$ 和 P_{CM} 应如何选择？

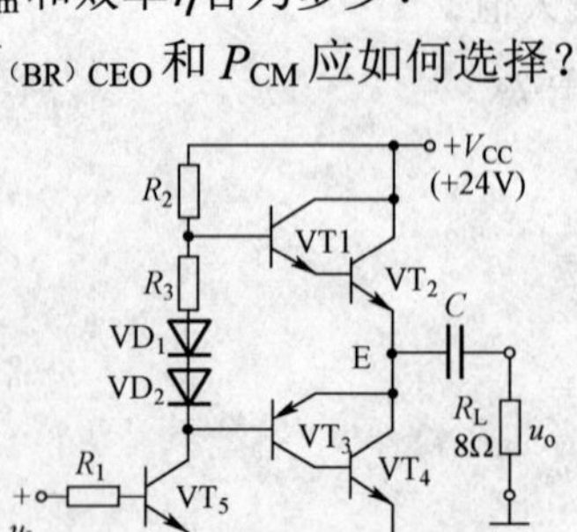

题图 5-7

5-8　题图 5-8 中 A 为集成功率放大器，设内部输出级功率管的$|U_{CES}|=1V$，电容器对交流信号均可视为短路。试问：

（1）图示为何种类型的功放电路？

（2）电路的最大不失真功率 P_{om} 和效率 η 各为多少？

（3）输出最大不失真功率时输入电压的有效值为多少？

5-9　题图 5-9 中 A 为集成功率放大器，设内部输出级功率管饱和管压降可以忽略，电容器对交流信号均可视为短路。试问：

（1）图示为何种类型的功放电路？

（2）电路的最大不失真功率 P_{om} 和效率 η 各为多少？

（3）当输入正弦信号的有效值为 0.3V 时，信号能否正常放大？

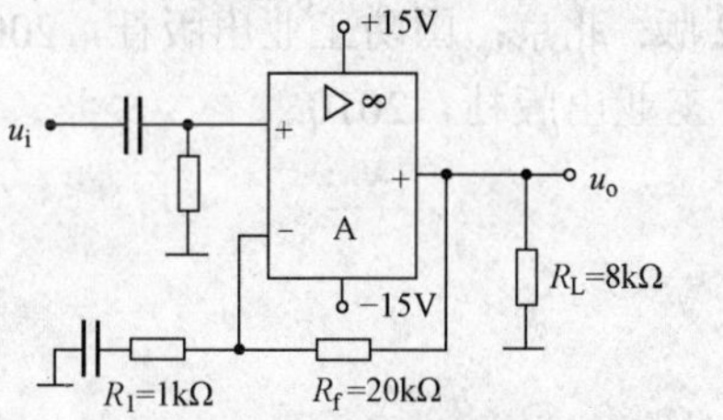

题图 5-8

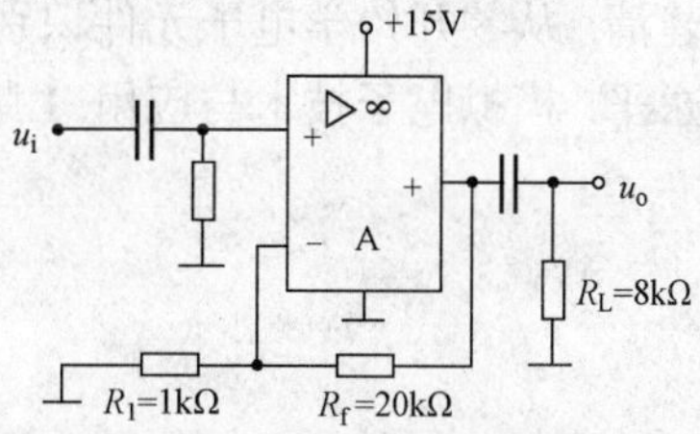

题图 5-9

5-10　单电源供电的音频功率放大电路如题图 5-10 所示，试回答下列问题：

（1）图中电路是什么形式的功率放大电路？

（2）VT_1～VT_6 组成什么电路结构？

（3）VD_1、VD_2 和 VD_3 的作用是什么？

（4）VT_7～VT_{11} 构成什么电路形式？

（5）C_1、C_2 的作用是什么？

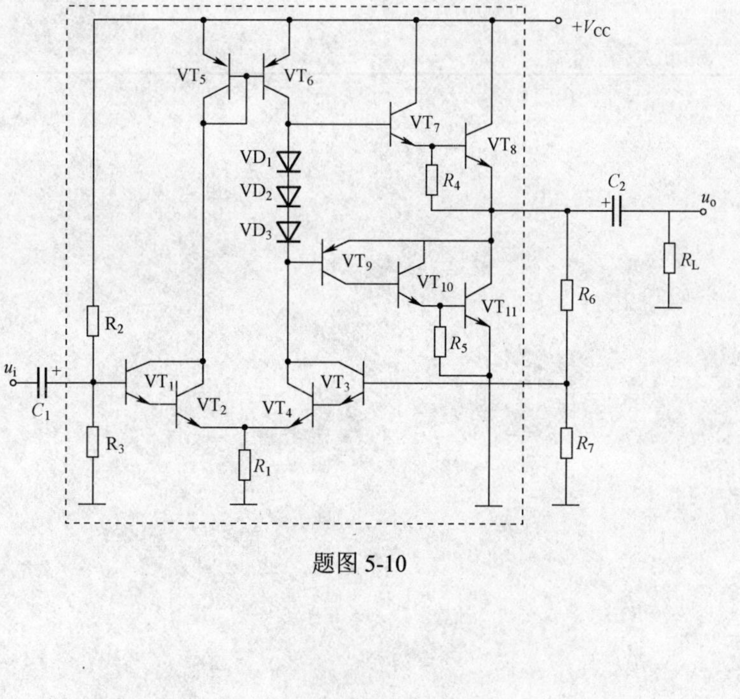

题图 5-10

参考文献

[1] 康华光. 电子技术基础：模拟部分.4 版. 北京：高等教育出版社，1999.

[2] 李仲秋，黄荻. 电子电路分析与实践. 1 版. 北京：清华大学出版社，2011.

[3] 张畴先. 模拟电子技术常见题型解析及模拟题. 1 版. 西安：西北工业大学出版社，1998.

[4] 刘建清. 从零开始学电子元件识别与检测技术. 2 版. 北京：国防工业出版社，2007.

[5] 华永平. 模拟电子技术与应用. 1 版. 北京：电子工业出版社，2010.

反侵权盗版声明

《模拟电子技术应用》读者意见反馈表

尊敬的读者：

感谢您购买本书。为了能为您提供更优秀的教材，请您抽出宝贵的时间，将您的意见以下表的方式（可从 http://edu.phei.com.cn 下载本调查表）及时告知我们，以改进我们的服务。对采用您的意见进行修订的教材，我们将在该书的前言中进行说明并赠送您样书。

姓名：＿＿＿＿＿＿＿＿　电话：＿＿＿＿＿＿＿＿

职业：＿＿＿＿＿＿＿＿　E-mail:＿＿＿＿＿＿＿＿

邮编：＿＿＿＿＿＿＿＿　通信地址：＿＿＿＿＿＿＿＿

1．您对本书的总体看法是：

□很满意　□比较满意　□尚可　□不太满意　□不满意

2．您对本书的结构（章节）：□满意　□不满意　改进意见＿＿＿＿＿＿＿＿

3．您对本书的例题　□满意　□不满意　改进意见＿＿＿＿＿＿＿＿

4．您对本书的习题　□满意　□不满意　改进意见＿＿＿＿＿＿＿＿

5．您对本书的实训　□满意　□不满意　改进意见＿＿＿＿＿＿＿＿

6．您对本书其他的改进意见：

7．您感兴趣或希望增加的教材选题是：

请寄：100036　北京万寿路 173 信箱职业教育分社收

电话：010-88254571　　E-mail:gaozhi@phei.com.cn